Visual FoxPro 程序设计实验教程

主　编　张　伟　顾善发
副主编　赵　坚　翟正利

西安交通大学出版社
XI'AN JIAOTONG UNIVERSITY PRESS

内容简介

《Visual FoxPro 程序设计实验教程》是与《Visual FoxPro 程序设计》(柳红等编著)配套使用的实验指导书,并依据《全国计算机等级考试二级考试大纲(Visual FoxPro 程序设计)》进行编写。《Visual FoxPro 程序设计实验教程》中有 11 章内容,共 25 个实验。内容包括:VisualFoxPro 的基础知识、VisualFoxPro 的数据类型与数据运算、数据表的基本操作、数据库的基本操作、结构化查询语言 SQL、数据查询与视图、结构化程序设计、表单设计、菜单设计、报表设计、项目管理器等。各章的内容包括知识要点和相应的实验,知识要点是实验要求学生掌握的知识,每个实验均由实验目的、实验内容和实验练习三部分构成。实验目的对实验提出了要求,实验内容列出具体操作步骤指导读者完成实验,实验练习帮助学生进一步巩固本章的内容。本书最后的附录部分包含了近几年部分全国计算机等级考试二级 Visual FoxPro 的笔试试题和上机考试模拟题。

《Visual FoxPro 程序设计实验教程》的实验内容丰富、系统,实验结构设计合理、科学,适于用作教学指导。附录中习题内容广泛,有利于学生对知识的掌握和实践能力的提高。本书是学习 Visual FoxPro 数据库管理系统的实验教材,可作为高等院校非计算机专业数据库应用课程的辅助教材,也可作为全国计算机等级考试二级 Visual FoxPro 程序设计的自学与培训辅导教材。

图书在版编目(CIP)数据

Visual FoxPro 程序设计实验教程/张伟,顾善发主编. —西安:西安交通大学出版社,2009.2

ISBN 978-7-5605-3032-1

Ⅰ.V… Ⅱ.①张…②顾… Ⅲ.关系数据库-数据库管理系统,Visual FoxPro 6.0-程序设计-高等学校-教材 Ⅳ.TP311.138

中国版本图书馆 CIP 数据核字(2009)第 011515 号

书　　名 Visual FoxPro 程序设计实验教程
主　　编 张 伟　顾善发
副 主 编 赵 坚　翟正利
责任编辑 李 文　毛 帆　张 伟

出版发行 西安交通大学出版社
(西安市兴庆南路 10 号　邮政编码 710049)
网　　址 http://www.xjtupress.com
电　　话 (029)82668357　82667874(发行中心)
(029)82668315　82669096(总编办)
传　　真 (029)82668280
印　　刷 陕西新世纪印刷厂

开　　本 787mm×1 092mm　1/16　**印张** 15.25　**字数** 371 千字
版次印次 2009 年 2 月第 1 版　2009 年 2 月第 1 次印刷
书　　号 ISBN 978-7-5605-3032-1/TP·516
定　　价 29.00 元

读者购书、书店添货、如发现印装质量问题,请与本社发行中心联系、调换。
订购热线:(029)82665248　(029)82665249
投稿热线:(029)82664954
读者信箱:jdlgy@yahoo.cn

前　言

本书根据教育部提出的非计算机专业基础教学三层次的要求，结合高等学校数据库课程教学特点，在多年的教学实践及考级辅导的基础上，由长期从事数据库课程教学与科研开发的一线教师编写。书中实验内容与练习基本涵盖了《全国计算机等级考试大纲(2002 年版)》中对 Visual FoxPro 程序设计要求的知识点。本书以上机实验指导为主，根据理论教材《Visual FoxPro 程序设计》(柳红等编著)的学习进度配有专门的实验。书中对每个实验都介绍了具体的实现方法和步骤，初学者可以先参照书中的介绍完成实验内容；然后根据自己的能力，尽可能从不同的角度，用不同的方法和技巧完成每个实验，以便使自己能够得到全面的锻炼和提高。学生通过完成上机操作，可以更好地理解和掌握 Visual FoxPro 基本概念和程序设计方法，从而更好地为学生上机实习和考级提供指导。

本书由浅入深、循序渐进、前后呼应、通俗易懂、图文并茂、内容丰富，可使读者轻松地掌握上机操作的方法，学会如何使用 Visual FoxPro 开发管理系统。本书可作为高等学校数据库应用技术的配套实验与实训教材，也可作为全国计算机等级考试二级 Visual FoxPro 程序设计或省市计算机应用(VFP)水平测试的上机培训教材，是初学者和自学者的好帮手，同时对于从事管理系统开发的技术人员也具有一定的参考价值。

本书的第 2、3、4、6 章由青岛理工大学张伟老师编写，第 1、5、7 章由青岛理工大学赵坚老师编写，第 8、10 章由青岛理工大学翟正利老师编写，第 9、11 章由青岛理工大学顾善发老师编写。张伟老师负责全书的统稿工作。由于作者的水平和能力有限，书中不足之处在所难免，敬请广大读者指正！

编　者

2008 年 12 月

目　录

第1章　数据库系统概述

知识要点

1. Visual FoxPro 6.0 的工作方式

Visual FoxPro 6.0 有两种工作方式：交互方式和程序运行方式。

①交互式分为以下两种：

可视化操作：利用菜单系统或工具栏按钮进行操作；

命令操作：在命令窗口直接输入命令进行操作。

②程序运行方式就是运行编制的 Visual FoxPro 程序。

2. 启动与退出 Visual FoxPro

Visual FoxPro 的启动与退出和一般的 Windows 应用程序的启动与退出一样，可以通过"开始"菜单启动，也可以通过双击桌面上的 Visual FoxPro 快捷方式图标启动。要退出 Visual FoxPro，可以在主窗口中执行"文件"→"退出"菜单命令，或双击窗口控制菜单图标，或单击窗口关闭按钮。

3. Visual FoxPro 的集成开发环境

Visual FoxPro 的集成开发环境集成了设计、编辑、编译和调试等许多不同的功能，它由菜单、工具栏、状态栏、工作区及命令窗口等部分组成。用户既可以在命令窗口中输入命令，也可以使用菜单和工具栏来完成所需的操作。

①菜单系统的操作：可以使用鼠标操作、键盘操作或光标移动键执行菜单命令。

②工具栏的操作：Visual FoxPro 系统提供了不同环境下的 11 种工具栏。可以随时打开或隐藏相应的工具栏，也可以将工具栏拖放到主窗口的任意位置。

③命令窗口的操作：在命令窗口中直接键入 Visual FoxPro 命令后按回车键即可执行该命令，并在主窗口的工作区中显示命令结果。该窗口是一个可编辑的窗口，可进行插入、删除、块复制等操作，用光标滚动键或滚动条可以在整个命令窗口中上下移动插入点光标。

在命令窗口中，可用以下几种方式编辑和重新利用已输入的命令。

· 在按回车键执行命令之前，按 Esc 键将删除当前输入的命令。

· 要重复执行某条命令，可将光标移到该命令行的任意位置后按 Enter 键。

· 将一条长命令分为多行输入时，可在除最后一行外的前面几行的结尾处都输入分号(;)，输入完后按 Enter 键即可执行该命令。

· 若要重复执行已输入的多条命令，可在命令窗口中选定多条命令后，单击鼠标右键，在弹出的快捷菜单中执行"运行所选区域"命令。

4. 使用 Visual FoxPro 的帮助系统

Visual FoxPro 提供了强大的帮助功能，同其他 Microsoft Visual Studio 软件产品一样，

Visual FoxPro支持联机文档，也支持网络帮助。使用Visual FoxPro的帮助功能，不仅可以引导初学者入门，还可帮助各种层次的用户完成应用程序的设计。

5. 配置Visual FoxPro系统

配置Visual FoxPro系统是指系统环境的设置。系统环境由一组环境参数决定，配置工作环境就是设置这组环境参数。

在安装完Visual FoxPro之后，所有的环境参数都有一个系统原始的默认值，为了适合用户的需要，可以定制自己的系统环境。例如，可以设置新建文件存储的默认目录，指定如何在编辑窗口中显示源代码及日期与时间的格式等。

实验1.1 Visual FoxPro 6.0集成开发环境的使用

一、实验目的

(1) 掌握启动与退出Visual FoxPro 6.0的方法。

(2) 熟悉Visual FoxPro 6.0的集成开发环境，初步掌握主窗口、菜单、工具栏和命令窗口的使用方法。

(3) 掌握在Visual FoxPro 6.0中使用帮助的方法。

二、实验内容

【例1.1】启动与退出Visual FoxPro 6.0。

【操作过程】

①利用"开始"菜单启动Visual FoxPro 6.0：单击Windows桌面任务栏的"开始"按钮，依次执行"程序"→"Microsoft Visual FoxPro 6.0"菜单命令，即可进入Microsoft Visual FoxPro 6.0的主窗口。

②利用快捷方式启动Visual FoxPro 6.0：如果桌面上有Visual FoxPro 6.0快捷图标，直接双击即可启动程序。

③退出Visual FoxPro：在Visual FoxPro 6.0主窗口中，执行"文件"→"退出"菜单命令，或双击窗口控制菜单图标，或单击窗口"关闭"按钮均可退出Visual FoxPro 6.0。在退出时，系统会提示用户保存工程文件和窗体文件。

【例1.2】使用菜单系统。

【操作过程】

①鼠标操作：执行"文件"→"新建"菜单命令，出现"新建"对话框，单击"取消"按钮关闭对话框。

②键盘操作：按下"Alt＋F"键展开"文件"菜单，在弹出下拉菜单后，直接按下N键，或不打开下拉菜单直接按"Ctrl＋N"快捷键，主窗口中会出现"新建"对话框，单击对话框的"取消"按钮，关闭对话框。

③光标操作：打开"文件"菜单后，按光标移动键将光带移动到"新建"菜单项上，然后按回车键，出现"新建"对话框，单击"取消"按钮。

④工具栏按钮操作：单击"常用"工具栏上的"新建"按钮，出现"新建"对话框，单击"取消"

按钮。本操作说明工具栏的这个按钮与上述“新建”菜单命令的功能相同。

【例 1.3】工具栏的使用。

【操作过程】

①显示和隐藏工具栏

· 执行“显示”→“工具栏”菜单命令，弹出“工具栏”对话框，如图 1.1 所示。选中或取消“表单控件”前的复选框标记，然后单击“确定”按钮，即可显示或隐藏“表单控件”工具栏。

· 在任何一个工具栏的空白处单击鼠标右键，打开图 1.2 所示的工具栏快捷菜单，单击“表单控件”，也可打开或隐藏“表单控件”工具栏。

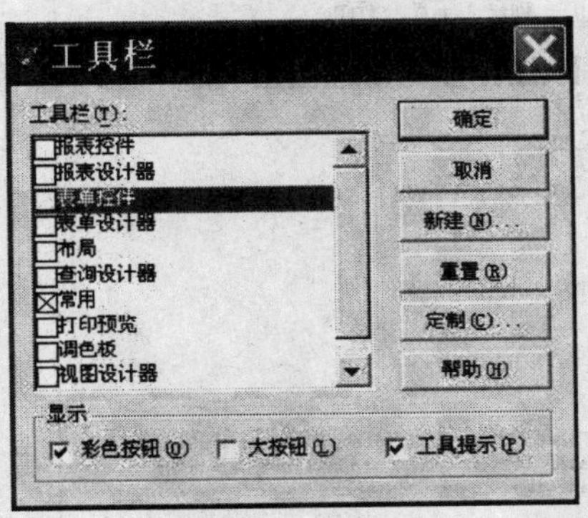

图 1.1　“工具栏”对话框

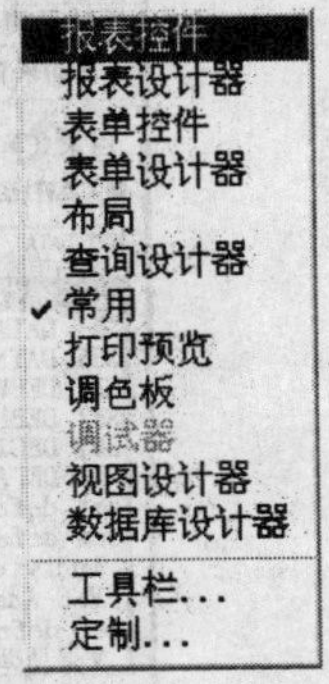

图 1.2　工具快捷菜单

②改变工具栏的位置

在主窗口中，将鼠标光标指向“常用”工具栏左上角，拖动工具栏到主窗口的任意位置，则工具栏成为浮在主窗口上的浮动工具栏，标题栏上显示该工具栏的名称。双击浮动工具栏的标题栏，工具栏会重新移到主窗口顶部。另外，拖放工具栏的边或角也可改变其形状。

【例 1.4】使用命令窗口。

【操作过程】

①打开和关闭命令窗口

· 单击命令窗口右上角的“关闭”按钮关闭它，执行“窗口”→“命令窗口”菜单命令，重新打开命令窗口。

· 单击“常用”工具栏上的“命令窗口”按钮▣也可打开或关闭该窗口：若按钮呈按下状则显示该窗口，呈弹起状则隐藏该窗口。

②在命令窗口中执行命令。在命令窗口中输入以下命令并按回车键执行命令。（命令中“&&”之后的部分是注释，可以不输入）

```
?"山东省青岛市"      && 在主窗口中显示引号中的字符串
? 1+3+5+7+9         && 计算并换行显示算术表达式的值
?? 25               && 不换行显示数值 25
CLEAR               && 清除主窗口中的所有显示信息
DIR                 && 显示当前目录中文件类型为 dbf 的文件目录(表文件)
```

【例1.5】使用帮助系统。

【操作过程】

①使用“帮助”菜单：执行“帮助”→“Microsoft Visual FoxPro帮助主题”菜单命令或直接按F1键打开“帮助”窗口。其中有“目录”、“索引”、“搜索”和“书签”4个选项卡。在“索引”选项卡的“键入要查找的关键字”文本框中，输入要查找的关键字。例如输入“SET DATE”，然后单击“显示”按钮，如图1.3所示。

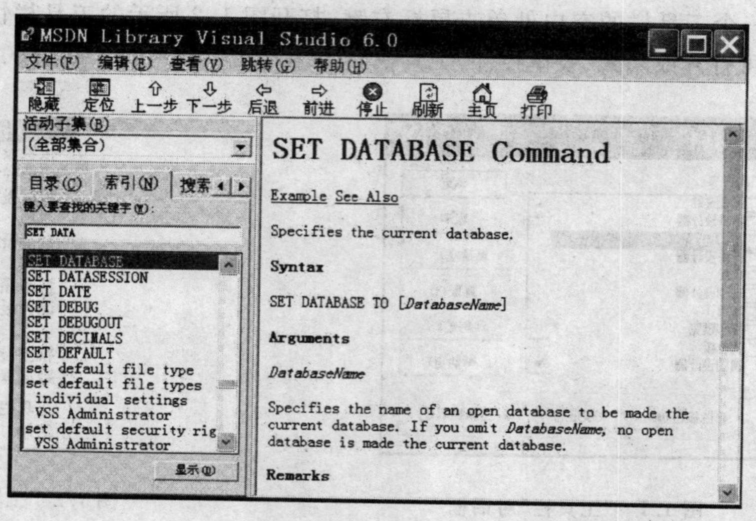

图1.3 “帮助”窗口

②使用HELP命令：在命令窗口中输入并执行如下HELP命令，也可直接得到帮助信息。

```
HELP SET DATE
```

③在命令窗口或代码窗口得到帮助：可在命令窗口中输入“SET DATE”命令，也可在命令窗口中选择SET DATE命令后按F1键。

三、实验练习

1. 浏览整个Visual FoxPro系统菜单，了解各菜单中的菜单项。熟悉各种菜单项的操作方法。

2. 显示和隐藏“常用”工具栏；将“常用”工具栏移至窗口底部放置，再恢复原始位置。

3. 在命令窗口进行操作

①在命令窗口中输入如下命令并执行（“&&”之后的内容可以不输入）

```
MD c:\test                     && 在C盘根目录下建立文件夹test
SET DEFAULT TO c:\test         && 设置默认的工作文件夹为c:\test
? 35.6+68.9                    && 显示表达式的值
? DATE()                       && 按默认格式"月/日/年"显示系统时间
SET DATE TO YMD                && 设置时间显示格式为"年/月/日"
? DATE()                       && 按指定的格式显示系统时间
SET MARK TO "."                && 设置时间显示格式为"年.月.日"
```

```
? DATE()                          && 按指定的格式显示系统时间
SET CENTURY ON                    && 设置时间的显示为4位年值
? DATE()                          && 按指定的格式显示系统时间
```

②修改第 3 条命令如下，然后再执行

```
? 35.6+68.9-23.1
```

③重复执行第 5、6 条命令。

4. 使用各种方法查看命令“?”及“??”的帮助信息。

实验 1.2　Visual FoxPro 6.0 系统环境的配置

一、实验目的

初步掌握配置 Visual FoxPro 6.0 的系统环境的方法。

二、实验内容

【例 1.6】配置系统默认目录。

【操作过程】

①设置默认目录：默认情况下，系统将用户建立的各类文件自动保存在“我的文档”中的 Visual FoxPro Projects 文件夹中。如果用户希望把自己创建的文件保存到指定的文件夹中，则需要设置系统的默认目录。操作步骤如下：

- 使用 Windows 资源管理器建立一个工作目录，如 c:\exercise；
- 在主窗口执行“工具”→“选项”菜单命令，打开“选项”对话框后选择“文件位置”选项卡；
- 在文件类型列表框中选择“默认目录”，然后单击“修改”按钮，或者双击“默认目录”项，系统将弹出图 1.4 所示的“更改文件位置”对话框；

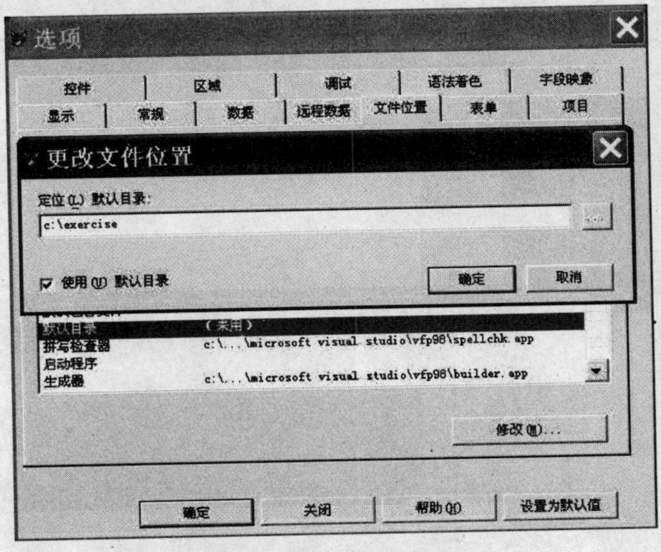

图 1.4　设置默认目录

· 选中“使用默认目录”复选框，此时“定位默认目录”文本框才可用，然后单击文本框右侧的“浏览”按钮，打开“选择目录”对话框，选择 c:\exercise 文件夹后，单击“确定”按钮，或者在默认目录文本框中直接输入路径 c:\exercise。

说明：在命令窗口中通过 SET 命令也可完成以上的设置。方法是在命令窗口输入以下命令

```
SET DEFAULT TO c:\exercise
```

②保存设置

临时保存：各项设置完成后，单击“选项”对话框中的“确定”按钮，此操作所改变的设置仅在本次系统运行期间有效。使用 SET 命令进行的设置都属于临时保存设置。

永久保存：各项设置完成后，先单击“设置为默认值”按钮，再单击“确定”按钮。

三、实验练习

1. 在 C 盘建立名为“ss”的文件夹，用“选项”对话框和 SET 命令两种方法，将该文件夹设置为默认目录。

2. 执行“工具”→“选项”菜单命令，在打开的“选项”对话框中进行下述操作：

①在“显示”选项卡进行操作：显示状态栏、时钟；

②在“区域”选项卡进行操作：将日期格式设置为“年.月.日”；

③在“数据”选项卡进行操作：使得文件不以独占的方式打开，并使“排序序列”为 machine。

3. 在命令窗口中输入 QUIT 命令并执行该命令。

第 2 章　Visual FoxPro 的操作基础

知识要点

1. 常 量

在命令执行过程中值不发生变化的量称为常量，用以表示一个具体的、不变的值。Visual FoxPro 中有 6 种类型的常量，分别是数值型常量、货币型常量、字符型常量、日期型常量、日期时间型常量和逻辑型常量。不同类型的常量有不同的书写格式。

2. 变 量

在命令执行过程中值可以发生变化的量称为变量。Visual FoxPro 的变量有字段变量和内存变量两类。字段变量就是数据表中的字段，其值是当前所打开表的当前记录的该字段的值。内存变量是用来存放数据的内存区域。内存变量的数据类型有字符型 C、数值型 N、货币型 Y、逻辑型 L、日期型 D 和日期时间型 T。内存变量的数据类型由赋给它的数据值决定，是可以改变的。

如果当前表中存在一个与内存变量同名的字段变量，则在访问内存变量时，必须在变量名前加上前缀 M.（或 M->），否则系统优先访问同名的字段变量。

变量的赋值有两种格式

格式 1：〈内存变量名〉=〈表达式〉

格式 2：STORE〈表达式〉TO〈内存变量 1[，内存变量 2，…]〉

3. 有关内存变量的常用命令

①显示表达式的值

格式 1：? [〈表达式〉]

格式 2：?? [〈表达式〉]

两种格式的功能都是计算表达式的值并在主窗口显示计算结果，区别在于：格式 1 在显示表达式的值前先输出一个回车换行符，所以是在下一行开始处输出；而格式 2 不输出回车换行符，直接在光标所在位置显示表达式值。若命令中省略表达式，则“?”表示换行，而“??”表示仍在光标同一行。

②显示内存变量

格式 1：LIST MEMORY [LIKE〈通配符〉][TO PRINTER | TO FILE〈文件名〉]

格式 2：DISPLAY MEMORY [LIKE〈通配符〉][TO PRINTER | TO FILE〈文件名〉]

功能为显示内存变量的当前信息，包括变量名、作用域、类型和取值。

说明：

- 如果内存变量较多，一屏显示不完时，LIST 命令自动上滚，而使用 DISPLAY 命令会分屏显示；
- LIKE 短语用来显示与通配符相匹配的内存变量：通配符“ * ”表示任意多个字符，“?”

表示任意一个字符；

• TO PRINTER 或 TO FILE〈文件名〉用于在显示的同时，将显示内容送往打印机或给定的文本文件中，文本文件的扩展名为.txt。

③清除内存变量

格式 1：CLEAR MEMORY

格式 2：RELEASE〈内存变量名〉

格式 3：RELEASE ALL

格式 4：RELEASE ALL [LIKE〈通配符〉| EXCEPT〈通配符〉]

4. 函 数

函数就是针对一些常见问题预先编好的一系列子程序。函数可以用函数名加一对圆括号加以调用，自变量放在圆括号里。按返回值的类型可以分为：数值处理函数、字符处理函数、数据类型转换函数、日期及日期时间处理函数、测试函数和显示信息函数。

5. 表达式

表达式是由常量、变量和函数通过特定的运算符连接起来的式子，有以下几种。

①数值表达式：用算术运算符将数值型常量、变量及函数连接起来的表达式，结果仍为数值型。

②字符表达式：用字符串运算符将字符型数据连接起来形成的表达式，结果为字符型。

字符串运算符有两个（“＋”和“－”），优先级相同。两者都是将两个字符串连接成一个新的字符串，区别在于：“＋”是将两个字符串简单连接，而“－”将前面字符串的尾部空格移到合并后的新串尾部。

③日期时间表达式：由日期时间运算符和日期时间型或数值型的常量、变量或函数构成的表达式，结果为日期型或数值型数据。可以使用“＋”和“－”两个运算符，但切记两个日期型数据不能相加。

④关系表达式：由关系运算符将两个运算对象连接而成，结果为逻辑型数据。

⑤逻辑表达式：由逻辑运算符将逻辑型数据连接而成，结果为逻辑型数据。

逻辑运算符的优先级从高到低为：逻辑非(.NOT.)、逻辑与(.AND.)、逻辑或(.OR.)。

⑥混合表达式：不同类型的运算符出现在同一个表达式中，优先顺序从高到低为：算术运算符、字符串运算符、日期时间运算符、关系运算符和逻辑运算符。

6. 数 组

数组是一组内存变量，占用内存中连续的一段存储区域，由一系列元素组成。每个数组元素相当于一个简单变量，各元素的数据类型可以不同，可给各元素赋值。

①数组的定义：VFP 只允许使用一维数组和二维数组。数组使用前应该使用命令显式创建，其命令格式为

格式 1：DIMENSION〈数组名 1〉(〈下标上限 1〉[,〈下标上限 2〉])[,〈数组名 2〉…]

格式 2：DECLARE〈数组名 1〉(〈下标上限 1〉[,〈下标上限 2〉])[,〈数组名 2〉…]

②数组的赋值：数组创建后，系统自动给每个元素赋以逻辑假值.F.。可以分别为每个元素赋值，如声明包括三个数组元素的数组 a 并一一赋值，执行命令如下

```
DIMENSION a(3)
a(1)=10
a(2)=10
a(3)=10
```

也可将同一个值同时赋给所有元素，如执行命令

```
DIMENSION a(3)
a=10
```

后，a(1)=10，a(2)=10，a(3)=10。但在同一运行环境下，数组名不能与简单变量相同。

③数组元素的访问及显示：每个数组元素可通过数组名及相应的下标来访问，如访问前面定义的 a 数组中第二个元素 a(2)。

另外可用一维数组的形式访问二维数组，如 DECLARE a(2,2)，则 a(1)表示 a(1,1)，a(2)表示 a(1,2)，a(3)表示 a(2,1)，a(4)表示 a(2,2)。其中每一个数组元素相当于一个简单变量，所以数组元素的显示与简单变量相同。

实验 2.1　常量、变量及运算符的组合应用

一、实验目的

(1) 掌握各种类型常量的表示方法。

(2) 掌握变量的赋值及输出方法。

(3) 掌握各种类型表达式的组合应用。

二、实验内容

【例 2.1】 内存变量与字段变量的赋值与输出。

【操作步骤】

①启动 Visual FoxPro 后，打开命令窗口(见例 1.4)。

②将光标定位于命令窗口，输入下面的命令语句。每输入一行后按回车键才能执行该命令，然后再输入下一行语句。输入所有语句后的命令窗口如图 2.1 所示，屏幕上命令执行的结果如图 2.2 所示。

```
a=10                     && 将整数 10 赋值给内存变量 a
? a
STORE 5 TO a1,a2,a3      && 将整数 5 赋值给内存变量 a1、a2、a3
? a1,a2,a3
name="苏轼"              && 将字符常量"苏轼"赋值给内存变量 name
? name
? M.name                 && 显示内存变量 name 的值(苏轼)
LIST MEMORY LIKE a*      && 显示所有以字母 A 开始的变量
```

注意观察屏幕上数值型数据和字符型数据显示的格式。用 DISPLAY MEMORY 和 LIST MEMORY 显示内存变量的内容时，从左到右各列数据分别是：变量名称、变量的作用

域、变量的数据类型和变量内容。对于数值型数据还需用括号中的内容说明其中表示的数据格式。

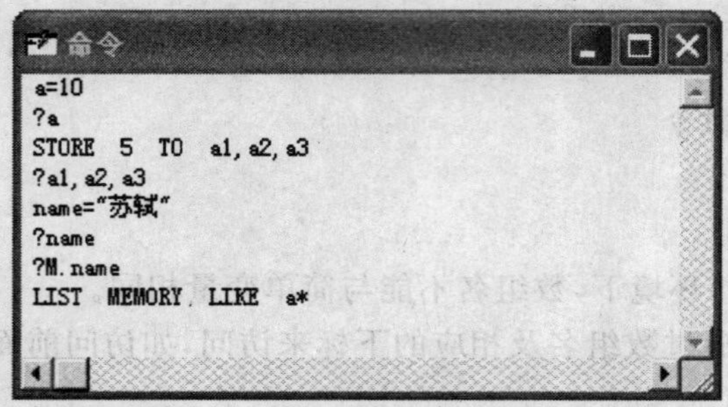

图 2.1　输入所有命令后的命令窗口

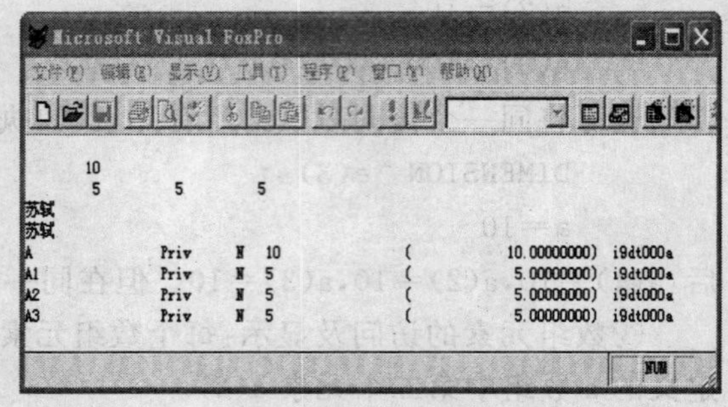

图 2.2　命令执行结果

【例 2.2】 变量的访问。

在命令窗口中输入下面语句，观察屏幕上的输出结果。

```
a=123                        && 将整数 123 赋值给内存变量 a
b="青岛"                     && 将字符常量"青岛"赋值给内存变量 b
? a                          && 显示结果为:123
? b                          && 在下一行显示，结果为:青岛
? a,b                        && 显示结果为:123 青岛
?"a=",a                      && 显示结果为:a=123
??"b=",b                     && 与上一行显示结果在同一行显示:b=青岛
DISPLAY MEMORY LIKE a*       && 显示所有以字母 A 开始的变量
```

【例 2.3】 变量的操作。

在命令窗口中输入下面语句，观察屏幕上的输出结果。

```
a=100                        && 变量 a 的值为 100,b 和 c 还没创建,不能访问 b 和 c
b=200                        && a 的值为 100,b 的值为 200,c 没创建,不能访问 c
c=300                        && a 的值为 100,b 的值为 200,c 的值为 300,都能访问
a=b                          && a 的值为 200,b 的值为 200,c 的值为 300,都能访问
a=150                        && a 的值为 150,b 的值为 200,c 的值为 300,都能访问
b=b+50                       && a 的值为 150,b 的值为 250,c 的值为 300,都能访问
a=b+c                        && a 的值为 550,b 的值为 250,c 的值为 300,都能访问
STORE a TO b,c               && a 的值为 550,b 的值为 550,c 的值为 550,都能访问
RELEASE a                    && a 被释放,不能访问。能访问 b 和 c,值都为 550
RELEASE ALL                  && a、b、c 被释放,都不能访问
DISPLAY MEMORY LIKE a*       && 所有以字母 A 开始的变量
```

说明：可以在执行每条语句后，再执行"? a,b,c"命令，看看变量的创建及值的变化情况。

【例 2.4】 字符串操作。

在命令窗口中输入下列语句，观察屏幕上的输出结果。

```
SET EXACT OFF                && 设置为非精确比较
```

```
a="abc"
b="abc"
c="abced"
? a=b,c=a,b=a,b==a          && 显示结果为 .F. .T. .T. .F.
SET EXACT ON                && 设置为精确比较
? a=b,c=a,b=a,b==a          && 显示结果为 .F. .F. .T. .F.
ch="数据库管理系统"
cj=ch=LEFT(CH,6)            && 用逻辑表达式 ch=LEFT(CH,6)对 cj 赋值
? ch,cj                     && 数据库管理系统 .F.
x=50
a=x<40                      && 用逻辑表达式 x<40 对 a 赋值,a 的值为.F.
? a                         && 显示 a 的结果为.F.
```

【例 2.5】 计算下列表达式的值。

在命令窗口中输入下列语句,观察屏幕上的输出结果。

```
? 14<2*10 AND ("教授"<"讲师") OR .T.<.F.
            && 先计算算术表达式 2*10 得 20,和 14 比较得逻辑假值.T.
            && 计算括号内的关系表达式结果为.F.,计算.T.<.F.结果为.F.
            && 先计算逻辑与 AND 结果为.F.,再计算 OR,最后结果为.F.
SET COLLATE TO "Machine"           && 设置字符按机内码排序
? "x"<"xyz", "x"<"X", "x"<"y"      && 结果为.T.  .F.  .T.
SET COLLATE TO "PINYIN"            && 设置字符按拼音排序
? "x"<"xyz", "x"<"X", "x"<"y"      && 结果为.T.  .T.  .T.
```

三、实验练习

1. 请按顺序依次执行下列操作。

(1) 分别用数据"中国",. T. ,123,{^2003/03/19},[Ok]给内存变量 al,a2,bl,b2,c 赋值,再将 100 同时赋值给变量 x,y,z;

(2) 显示所有的内存变量;

(3) 显示所有以 a 开头的内存变量;

(4) 显示所有第 2 个字符为"1"的内存变量;

(5) 清除变量 x,y;

(6) 清除所有以 b 开头的内存变量。

2. 先写出下列命令的执行结果,然后再上机验证。

(1) 姓名="罗晓丹"

```
? "姓名:"+姓名
```

(2) x="Good"

```
y="Bye!"
? x+y,x-y
```

(3) a=10

```
    b=20
    ? a>b,2*a<=b,a<>b/4,3+a=b-7
(4) ? {^1980/10/02}>{^2003/02/19}
(5) ?"李"= ="李","李"= ="李国强","李"= ="李"
(6) SET EXACT OFF
    ?"李"="李","李"="李国强","李国强"="李","李"=" 李","李"="李"
    SETEXACT ON
    ?"李"="李","李"="李国强","李国强"="李","李"="李","李"="李"
(7) ? {^2003/02/20}+15,{^2003/02/20}-15
    ? {2003/02120 15:30}+60,{^2003/02/20 15:30}-60
    ? {^2003/02/20}-{^2002/02/20},{^2003/02/20 15:30}-{^2003/02/20 15:20}
(8) STORE 2 TO a
    STORE a+2 TO a
    STORE a=a+2 TO a
    ? TYPE("a")
```

实验2.2 数组的应用

一、实验目的

(1) 掌握数组的创建及赋值方法。

(2) 熟练掌握数组元素的访问。

(3) 掌握数组元素的显示及清除。

二、实验内容

【例2.6】 一维数组的创建及赋值。

【操作过程】

在命令窗口中输入下列语句,观察屏幕上的输出结果。

```
DIMENSION st(4)
st(1)="200503099"
st(2)="tom"
st(3)="男"
st(4)=20
st(5)=.t.      && 出现错误！因为st数组声明大小为4,st(5)是无效的引用
? st(1),st(2),st(3),st(4)
DISPLAY MEMORY LIKE s*
```

【例2.7】 一维数组的使用。

【操作过程】

在命令窗口中输入下列语句,观察屏幕上的输出结果。

```
s=5
? s                                && 显示变量 s 的值 5
DECLARE s(6)                       && 声明数组 s，前面定义的变量已不存在
? s,s(1),s(5)                      && 显示结果为：.F.  .F.  .F.
s=10                               && 给整个数组赋值，而非变量 s
? s,s(1),s(5)                      && 显示结果为：10  10  10
s(1)=s+20                          && s(1)在原来的基础上加 20
s(5)='VFP'                         && s(5)赋值后为字符型数据"VFP"
? s(1),s(2),s(5)                   && 显示结果为：30  10  VFP
DISPLAY MEMORY LIKE s*
```

说明：

①第 4 行语句实际显示的是 s(1)、s(1)和 s(5)的值，因为声明数组 s 后，第 1 行定义的变量 s 已经不存在了，后面访问的 s 其实就是 s(1)。数组声明后没有赋值前数组元素的值为逻辑值.F.。第 5 行 s=10 相当于全部数组元素都赋值为 10。

②最后一条语句显示所有以 s 开头的内存变量，结果包括了例 2.6 中声明的数组 st，因为没有执行释放数组 st 的命令。如果在本例中开始加上 CLEAR MEMORY，则执行结果会不一样。

【例 2.8】 二维数组的创建及赋值。

【操作过程】

在命令窗口中输入下列语句，观察屏幕上的输出结果。所有命令正确执行后结果如图 2.3所示。

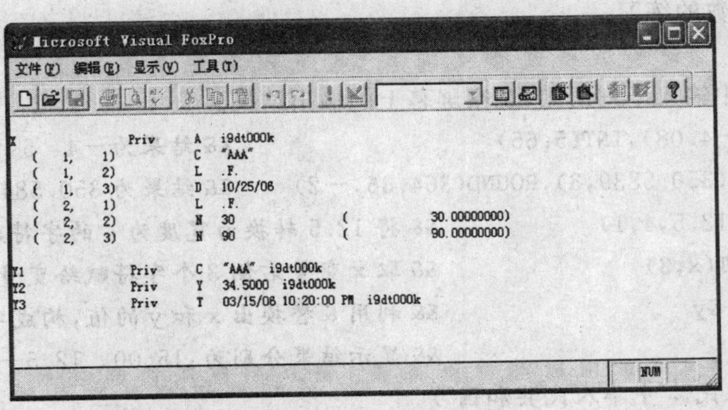

图 2.3　例 2.8 的执行结果

```
CLEAR MEMORY
DIMENSION x(2,3)
STORE 'AAA' TO x(1,1),y1
x(3)={^2006-10-25}
y2=$34.5
x(5)=30
x(2,3)=x(5)*3
```

```
LIST MEMORY LIKE x *
RELEASE ALL LIKE x *
y3={^2006-3-15,10:20 P}
LIST MEMORY LIKE y *
```

三、实验练习

1. 定义包含有10个元素的一维数组a,并用你的姓名、出生日期、年龄依次给前3个元素赋值,然后将数组的所有元素显示出来。

2. 定义一个二维数组b(3,4),将数组a中的数据赋值给b的前10个元素。剩下的元素分别赋值"Hello"和"你好!"。分别以一维数组和二维数组的形式显示数组b的全部数组元素。

3. 清除数组a的内容。显示所有内存变量的值。

实验2.3 函数的应用

一、实验目的

掌握常用函数的功能、格式和使用方法。

二、实验内容

【例2.9】 函数的练习。

【操作过程】

在命令窗口中输入下列语句,观察屏幕上的输出结果。

```
? INT(-4.08),INT(5.65)                    && 结果为-4   5
? ROUND(350.5839,3),ROUND(364.36,-2)      && 结果为 350.584   400
x=STR(12.5,4,1)             && 将12.5转换为宽度为4的字符赋给变量x
y=RIGHT(x,3)                && 取x变量右侧3个字符赋给变量y
z="&x+&y                    && 利用&替换出x和y的值,构成字符串赋给z
? &z,z                      && 显示结果分别为:15.00   12.5+2.5
? AT("人民","中华人民共和国")
                  && 结果为5,是"人民"在"中华人民共和国"中的开始位置
? VAL(SUBSTR([334455],5,2))+1
                  && SUBSTR([334455],5,2)的结果为"55",利用VAL将字符型的
                  && "55"转换为数值型的55,加1后结果为56
? SUBSTR("334455",3) -"1"
                  && SUBSTR("334455",3)的结果为字符"4455",然后利用字符运算
                  && 符"-"连接"1"得到"44551",而非4455+1=4456
```

三、实验练习

先写出下列各题中命令的执行结果，然后再上机验证。

1. ? ROUND(345.34569,3) ,RAND()

   ? INT(－4.806),INT(6.92406),MOD(14,－5),MOD(－14,5)

   ? MAX("西安","长安"),LEN(TRIM("数据库管理系统"))＋AT("AM","I AM A STUDENT")

2. a＝"Hello Teddy 1234.5678 OK!"

   e＝SUBSTR(a,13,9)

   ee＝VAL(e)

   ? e,ee

   ? STR(ee,2),STR(ee,4),STR(ee,6),STR(ee,6,3)

   b ＝VAL("1234FOX.5678")

   k ＝STR(b)

   ? b,k,VARTYPE(b),VARTYPE("b"),TYPE(k),TYPE("k")

第 3 章　创建与操作数据表

知识要点

1. 建立自由表

表是一组逻辑相关的数据的集合，以文件的形式存储在外存储器上，其扩展名为 .dbf。表分为两种：自由表和数据库表。

自由表是不属于任何数据库的表，在此类表中无法实现数据完整性，不支持主索引，不能建立字段有效性规则，也不支持在表之间建立永久性联系。其创建方法如下。

· 使用“文件”菜单的“新建”命令。

· 在命令窗口中输入命令：CREATE [*文件名*|?]。

2. 建立与修改表结构

①建立表结构：在表设计器中定义表中所包含的字段名、类型、宽度、小数位数、索引、NULL 等。

②修改表结构

· 打开要修改的表，单击“显示”→“表设计器”菜单命令。

· 命令方式：MODIFY STRUCTURE。

3. 表的基本操作

①打开数据表

· “文件”→“打开”命令，选择要操作的表文件。

· 命令格式：USE 〈*表名*〉 ALIAS 〈*别名*〉。

②使用浏览窗口操作表，打开浏览窗口的方法有如下两种方式。

· 打开要修改的表，执行“显示”→“浏览”菜单命令。

· 用 USE 命令打开要操作的表，在命令窗口键入 BROWSE 命令。

可以利用鼠标、键盘、命令或菜单来操作表。

③增加记录

· 执行“显示”菜单中的“追加模式”命令，可在浏览和编辑方式下向表的尾部添加多条新记录。

· 执行“表”菜单中的“追加新记录”命令，在浏览和编辑方式下，只能添加一条新记录。

· 执行“表”菜单中的“追加记录”命令，可将另一个表中的记录添加到当前表中。

· 执行命令

格式 1：APPEND 或 APPEND BLANK。

格式 2：APPEND FROM 〈*文件名*〉 [FIELDS 〈*字段名表*〉][FOR 〈*条件*〉]。

格式 3：APPEND FROM ARRAY 〈*数组*〉 [FIELDS 〈*字段名表*〉][FOR 〈*条件*〉]。

格式 4：INSERT [BEFORE] [BLANK]。

④数据的浏览与编辑：LIST、DISPLAY 命令用于显示记录，BROWSE、EDIT、CHANGE 命令都可以对数据进行编辑。

⑤数据的删除

- 逻辑删除：DELETE [FOR 条件表达式]。
- 恢复记录：RECALL [FOR 条件表达式]。

说明：如果省略 FOR 短语，两条命令都只对当前记录进行操作。

- 物理删除有删除标记的记录：PACK。
- 物理删除表中全部记录：ZAP。

⑥查询定位

- 直接定位：GO|GOTO 记录号|TOP|BOTTOM。
- 相对定位：SKIP ±整数。
- 条件定位：LOCATE FOR 条件表达式

⑦成批替换记录

REPLACE [〈范围〉]〈字段 1〉WITH〈表达式 1〉[ADDTITIVE]
[,字段 2 WITH〈表达式 2〉[ADDTITIVE] …] FOR [〈逻辑表达式〉]
WHILE [〈逻辑表达式〉]

说明：缺省范围或条件，只对当前记录处理。ADDTITIVE 只适用于备注型字段的处理，选用后只在原备注信息的后面追加信息。例如，将学生成绩表中所有学生的分数成绩大于 80 分的加上 5 分，命令如下

REPLACE 分数 WITH 分数＋5 FOR 分数＞＝80

⑧复制表

格式为

COPY TO〈新文件名〉[〈范围〉] [FIELDS〈字段名表〉]
[FOR |WHILE〈逻辑表达式〉]

4. 索引文件

索引文件根据所含有的索引标识的多少可分为两类：独立索引文件和复合索引文件。

①独立索引文件：每个文件独立索引文件只包含一个索引项，文件扩展名为.idx。通常独立索引文件的文件名与相应的表没有任何关系，即使与表同名，也不会随表文件的打开而自动打开。一个表可定义多个独立的索引。

②复合索引文件：一个复合索引文件可以包含多个索引标识，扩展名为.cdx。复合索引文件又分为结构复合索引文件及非结构复合索引文件。

- 非结构复合索引文件的文件名与表名不同，由用户指定，不随表的打开而自动打开。
- 结构复合索引文件的文件名与表名相同，文件中每个索引项由一个索引标识识别。结构复合索引文件随着表而打开。表中数据发生变化时，会自动更新相应的索引文件中的所有索引定义，实现索引文件与表文件的同步更新。

5. 索引的种类

根据索引对关键字值的不同要求，可将索引分为三种类型。

①主索引：索引字段或表达式中不允许出现重复值的索引。主要用于主表或被引用表，用

来在一个永久关系中建立参照完整性。只有数据库表可以创建主索引。一个表只能创建一个主索引,通常用表的主关键字作为主索引关键字。

②候选索引:同主索引一样,要求索引关键字段或表达式不能有重复值。数据库表和自由表都可以建立候选索引,并且可以建立多个。

③普通索引:用来对记录排序和搜索记录,不要求索引字段或表达式的值唯一。可作为一对多关系中的"多方"。数据库表和自由表都可以建立普通索引。

6. 建立索引

①在表设计器的"索引"选项卡中建立索引。

②命令方式

```
INDEX ON 表达式 TO 独立索引文件名|TAG 标识名 [OF 复合索引文件名]
[FOR 条件] [COMPACT] [ASCEDNING|DESCENDING] [UNIQUE|CANDIDATE]
[ADDITIVE]
```

7. 使用索引

结构复合索引文件随表文件自动打开,其他索引文件必须用显式操作或命令才能打开。

①使用菜单方式打开索引:执行"文件"→"打开"命令,弹出"打开"对话框,在"文件类型"列表框中选择"索引(*.idx; *.cdx)",在"文件名"文本框中输入索引文件名,最后单击"打开"按钮。

②使用命令方式打开索引

- 打开表的同时打开索引文件

```
USE <表文件名> INDEX <索引文件名表>
```

- 打开表后再打开索引文件

```
SET INDEX TO 索引文件列表
```

③设置当前有效索引

```
SET ORDER TO 索引号 |[TAG] 标识名 [ASCEDNING|DESCENDING]
```

或

```
USE <表名> ORDER <索引文件名>
```

④索引查找

```
SEEK 表达式
```

⑤删除索引

```
DELETE TAG 标识名 或 DELETE TAG ALL
```

8. 记录的排序与统计

①记录的排序

```
SORT ON <字段名 1>[/ASC][/DESC][/C][,<字段名 2>[/ASC][/DESC] [/ C]…]
TO <新表名> [<范围>] [FOR<条件>] [WHILE<条件>] [FIELDS<字段名表>]
```

功能:按指定的字段对当前打开的表中的记录进行排序,生成新的表文件。新表文件中含有 FIELDS 指定的字段。

②计数命令

```
COUNT [<范围>] [FOR<条件>] [WHILE<条件>] [TO<内存变量>]
```

功能:统计指定范围内满足条件的记录个数。

③求和与求平均值命令

SUM/AVERAGE[〈数值表达式表〉][〈范围〉][FOR〈条件〉][WHILE〈条件〉]

[TO〈内存变量表〉]

功能:在当前数据表中,对〈数值表达式表〉中的各个表达式分别求和或求平均值,并将结果依次存入内在变量表包含的各个变量中。

④分类汇总

TOTAL ON〈关键字〉TO〈表文件名〉[〈范围〉][FOR〈条件〉][WHILE〈条件〉]

[FIELDS〈字段名表〉]

功能:按关键字段对当前表文件的数值型字段进行分类汇总,形成汇总的新表文件。

说明:

- 当前表必须按关键字进行过排序或索引。子句中 ON 后的关键字是索引关键字或排序所依据的字段。
- 新表文件结构与当前表文件相同,但没有备注型字段。当前表文件中关键字值相同的记录在新表文件中生成一个记录。
- 生成的新表文件是关闭的。

实验 3.1　自由表的创建及基本操作

一、实验目的

(1) 掌握自由表的创建。

(2) 掌握自由表结构的建立及数据的输入。

(3) 掌握表记录的浏览、定位、添加、编辑与删除。

二、实验内容

【例 3.1】创建学生表 stud.dbf。

【操作过程】

①执行"文件"→"新建"命令,在弹出的"新建"对话框中选择"表",如图 3.1 所示。

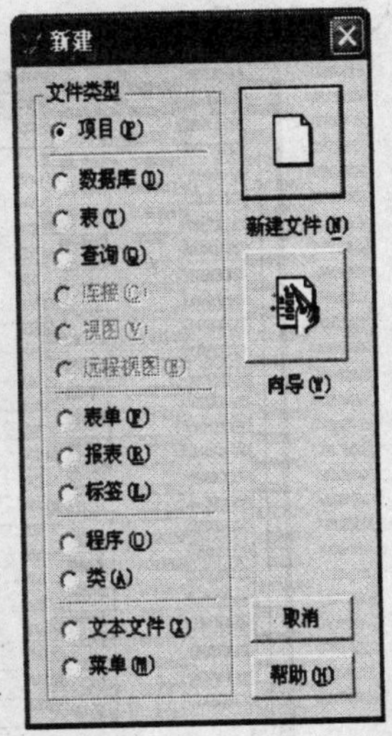

图 3.1　新建对话框

②单击"新建"按钮,弹出如图 3.2 所示的"创建"对话框。首先选择表文件的保存位置,在"保存在"后面的下拉列表框中确定当前位置为 c:\ss 文件夹,在"输入表名"对应的列表框中输入文件名称"stud",单击"保存"按钮,系统将打开表设计器。

③表结构的创建:在"表设计器"对话框中,选择"字段"选项卡,逐行定义各个字段。在"字段"列的文本框中输入字段名,在"类型"列的组合框中选定字段类型,在"宽度"列的微调框中选定字段宽度。对于数值型字段,还可以在"小数位数"列的微调框中选定小数位数。"字段"列左面的按钮上有上下箭头,按住鼠标左键上下拖动可改变字段

的次序。还可以使用“删除”和“插入”按钮来对选定的字段进行相应的操作。按表 3.1 输入 stud 表所有字段的字段名、类型、宽度和小数位数。点击“确定”按钮完成表结构的建立。输入了第 1 个字段后的表设计器如图 3.3 所示。

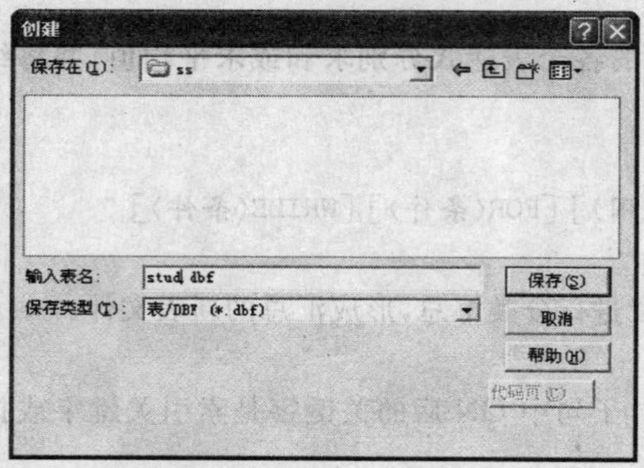

图 3.2 创建对话框

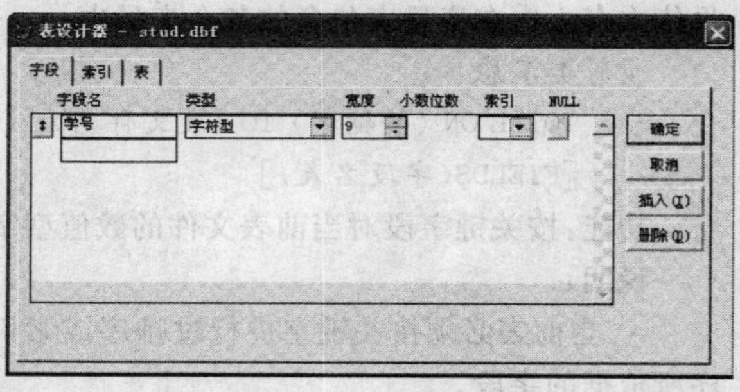

图 3.3 表设计器

表 3.1 stud 表结构

字段名	学号	姓名	性别	出生日期	班级	籍贯	是否团员	特长	照片
类　型	字符	字符	字符	日期	字符	字符	逻辑	备注	通用
宽　度	9	8	2	8	14	10	1	4	4

由于现在建立的是自由表,所以不能使用“表设计器”右侧字段的显示格式和有效性设置等功能。执行“显示”→“浏览”命令,可以浏览表结构。

④数据的输入:按第③步建立结构后,就可以输入具体数据。首先执行“显示”→“浏览”命令,打开浏览窗口,然后执行“显示”→“追加模式”菜单命令,进入编辑窗口中,按图 3.4 所示输入全部数据。

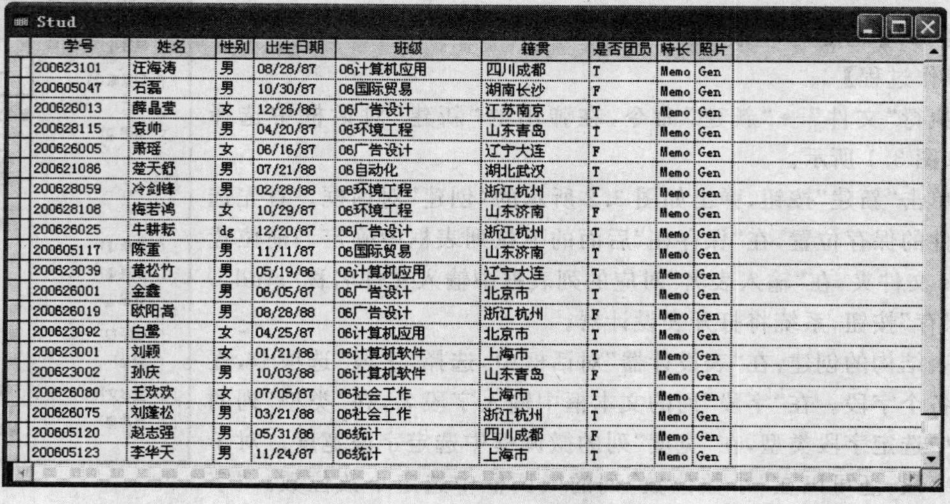

Stud

学号	姓名	性别	出生日期	班级	籍贯	是否团员	特长	照片
200623101	汪海涛	男	08/28/87	06计算机应用	四川成都	T	Memo	Gen
200605047	石磊	男	10/30/87	06国际贸易	湖南长沙	F	Memo	Gen
200626013	薛晶莹	女	12/26/86	06广告设计	江苏南京	T	Memo	Gen
200628115	袁帅	男	04/20/87	06环境工程	山东青岛	T	Memo	Gen
200626005	萧瑶	女	06/16/87	06广告设计	辽宁大连	F	Memo	Gen
200621086	楚天舒	男	07/21/88	06自动化	湖北武汉	T	Memo	Gen
200628059	冷剑锋	男	02/28/88	06环境工程	浙江杭州	T	Memo	Gen
200628108	梅若鸿	女	10/29/87	06环境工程	山东济南	F	Memo	Gen
200626025	牛耕耘	dg	12/20/87	06广告设计	浙江杭州	T	Memo	Gen
200605117	陈重	男	11/11/87	06国际贸易	山东济南	T	Memo	Gen
200623039	黄松竹	男	05/19/86	06计算机应用	辽宁大连	T	Memo	Gen
200626001	金鑫	男	06/05/87	06广告设计	北京市	T	Memo	Gen
200626019	欧阳嵩	男	08/28/88	06广告设计	浙江杭州	F	Memo	Gen
200623092	白鹭	女	04/25/87	06计算机应用	北京市	T	Memo	Gen
200623001	刘颖	女	01/21/86	06计算机软件	上海市	T	Memo	Gen
200623002	孙庆	男	10/03/88	06计算机软件	山东青岛	F	Memo	Gen
200626080	王欢欢	女	07/05/87	06社会工作	上海市	T	Memo	Gen
200626075	刘蓬松	男	03/21/88	06社会工作	浙江杭州	T	Memo	Gen
200605120	赵志强	男	05/31/86	06统计	四川成都	F	Memo	Gen
200605123	李华天	男	11/24/87	06统计	上海市	T	Memo	Gen

图 3.4 表 Stud 的数据

注意：

· 逻辑型数据不区分大小写，不需要输入逻辑数据的点定界符。

· 备注型和通用型字段的实际内容保存在扩展名为.fpt 的文件中，要确保.dbf 和.fpt 文件永远在一个文件夹中。

· 只能在相应的编辑器窗口中输入和编辑备注型字段的内容，用鼠标双击浏览器窗口某记录的备注字段，或将光标定位在备注字段上，然后按"Ctrl＋PageUp"键、"Ctrl＋PageDown"键或"Ctrl＋Home"键，均可进入 VFP 编辑器窗口。在编辑器窗口输入内容后，关闭该窗口即可回到记录输入窗口，这时字段中显示的 memo 第一个字母变成大写，即 Memo，表示该字段不为空。

· 通用型字段用于存储 OLE 对象数据，包括电子表格、图像或其他多媒体对象等。用鼠标双击浏览器窗口中相应记录的通用型字段，即可打开相应的编辑窗口。执行主菜单"编辑"→"插入对象"命令，弹出如图 3.5(a)所示的"插入对象"对话框。打开对话框后，默认选择"新建"单选按钮，此时确定对象类型后，可创建一个新对象。选择"由文件创建"单选按钮后的对话框如图 3.5(b)所示，可以单击"浏览"按钮，进一步确定对象文件所在位置，从而将一个已有对象插入到通用字段中。关闭当前对话框返回浏览窗口，该字段显示由 gen 变为 Gen，表示该字段不为空。

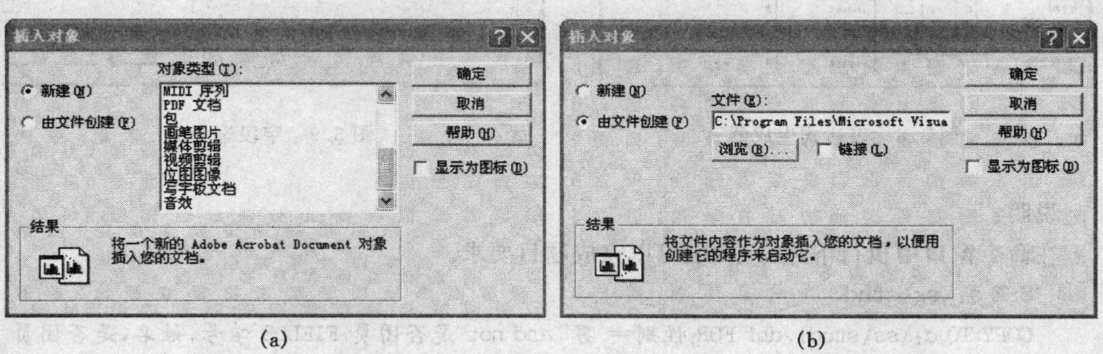

图 3.5　"插入对象"对话框

· 只有在定义表结构时选择了某字段允许输入 NULL 值，才能通过"Ctrl＋O"输入。

【例 3.2】 将表 stud 中所有不是团员的男同学的记录复制到一个新的自由表 stud1 中，新表只包含其中的"学号"、"姓名"和"是否团员"字段，将表 stud1 保存在 c:\ss 文件夹下。

【操作过程】

①在"项目管理器"或数据库设计器中选择表 stud，执行"文件"→"导出"，打开图 3.6 所示对话框。保证"来源于(F)"文本框中是源表 stud，然后由"到(O)："文本框确定新表的保存位置，单击"选项(P)..."按钮，打开"导出选项"对话框，如图 3.7 所示。

②在"导出选项"对话框中分别确定作用范围和条件。单击"For(F)..."按钮，在弹出的"表达式生成器"的"表达式"中输入"Stud.性别＝´男´ AND NOT Stud.是否团员"，如图 3.8 所示。单击"确定"按钮，关闭"表达式生成器"。

③单击"字段(D)..."打开"字段选择器"，选择学号、姓名、是否团员三个字段，如图 3.9 所示。

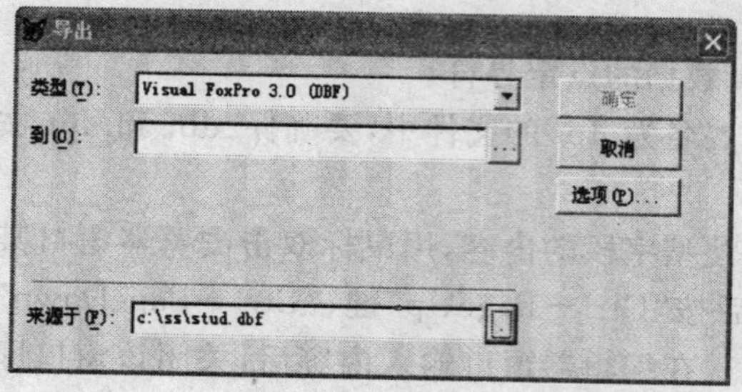

图 3.6 “导出”对话框

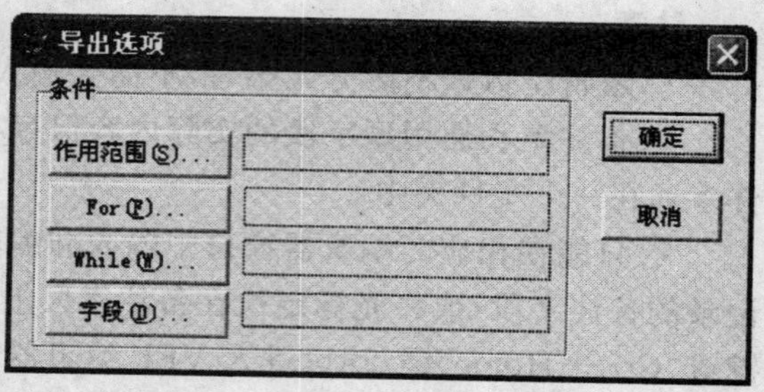

图 3.7 “导出选项”对话框

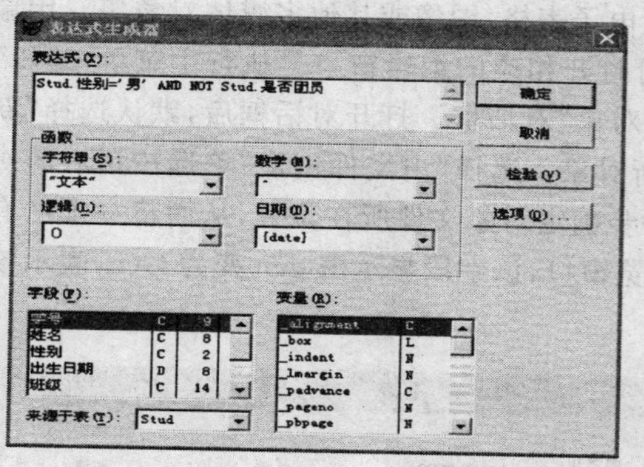

图 3.8 表达式生成器

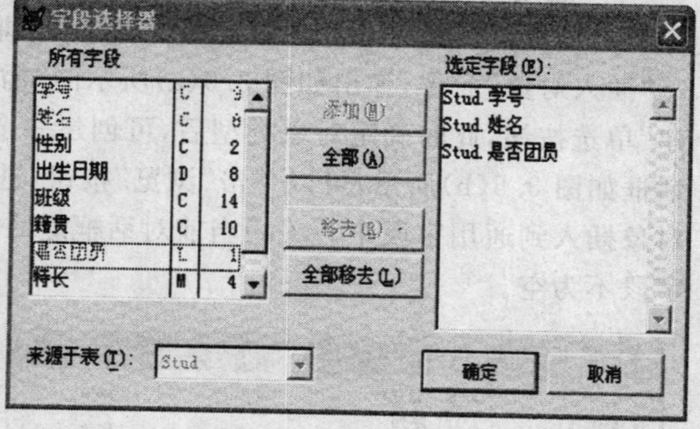

图 3.9 字段选择器

说明：

在命令窗口中执行下述命令，也可以完成题目要求。

```
USE c:\ss\stud
COPY TO c:\ss\stud1.dbf FOR 性别='男' and not 是否团员 FIELDS 学号,姓名,是否团员
USE c:\ss\stud1
LIST
USE
```

【例 3.3】 修改表 stud1 的结构，删除“是否团员”字段，增加“入学成绩(N,6,2)”。

【操作过程】

①打开表设计器的菜单方式：选择“文件”→“打开”，在对话框中选中 c:\ss\stud1.dbf，打开表。选择“显示”→“表设计器”，进入图 3.10 所示的“表设计器”。

说明：

在命令窗口中执行下述命令

```
USE c:\ss\stud1.dbf
MODIFY STRUCTURE
```

也可以打开如图 3.10 所示的“表设计器”。

②选中“是否团员”字段，单击右下角的“删除”按钮。

③单击右下角的“插入”按钮，在最后插入一个新字段，重新命名为“入学成绩”，类型选择

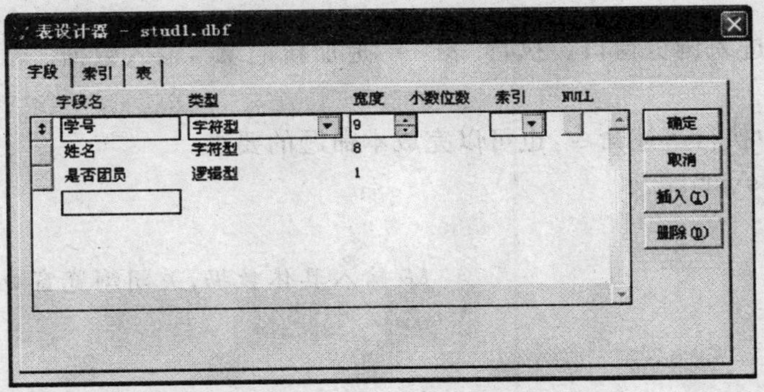

图 3.10 表设计器

数值型，宽度为 6，小数位数 2，单击“确定”按钮，完成结构的修改。

【例 3.4】复制 stud.dbf 得到 stud2.dbf，打开 stud2.dbf，物理删除所有 1987 年以前出生的非团员。

【操作过程】

①按例 3.2 叙述的方法复制得到 stud2.dbf 并打开该表。

②执行“表”→“删除记录”，弹出图 3.11 所示的对话框。修改“作用范围”为 ALL，在“For”所对应的文本框中输入条件“year(出生日期)<1987 and not”是否团员。单击“删除”按钮，则表中符合条件的记录都加上删除标记。

③继续执行“表”→“彻底删除”。

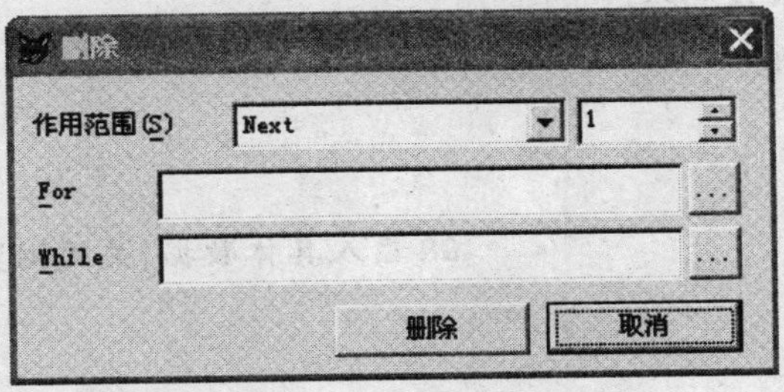

图 3.11 “删除”对话框

说明：

在命令窗口中执行下述命令，也可以完成本命题的要求。

```
USE c:\ss\stud
COPY TO c:\ss\stud2
USE c:\ss\stud2
DELETE FOR year(出生日期)<1987 and not 是否团员
PACK
USE
```

【例 3.5】在表 stud2.dbf 中追加 2 条新记录，数据自拟。

【操作过程】

打开数据表，进入浏览窗口。执行“表”→“追加新记录”，输入数据。

说明：

在命令窗口中执行下述命令，也可以完成本命题的要求。

```
USE c:\ss\stud2
APPEND
  …                                  && 输入具体数据，关闭浏览窗口
LIST
USE
```

【例 3.6】 将表 stud2. dbf 中第 5 条记录进行修改，数据自拟。

【操作过程】

菜单方式：打开数据表，进入浏览窗口。将鼠标指针直接定位到第 5 条记录，或执行“表”→“转到记录”→“记录号”，在弹出的对话框中输入记录号 5。修改记录，具体数据略。

说明：在命令窗口中执行下述命令，也可完成题目要求。

```
USE c:\ss\stud2
GO 5
EDIT
  …                                  && 对数据进行修改
```

【例 3.7】 在表 stud2. dbf 第 9 条记录后插入一条新记录，数据自拟。

【操作过程】

在命令窗口中执行下述命令

```
USE c:\ss\stud2
GO 10
INSERT BEFORE
  …                                  && 输入具体数据，关闭浏览窗口
LIST
USE
```

也可以将第 2 条和第 3 条命令改为“GO 9”和“INSERT”。

【例 3.8】 打开表 stud2. dbf，将“班级”字段内容中的前两位数字放到专业后面，比如“06计算机应用”改为“计算机应用 06”字样。

【分析】进入表的浏览窗口，也能一一进行修改。但本题的修改要求有规律可循，因此最好使用成批替换命令。按要求可以取原来字段内容中第 3 个字符后的所有字符，再加上该字段前面的两位数字，形成新的字段值。但要注意“班级”字段的宽度为 9，使用函数 SUBSTR(班级,3)取出的专业名称后面可能包含不同数目的空格，所以还需要用 ALLTRIM 去掉多余空格。即把所有记录的“班级”字段内容替换为 ALLTRIM(SUBSTR(班级,3))＋SUBSTR(班级，1，2)。

【操作过程】

具体操作命令如下所述

```
USE c:\ss\stud2
REPLACE ALL 班级 WITH ALLTRIM(SUBSTR(班级,3))+SUBSTR( 班级, 1,2)
LIST
USE
```

【例 3.9】利用 LOCATE 查找专业为“计算机应用”的记录。

【操作过程】

①打开数据表,进入浏览窗口。

②执行“表”→“转到记录”→“定位”,弹出“定位记录”对话框。

③在“For”所对应的文本框中输入条件,或单击右侧按钮…,在弹出的“表达式生成器”中生成条件。本例条件为“"计算机应用" $ 班级”,如图 3.12 所示。

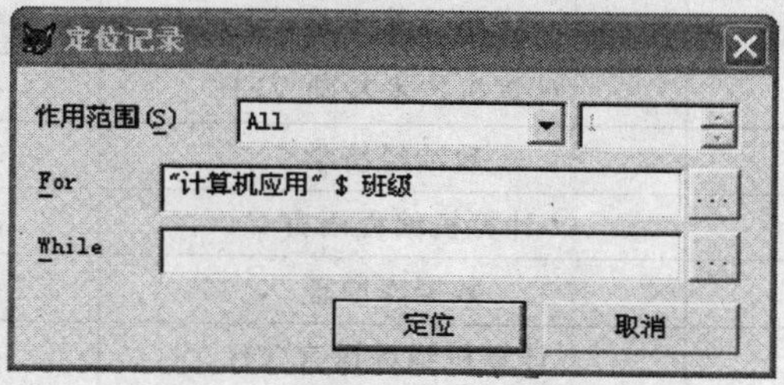

图 3.12　“定位记录”对话框

说明:

在命令窗口中执行下述命令,也可完成题目要求。

```
USE c:\ss\stud2
LOCATE FOR "计算机应用" $ 班级
DISPLAY
CONTINUE
DISPLAY
USE
```

三、实验练习

1. 利用向导方式创建课程表 course 和 sc,表结构分别见表 3.2 和表 3.3,表中数据见表 3.4和表 3.5 所示。

表 3.2　数据表 course 的结构

字段名	课程号	课程名	学分
类型	字符	字符	数值
宽度	3	20	3
小数位数			1

表 3.3 数据表 sc 的结构

字段名	课程号	学号	成绩
类型	字符	字符	数值
宽度	3	9	6
小数位数			2

表 3.4 数据表 course 的数据

课程号	课程名	学分
01	高等数学	5.0
02	大学英语	4.5
51	大学计算机基础	4.0
53	计算机技术基础 VFP	4.0
12	政治经济学	3.0
55	计算机编程语言 C	3.5
65	数据库原理	4.0
56	计算机编程语言 VB	4.5
07	大学日语	4.0

表 3.5 数据表 sc 的数据

学号	课程号	成绩	学号	课程号	成绩
200623101	02	87.00	200605047	53	90.00
200628108	01	76.00	200605047	12	74.00
200623101	51	69.00	200623039	02	85.00
200628108	56	85.00	200623039	01	77.00
200621086	51	73.00	200623039	55	93.00
200626013	01	88.00	200623039	12	70.00
200626013	51	82.00	200626013	02	67.00
200605117	01	87.00	200626013	55	89.00
200623101	65	66.00	200626013	12	84.00
200605117	51	74.00	200628115	01	85.00
200621086	02	83.00	200628115	02	92.00
200626013	07	91.00	200626001	51	80.00
200605047	01	78.00	200626001	01	54.00
200605047	02	89.00			

2. 修改表 3.1 stud 表的结构，增加一个字段“年龄(N,3)”，其值由出生日期计算得到，删除字段“出生日期”。

3. 显示表 stud 中所有年龄小于 20 岁、学号第 5 位为 2 的记录。
4. 显示 stud 表中第 4 条到第 18 条记录中所有籍贯是山东的记录。
5. 显示 sc 表中选修了 02 号课程并且成绩大于等于 80 分的记录。
6. 在 sc 表第 3 条和第 5 条记录之后插入两条记录。数据自拟。
7. 用 APPEND 追加一条空白记录,用 EDIT 输入数据。
8. 逻辑删除 stud 表中的男同学,浏览所有记录。物理删除其中非团员,恢复其他记录。
9. 将 sc 表中所有选修了 1 号课程且成绩在 80 分以下的记录加 5 分,其他的记录加 1 分。

实验 3.2 创建数据表的索引及查询数据表记录

一、实验目的

(1) 掌握数据表索引的创建。
(2) 掌握索引的使用。
(3) 掌握数据表的查询。

二、实验内容

【例 3.10】 在 stud 中以“学号”为关键字段设置候选索引,索引标识为“学号”,以“出生日期”建立普通索引,索引标识为“出生日期”,按降序排列;在表 sc 中以“学号”为关键字段设置普通索引,索引标识为 xh;在表 course 中以“课程号”设置候选索引,索引标识为 kch,按降序排列。

【操作过程】

①打开表 stud,选择“显示”→“表设计器”命令,打开表设计器。

②在“字段”选项卡中选择需要建立索引的字段“出生日期”,单击“索引”列表框,选定降序,即可建立以字段名为索引标识名的普通索引(包含在名称为 stud 的结构复合索引文件中),索引表达式为该字段名。

③选择“索引”选项卡,在“索引”列下方的文本框中输入索引标识名“学号”,类型为候选索引,表达式为学号,按升序进行排序。如图 3.13 所示。可以通过单击“排序”下方的上下箭头改变升序还是降序,拖动最左侧的按钮改变索引顺序。

④用同样方法,为表 sc 和表 course 建立索引。

说明:也可以使用命令完成上述操作,具体命令如下所述。

```
USE c:\ss\stud
INDEX ON 出生日期 TAG 出生日期 DESCENDING
LIST
INDEX ON 学号 TAG 学号 CANDIDATE ASCENDING
LIST
USE c:\ss\ sc
INDEX ON 学号 TAG xh
LIST
```

```
USE c:\ss\ course
INDEX ON 课程号 TAG kch CANDIDATE DESCENDING
LIST
CLOSE ALL
```

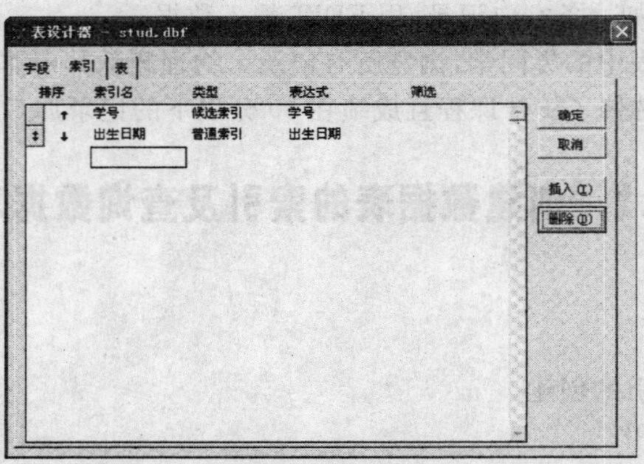

图 3.13 为表 stud 建立索引

【例 3.11】打开表 stud 及索引,按出生日期的降序浏览表中记录。

【操作过程】

①打开表 stud。

②在表的浏览或编辑窗口中选择"表"菜单的"属性"命令,在打开的"工作区属性"对话框中的"索引顺序"下拉列表框中选择索引名"出生日期",如图 3.14 所示,单击"确定"按钮即可。

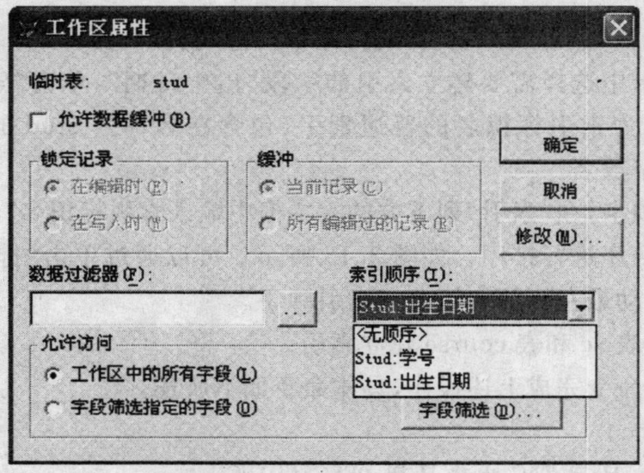

图 3.14 "工作区属性"对话框

说明:也可以使用命令完成上述操作,具体命令如下所述。

```
USE c:\ss\stud
SET ORDER TO TAG 学号
LIST
```

```
CLOSE ALL
```

【例3.12】打开表stud,按“班级”和“是否团员”分别建立非结构复合索引文件st.cdx。

【操作过程】

执行如下命令

```
USE c:\ss\stud
INDEX ON 班级 TAG 班级 OF st
INDEX ON 是否团员 TAG sfty OF st
USE
```

【例3.13】打开表course,按“课程名”建立独立索引文件kcm.idx。

【操作过程】

执行如下命令

```
USE c:\ss\course
INDEX ON 课程名 TO kcm
CLOSE ALL
```

【例3.14】查找stud表中学号为2000605123的记录。

【操作过程】

执行如下命令

```
USE c:\ss\stud
SET ORDER TO TAG 学号
SEEK '200605123'
DISPLAY
CLOSE ALL .
```

【例3.15】删除stud表的非结构复合索引中按“是否团员”建立的索引标识sfty。

【操作过程】

执行如下命令

```
USE c:\ss\stud INDEX st
SET ORDER TO TAG sfty
LIST
DELETE INDEX TAG sfty
LIST
USE
```

三、实验内容

1. 为stud表按“姓名＋性别”建立索引标识为xmxb的普通索引,为sc表按“课程号＋学号”建立候选索引,索引标识为kchxh,为course表按“学分”建立索引标识为xf的普通索引。
2. 打开sc表,按“课程号”建立独立索引文件kch.idx。
3. 打开course表,按“学分＋课程号”建立非结构复合索引文件xfkch.cdx,降序排列记录。
4. 打开表stud及索引,按学号升序浏览表中记录。
5. 打开course表及索引,按课程号的降序浏览记录。

6. 在 stud 表中查找女性刘颖，在 sc 表中查找学号为 200605117 的同学选修的 51 号课程情况，在 course 表中查找课程号为 01 的记录。

7. 用 LOCATE 命令在数据表 stud2 中查询学号为 200605117 的记录，并将其显示出来。

实验 3.3　数据表的统计

一、实验目的

(1) 掌握数据表记录排序的方法。

(2) 掌握数据统计和汇总的方法。

二、实验内容

【例 3.16】 将表 stud 中所有团员记录进行排序并生成新表 stud3，要求女生在前，男生在后，同性别的按年龄从小到大排列，生成的新表中只包含"学号"、"姓名"、"性别"和"出生日期"字段。

【操作过程】

在命令窗口中输入并执行下列命令

```
USE c:\ss\stud
SORT ON 性别/D,出生日期/D FOR 是否团员 FIELDS 学号,姓名,性别,出生日期 TO stud3
USE c:\ss\stud3
LIST
USE
```

【例 3.17】 统计表 stud 中男生和女生的人数，并分别保存到变量 m 和 f 中。

【操作过程】

在命令窗口中输入并执行下列命令

```
USE c:\ss\stud
COUNT FOR 性别='男' TO m
COUNT FOR 性别='女' TO f
? m,f
USE
```

思考：试着将 COUNT 命令中的 FOR 改为 WHILE，看一下结果如何？

【例 3.18】 分别求表 stud 中男生和女生的平均年龄，并保存到变量 ma 和 fa 中。

【操作过程】

在命令窗口中输入并执行下列命令

```
USE c:\ss\stud
AVERAGE YEAR(DATE())-YEAR(出生日期) FOR 性别='男' TO ma
AVERAGE YEAR(DATE())-YEAR(出生日期) FOR 性别='女' TO fa
? m,f
USE
```

【例 3.19】求 sc 表中选修了 01 号课程的成绩总和，结果放入变量 s 中。求学号为 200626013 的学生所选修的所有课程的成绩总和，结果存入变量 t 中。

【操作过程】

在命令窗口中输入并执行下列命令

```
USE c:\ss\sc
SUM FOR 课程号='01' TO s
SUM 成绩 FOR 学号='200626013' TO t
? s,t
USE
```

【例 3.20】求 sc 表中每个同学选修的所有课程的成绩总和，新表 sc2 中只要求保留学号、成绩。

【操作过程】

在命令窗口中输入并执行下列命令

```
USE c:\ss\sc
INDEX ON 学号 TO xh
TOTAL ON 学号 TO sc2 FIELDS 学号,成绩
USE c:\ss\sc2
LIST
USE
```

三、实验练习

1. 将表 course 中的记录按照“学分”字段进行排序，学分相同的按“课程号”字段降序排列，生成的新表 c1，在新表中只包括“课程名”和“学分”字段。

2. 统计表 stud 中 1988 年出生的团员和非团员的人数，分别赋给变量 ty 和 fty，并显示变量的值。

3. 求计算机专业学生的平均年龄，放入变量 age 中并显示变量的值。

4. 将 sc 表的记录按每门课程统计成绩总和，生成新表 sc3，在新表中只要求包含“课程号”和“成绩”字段。

第 4 章　创建与操作数据库

知识要点

1. 创建与打开数据库

数据库是一个逻辑上的概念和手段，它通过一组文件统一组织和管理相互关联的数据库表及其他相关的数据库对象。数据库文件的扩展名为. dbc，建立数据库的同时自动建立一个扩展名为 dct 的数据库备注文件和一个扩展名为. dcx 的数据库索引文件。

①常用的建立数据库的方法

· 执行"文件"→"新建"菜单命令，打开"新建"对话框后建立数据库。

· 使用命令

```
CREATE DATABASE [文件名|?]
```

②打开数据库

· 执行"文件"→"打开"菜单命令，在"打开"对话框中选择文件类型. dbc 打开相应的数据库。

· 使用命令

```
OPEN DATABASE [文件名|?] [EXCLUSIVE|SHARED] [NOUPDATE][VALIDATE]
```

2. 修改数据库

在 VFP 中通过数据库设计器修改数据库，在打开数据库设计器的同时打开数据库，常用的打开数据库设计器的方法：

· 使用"打开"对话框打开相应的数据库。

· 使用命令

```
MODIFY DATABASE [文件名|?] [NOWAIT] [NOEDIT]
```

3. 删除数据库

· 使用命令

```
DELETE DATABASE 文件名|? [DELETETABLES] [RECYCLE]
```

· 如果不加可选项 DELETETABLES，则只删除. dbc 文件，没有删除. dbf 文件；如果加上可选项 DELETETABLES 能同时删除两种文件。

4. 建立数据库表

在数据库打开的情况下，可以用以下五种方法之一建立新的数据库表。

①执行主窗口的"数据库"→"新建表" 菜单命令。

②执行主窗口的"文件"→"新建"菜单命令。

③单击"数据库设计器"工具栏中"新建"按钮。

④用鼠标右键单击数据库设计器空白处，在弹出的快捷菜单中选择"新建表"菜单命令。

⑤使用命令

CREATE [文件名|?](注意必须首先用 OPEN DATABASE 打开所属数据库)

另外也可将自由表添加到数据库中,使之成为数据库表。

5. 建立数据库表结构

建立数据库表后,在表设计器中可以定义表中所包含字段的字段名、类型、宽度、小数位数、索引、NULL 等。另外还可以对字段的有效性、显示、注释等进行设置。

"规则"用来实现了完整性的检验,是一个与字段有关的表达式。"默认值"一般设置为字段最可能取的值。"信息"是输入的值违反了有效性规则时的提示信息,为一字符串。"标题"将作为浏览窗口中的列标题或表单控件的标题,一般是对字段含义的直观描述或具体解释,设置标题后并不改变表结构中的字段名。"格式"用于确定当前字段在浏览窗口、表单或报表中显示时采用的大小写、字体和样式。"输入掩码"用于确定字段中字符的输入格式,防止输入非法数据。

6. 修改数据库表结构

打开表设计器后可以修改表结构,可以增加、删除字段,也可以修改字段名、字段类型、宽度,可以建立、修改、删除索引,还可以建立、修改、删除有效性规则等。打开表设计器的方法有以下 3 种。

①在数据库设计器中用鼠标右键单击要修改的表,在弹出的快捷菜单中选择"修改"命令。

②在数据库设计器中单击要修改的表,然后单击数据库设计器工具栏中的"修改表"按钮。

③使用命令 MODIFY STRUCTURE。

7. 数据库表的基本操作

与自由表基本相同。

8. 数据库表间的永久性关系

永久关系是数据库中各个表之间的一种制约关系,可以保持数据的完整性。这种关系作为数据库内容的一部分保存在数据库文件中。建立永久关系的两个表必须在同一个数据库中。其中一个表是主表或父表,另一个表是子表。两个表至少包含一个内容及类型一致的字段作为建立关系的纽带,并分别在两个表中按此字段建立索引。主表中的索引必须是主索引或候选索引,子表的索引可以是任意的类型。

9. 设置参照完整性规则

参照完整性主要是指不允许在相关数据表中引用不存在的记录。通过设置永久性关系的参照完整性,可以使主表和子表满足如下规则:

①在建立永久关系的数据表之间,子表中的每一个记录在对应的父表中都必须有一个父记录;

②对子表进行插入记录操作时,必须确保父表中存在一个相应的父记录;

③对父表作删除记录操作时,其对应的子表中必须没有相应的子记录存在。

编辑关系的参照完整性时,首先在数据库设计器中选择某个永久性关系,然后执行"数据库"→"编辑参照完整性"菜单命令,或用鼠标右键单击关系连线,在弹出的快捷菜单中执行"编辑参照完整性"命令,打开"参照完整性生成器"对话框,如图 4.1 所示。在此对话框中可对更新规则、删除规则及插入规则进行设置。

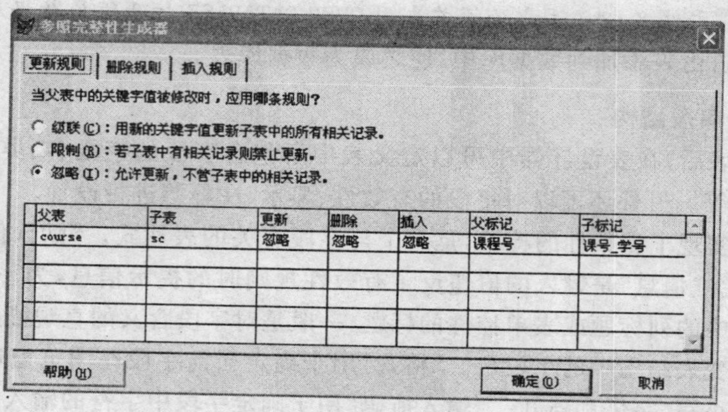

图 4.1 参照完整性生成器

①更新规则：当主表中关键字段的值被修改时，按照子表中相应关键字段的值限定对主表的更新制约机制。包括级联、限制、忽略三个可选项。

②删除规则：当主表中的记录被删除时，对子表中关键字值相匹配记录的限定。包括级联、限制、忽略三个可选项。

③插入规则：当向子表插入新记录时，是两表之间的制约关系。包括限制、忽略两个选项。

10. 多工作区操作

工作区是用来保存表及其相关信息的一片内存空间。在一个工作区中只能打开一个表文件，可同时打开与表相关的索引文件、查询文件等。

①工作区的区号与别名：1～10 号工作区的别名分别为字母 A～J。

在打开表时可指定工作区的别名，否则表名即为别名。命令格式为

USE 〈*表文件名*〉[ALIAS〈*别名*〉=[IN〈*工作区号*〉=

②当前工作区是当前正在操作的工作区，任何一个时刻用户只能选择一个工作区进行操作。

指定当前工作区的命令格式

SELECT〈*工作区号*〉|〈*别名*〉|0

“SELECT 0”命令用来将当前没被使用的最小工作区号所对应的工作区设置为当前工作区。

③可以使用下述格式访问其他工作区中表的指定字段的数据

别名.字段名或别名→字段名

11. 表之间的临时关系

在两个工作区中打开的两个表文件的记录指针之间可以建立一种临时关系，使得在当前表中移动记录指针时，能使相关的表按某种条件相应地移动记录指针。有一对一和一对多两种类型。

要建立临时关系，首先要为子表按某个关键字段建立索引，在实际移动记录指针时，比较两个表的两个关键字段值是否相等。当父表指针移动时，子表指针也自动移动到满足条件的记录上。

12. 建立临时关系的方法

①菜单方式：执行"窗口"→"数据工作期" 菜单命令，打开"数据工作期"对话框。单击"打开"按钮分别打开两个表，为子表建立索引。选择父表，单击"关系"按钮，将父表送入右侧的"关系"框，然后选择子表。

②命令方式

SET RELATION TO〈临时关系表达式〉INTO〈别名〉[ADDITIVE]

实验 4.1　数据库和数据表的创建及基本操作

一、实验目的

(1) 掌握创建数据库及对数据库进行基本操作的方法。

(2) 掌握创建数据库表及对数据库表进行基本操作的方法。

(3) 掌握设置数据库表的扩展数据属性的方法。

二、实验内容

【例 4.1】创建 student 学生数据库。

【操作过程】

①执行"文件"→"新建"菜单命令，在弹出的"新建"对话框中选择"数据库"，如图 4.2 所示。

②单击"新建"按钮，弹出如图 4.3 所示的"创建"对话框。首先选择数据库文件的保存位置，使用"保存在"下拉列表框确定当前位置为 c:\ss 文件夹，在"数据库名"对应的列表框中输入文件名称 student. dbc，单击"保存"按钮，系统将打开如图 4.4 所示的数据库设计器，数据库 student 创建完成。

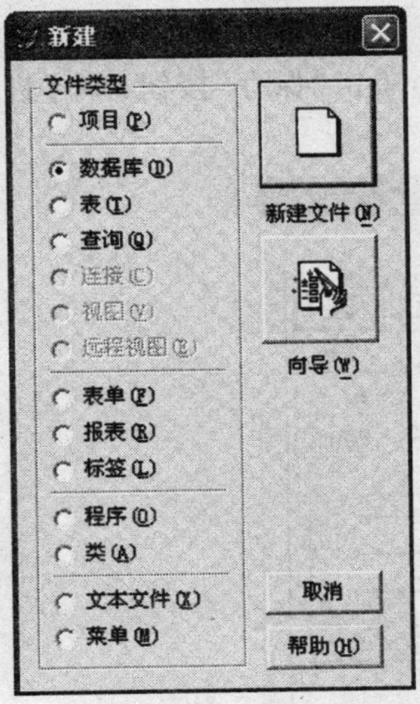

图 4.2　新建对话框

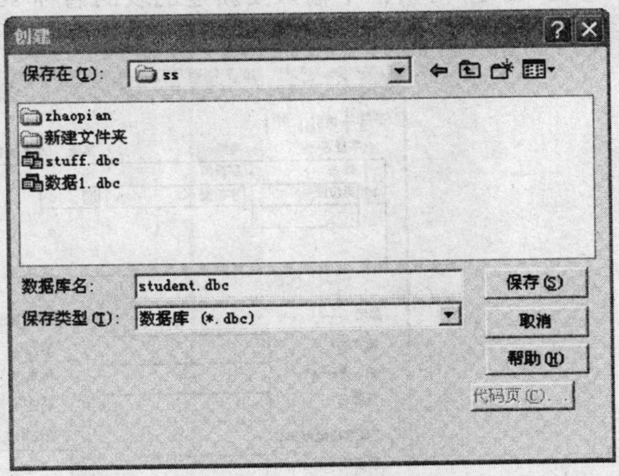

图 4.3　创建对话框

说明：创建数据库的方法有多种，例 4.1 仅仅介绍了使用菜单方式创建数据库的操作步骤。

【例 4.2】 在 student 学生数据库中创建一个 student 新表。

【操作过程】

①执行“文件”→“打开”菜单命令，在图 4.5 所示的“打开”对话框中选择 c:\ss 下的 student 数据库，单击“确定”按钮，打开图 4.4 所示的数据库设计器。

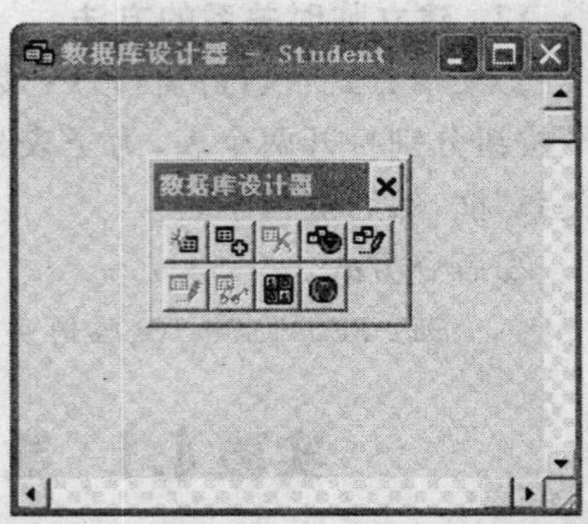

图 4.4 数据库设计器

②执行“数据库”→“新建表”菜单命令，或用鼠标右键单击数据库设计器的空白处，执行快捷菜单中的“新建表”命令，都可以打开“新建表”对话框。单击对话框中的“新建表”按钮，打开“创建”对话框，如图 4.6所示。

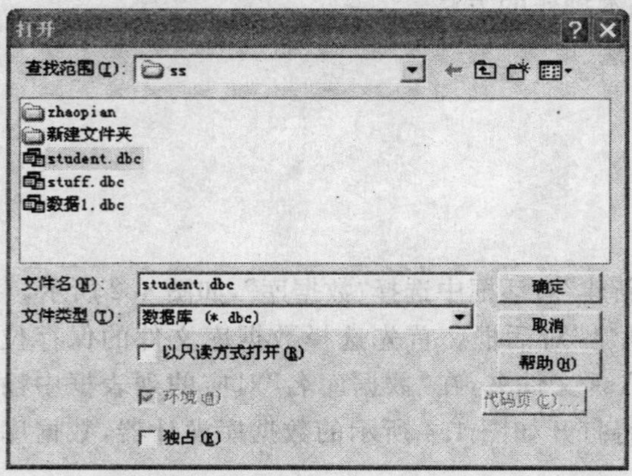

图 4.5 “打开”对话框

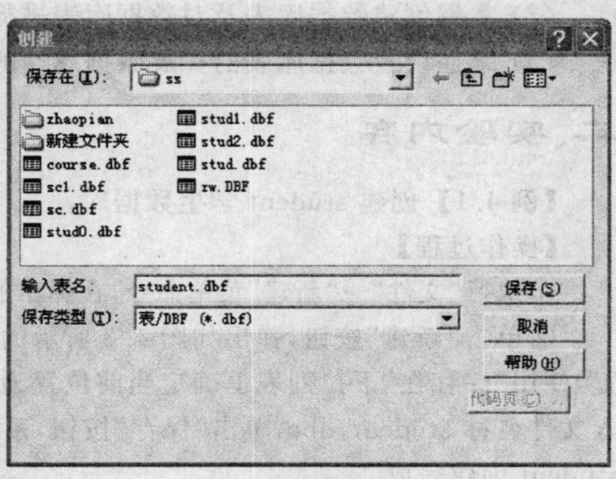

图 4.6 “创建”对话框

③在“创建”对话框中输入要新建的表的名称 student.dbf，单击“保存”按钮，即可进入新表“表设计器”对话框，如图 4.7 所示。

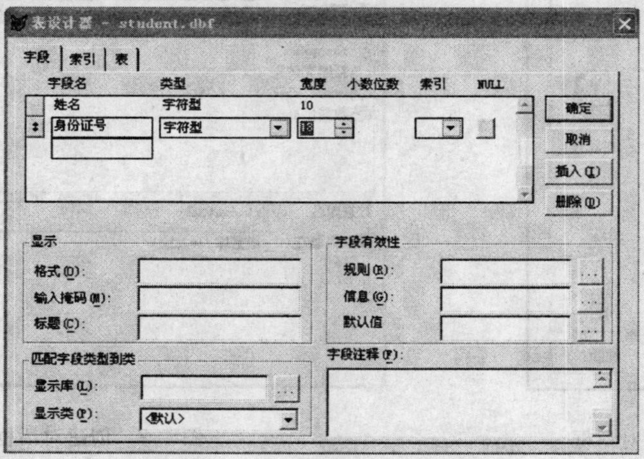

图 4.7 表设计器

④在“表设计器”对话框中选择“字段”选项卡，逐行定义各个字段的相关参数。在“字段名”列的文本框中输入字段名“姓名”，在“类型”列的组合框中选定字段类型为字符型，在“宽度”列的微调框中选定字段宽度 10。换行输入第二个字段“身份证号”，类型为字符型，宽度为 18。

对于数值型字段，还可以在“小数位数”列的微调框中选定小数位数。“字段名”列左面的按钮上有上下箭头，按住鼠标左键上下拖动可改变字段的次序。还可以通过“删除”和“插入”按钮来对选定的字段进行操作。

细心观察可以发现，不管选定哪个字段，左侧的“显示”、右侧的“字段有效性”等栏中的内容都可以进行设置了。输入完毕，单击“确定”按钮，关闭表设计器，可以看到数据库设计器中多了一个表 student。

本例旨在说明在数据库中新建一个表的过程，具体数据的输入略。

【例 4.3】 将第 3 章创建的 stud 自由表添加到 student 学生数据库中。

【操作过程】

打开数据库 student，进入数据库设计器。执行“数据库”→“添加表” 菜单命令，或在数据库设计器的空白处单击鼠标右键，执行快捷菜单中的“添加表”命令，打开图 4.8 所示对话框。在查找范围中选择 c:\ss，再选中 stud 表，单击“确定”按钮，即可将 stud 自由表添加到当前数据库 student 中。

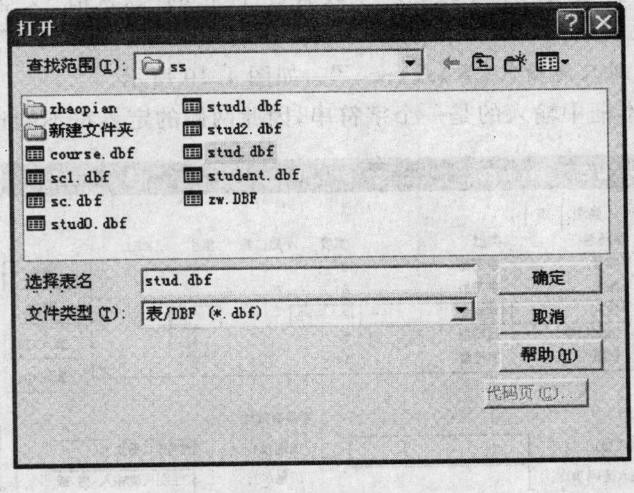

图 4.8　“打开”对话框

【例 4.4】 承上例，设置 stud 表中有关字段的“显示”和“字段有效性”等属性。

【操作过程】

①选中 stud 表，执行“数据库”→“修改” 菜单命令，或在数据库设计器的空白处单击鼠标右键，执行快捷菜单中的“修改”命令，打开表设计器。

②为 stud 表中的“学号”字段设置字段格式控制符空格、输入掩码控制符和字段标题。

- 在 “表设计器”对话框中，选定“学号”字段。在“格式”文本框中输入 T，表示在该字段中显示的数据将删除前导空格和尾部空格。
- 由于“学号”字段宽度为 9，所以在“输入掩码”文本框中输入“999999999”。
- 在“标题”文本框中输入“学生证编号”，最后结果如图 4.9 所示。

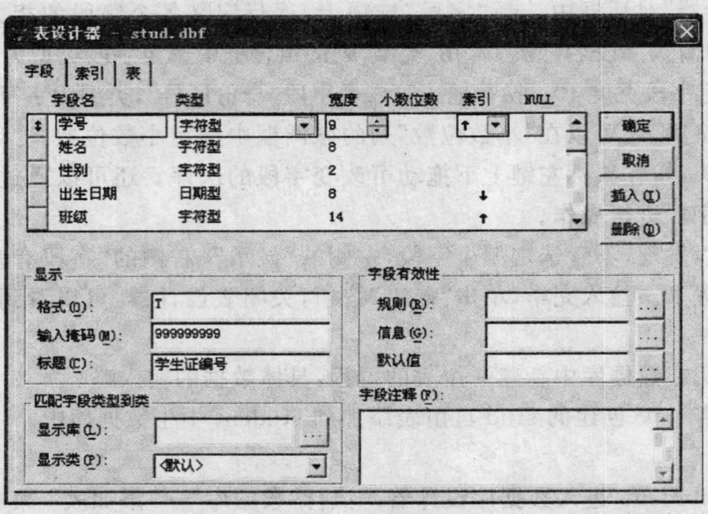

图 4.9　设置“学号”字段的有效性规则

③为 stud 表中的“性别”字段设置默认值和有效性规则。

在“表设计器”中选定“性别”字段，在“字段有效性”栏的“默认值”文本框中输入“"男"”，在“规则”文本框中输入表达式“性别 $ ("男女")”或“性别 ="男".OR.性别 ="女"”，在“信息”文本框中输入字符串“"性别只能输入〈男〉或〈女〉"”。如图 4.10 所示。

注意：“信息”文本框中输入的是一个字符串，因此两侧的定界符不能省略。

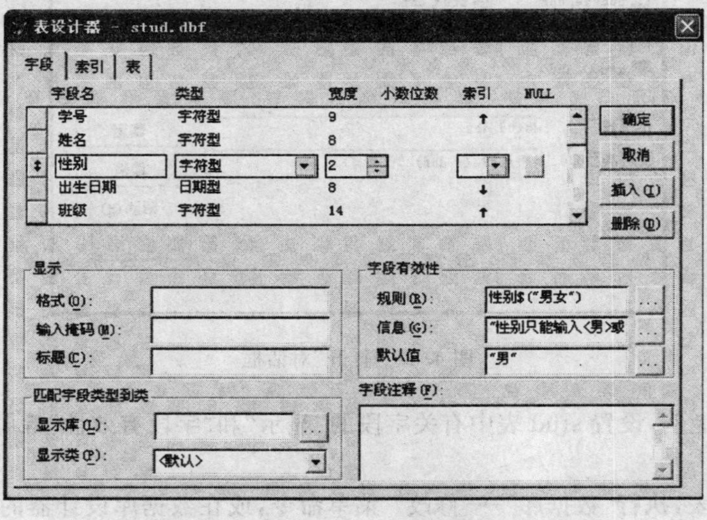

图 4.10　设置“性别”字段的有效性规则

三、实验练习

1. 将第 3 章创建的 sc 学生成绩表、course 课程表添加到数据库 student 中。打开 course 表和 sc 表，分别复制得到 kc 表和 cj 表，将 kc 表和 cj 表添加到数据库 student 中。

2. 将 stud2 表添加到 student 数据库中，修改 stud2 表的结构。增加“年龄(N,3)”字段，计算其数值，然后删除“出生日期”字段。“年龄”字段的显示格式为“L”，输入掩码为“999”，有效性规则为“年龄＞＝0”，默认值为 0。对是否团员字段进行设置，使其默认值为.T.。

3. 打开 cj 表，设置“成绩”字段的字段有效性，要求成绩在 0 到 100 之间，提示信息为“成绩必须在 0～100 之间!”，默认值为 0。

4. 打开 student 数据库，删除其中的 student 表。

实验 4.2　创建数据库表的索引及查询数据表记录

一、实验目的

(1) 掌握创建数据库表索引的方法。

(2) 掌握使用索引的方法。

(3) 掌握创建数据库中表之间永久性关系的基本方法。

(4) 掌握设置数据库表的参照完整性规则的基本方法。

二、实验内容

【例 4.5】打开 student 数据库，为其中的表建立索引。把 stud 表中以“学号”为关键字段的候选索引设置为主索引，索引标识设置为“学号”；对 sc 表以“学号”为关键字段设置普通索引，索引标识为“学号”。

【操作过程】

①打开数据库设计器，选中 stud 表单击鼠标右键，执行快捷菜单中的“修改”命令，进入表设计器。选择“索引”选项卡，选择索引标识名为“学号”的候选索引，将其类型由普通索引改为主索引，如图 4.11 所示。

②选中表 sc 右击，在弹出的快捷菜单中选择“修改”，进入表设计器。在“字段”选项卡中选择要建立索引的“学号”字段，单击“索引”列表框，选定升序，即可建立以字段名为索引标识名的普通索引，该索引将包含在名称为 sc 的结构复合索引文件中，它的索引表达式就是该字段的名称。

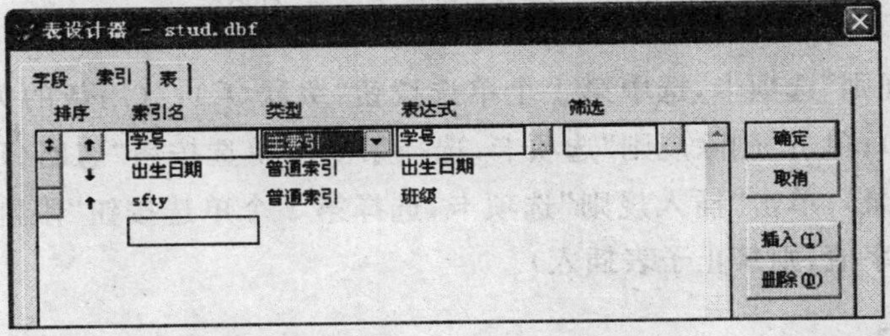

图 4.11　为表 stud 建立主索引

【例 4.6】在 student 数据库中的 stud 表的“学号”索引与 sc 表的“学号”索引之间建立一对多的永久关系。设置 stud 表和 sc 表之间的参照完整性规则，将更新规则设置为“级联”，将删除规则设置为“忽略”，将插入规则设置为“限制”。

【操作过程】

①打开 student 数据库的数据库设计器，用鼠标将 stud 主表的“学号”主索引拖动到 sc 子表中的“学号”普通索引上，松开鼠标左键，即可在两表之间出现一条表示永久关系的连线，如图 4.12 所示。

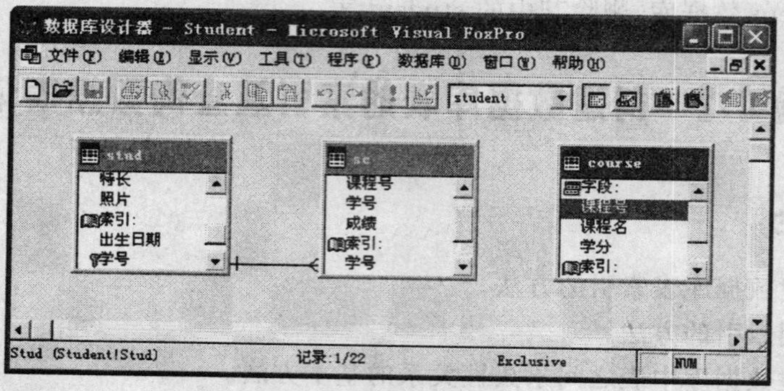

图 4.12 表 stud 与 sc 之间的一对多关系

②用鼠标单击永久关系的连线，使它成为粗线，表示被选中，用鼠标右键单击该连线，执行快捷菜单中的“编辑参照完整性”命令，打开“参照完整性生成器”对话框，如图 4.13 所示。

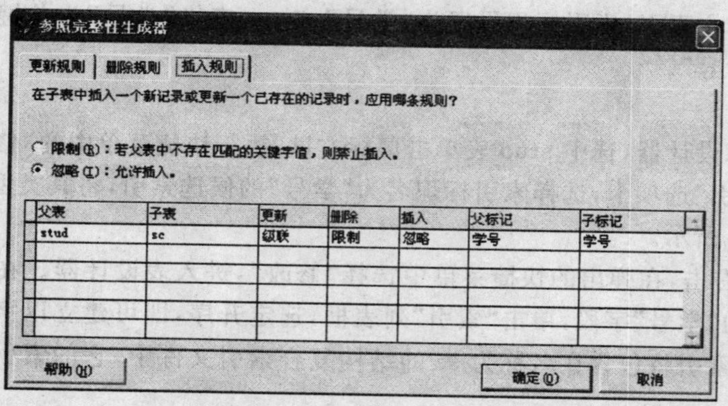

图 4.13 “参照完整性生成器”对话框

③单击“更新规则”选项卡，选中第 1 个单选按钮“级联(C)：”(用新的关键字值更新子表中的所有相关记录)；单击“删除规则”选项卡，选择第 3 个单选按钮“忽略(I)：”(允许删除，不管子表中的相关记录)；单击“插入规则”选项卡，选择第 1 个单选按钮“限制(R)：”(若父表中没有相匹配的关键字值，则禁止子表插入)。

三、实验练习

1. 打开 student 数据库，删除 stud 表中除主索引以外的其他索引，删除 course 表中所有索引。

2. 为 course 表按“课程号”建立主索引，索引标识为“课程号”；为 sc 表按“课程号＋学号”

建立主索引，索引标识为 kchxh，按“课程号”建立普通索引。

3. 按“学号”浏览 sc 表中的记录。

4. 建立 course 表的“课程号”与 sc 表的“课程号”之间的一对多永久关系。

5. 设置 stud 表和 sc 表之间的参照完整性规则，将更新规则设置为“忽略”，将删除规则设置为“级联”，将插入规则设置为“限制”。

实验 4.3　多工作区操作

一、实验目的

(1) 掌握为工作区命名的方法。

(2) 掌握选择当前工作区的方法和访问其他工作区数据表的方法。

(3) 掌握在表之间建立临时关系的方法。

二、实验内容

【例 4.7】利用 stud 表和 sc 表显示学生的姓名、选课的课程号与成绩等情况。

【操作过程】

①菜单操作方式

· 执行“窗口”→“数据工作期”菜单命令，打开“数据工作期”窗口，如图 4.14 左所示。

· 单击“打开”按钮，分别打开 stud 学生表和 sc 成绩表。

· 选择 sc 表，单击“属性”按钮，在打开的“工作区属性”对话框中设定“索引顺序”，本例指定“学号”为主控索引。(如果没有建立索引，则必须以“学号”字段建立符合要求的索引。)

· 将 stud 表设置为父表：单击“数据工作期“窗口”别名”框中的表 stud，再单击“关系”按钮将其添加到“关系”框中。学生表 stud 下连一折线，表示它在关系中作为父表(若再单击“关系”按钮，可取消“关系”框中的表 stud)。

· 将 sc 表设置为子表：单击“别名”框中的表 sc，出现“表达式生成器”对话框(如果没有指定控制索引，则会先出现“设置索引顺序”对话框，这时应选择“学号”为控制索引)，设置“学号”为两表相关联的字段，单击“确定”按钮完成设置。结果如图 4.14 右所示。

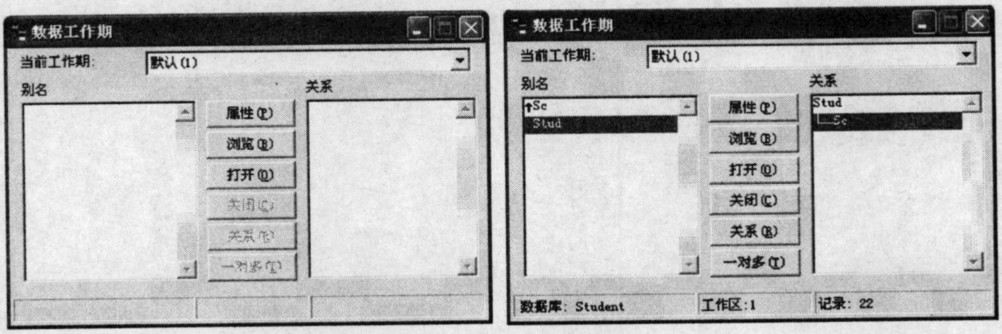

图 4.14　“数据工作期”对话框

建立表间临时关系后，可以在“数据工作期”对话框中分别打开两个表的浏览窗口。当单击父表中的某一记录时，则在子表中出现与其相对应的记录，如图 4.15 所示。表明父表指针移动时，子表的指针就会自动移到与父表当前学号相同的记录上。

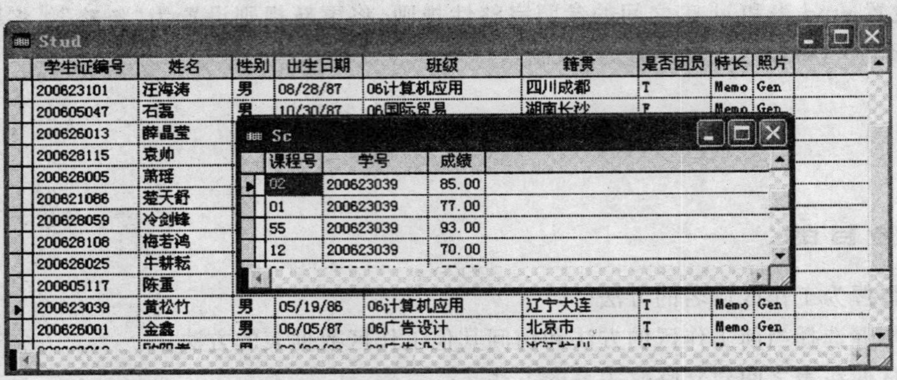

图 4.15　父表 stud 与子表 sc 之间的一对一关系的移动

②使用命令操作方式，在命令窗口中输入下述命令

```
CLEAR ALL
SELECT 2
USE c:\ss\sc
SET ORDER TO TAG 学号
SELECT 1
USE c:\ss\stud
SET RELATION TO 学号 INTO B
LIST ALL FIELDS A->姓名,B->课程号,分数 OFF
```

三、实验练习

1. 利用 stud 表、course 表、sc 表显示选择学生的姓名、学号、课程名、成绩等情况。

2. 用命令方式建立的临时联系，查询选修了“大学英语”这门课程的所有学生的成绩信息。

第 5 章　关系数据库 SQL 标准语言

知识要点

1. SQL 语言

SQL 是关系数据库的标准化通用查询语言，几乎所有的关系数据库管理系统都支持 SQL 语言，或者提供 SQL 的接口。SQL 语言具有以下特点：

①SQL 是一种一体化的语言，它包括了数据定义、数据查询、数据操纵和数据控制等方面的功能，可以完成数据库活动中的全部工作；

②SQL 语言是一种高度非过程化的语言；

③SQL 语言非常简洁；

④SQL 语言可以直接以命令方式交互使用，也可以嵌入到程序设计语言中以程序方式使用。

2. SQL 语言的数据定义功能

数据定义的功能是定义数据库的结构，用于定义存放数据的结构，组织数据项之间的关系，主要包括创建表或视图的结构，修改表或视图的结构，删除表或视图操作。

3. SQL 语言的数据操纵功能

数据操纵功能指确定了表的结构后，对表进行添加记录、更新记录和删除记录的操作。

4. SQL 语言的数据查询功能

数据查询功能指根据用户的需要从数据库存储的数据中提取数据。除此之外，还能完成对查询结果进行排序和统计等功能。

数据查询是数据库的核心操作。而查询命令 SELECT 也是 SQL 语言的核心，它的基本形式由 SELECT-FROM-WHERE 查询块组成，多个查询块可以嵌套执行。

5. SQL 语言中常用的命令动词

表 5.1　SQL 语言中常用的命令动词

SQL 功能	命令动词
数据查询	SELECT
数据定义	CREATE、DROP、ALTER
数据操纵	INSERT、UPDATE、DELETE

6. SQL 命令的书写规则

为提高 SQL 语句的可读性，常用的规则如下：

①每个子句最好单独占一行；

②除最后一行外，每行末尾应使用“;”符号，表示整条 SQL 语句尚未结束；

③每个子句开头的关键字用大写形式。

实验 5.1 SQL 语言的数据定义功能

一、实验目的

熟练掌握用 SQL 语言定义表、删除表和修改表结构的数据定义功能。

二、实验内容

完成本实验前的要求：

①启动 Visual FoxPro 后，在命令窗口中输入并执行设置默认工作目录的命令

```
SET DEFAULT TO c:\ss
```

②执行“文件”→“打开”菜单命令，在出现的“打开”对话框中选择 student. dbc 数据库文件，在数据库设计器中打开它；

③将命令窗口中输入的所有操作命令，复制到文本文件中保存以备检查，每个命令在文本文件中占一行。

【例 5.1】 创建“学生”表，它由以下字段组成：学号(C,9)、姓名(C,8)、性别(C,2)、出生日期(D)、班级(C,14)、是否团员(L)、籍贯(C,30)、备注(M)和照片(G)。设置“学号”为主关键字。“性别”字段默认值为“女”，该字段只能输入“男”或“女”。“学号”和“姓名”字段不允许为空值。

【操作过程】

①在命令窗口中输入以下代码并执行

```
CREATE TABLE 学生(;
  学号 C(9) PRIMARY KEY NOT NULL,;
  姓名 C(8) NOT NULL,;
  性别 C(2) DEFAULT "女" CHECK(性别 $"男女") ERROR "性别值只能为〈男〉或〈女〉",;
  出生日期 D,班级 C(14),籍贯 C(30),是否团员 L,备注 M,照片 G)
```

②在数据库设计器中选择“学生”表，单击右键，在快捷菜单中选择“修改”命令，在打开的表设计器中查看结果。

【例 5.2】 将“学生”表中的“性别”字段的默认值改为“男”。

【操作过程】

①在命令窗口中输入并执行以下代码

```
ALTER TABLE 学生 ALTER 性别 SET DEFAULT "男"
```

②打开“学生”表的设计器，查看修改结果。

【例 5.3】 在“学生”表中增加两个字段：系代号(C,2)、入学成绩(N,3)。入学成绩必须大于 0。

【操作过程】

①在命令窗口中输入并执行以下代码

```
ALTER TABLE 学生 ADD 系代号 C(2)
ALTER TABLE 学生;
ADD 入学成绩 N(3) CHECK 入学成绩>=0 ERROR"成绩必须>=0"
```

②打开“学生”表的设计器，查看修改结果。

【例 5.4】 修改“学生”表的入学成绩字段的有效性规则，将其设置为 0 到 700 之间。

【操作过程】

①在命令窗口中输入并执行以下代码

```
ALTER TABLE 学生;
ALTER 入学成绩 SET CHECK 入学成绩>=0 AND 入学成绩<=700;
ERROR"成绩在 0 到 700 之间"
```

②打开“学生”表的表设计器，查看修改结果。

【例 5.5】 将“学生”表的备注字段名改为“特长”。

【操作过程】

①在命令窗口中输入并执行以下代码

```
ALTER TABLE 学生 RENAME COLUMN 备注 TO 特长
```

②打开“学生”表的表设计器，查看修改结果。

【例 5.6】 将“学生”表的“籍贯”字段的宽度由原来的 30 改为 10。

【操作过程】

①在命令窗口中输入并执行以下代码

```
ALTER TABLE 学生 ALTER 籍贯 C(10)
```

②打开“学生”表的表设计器，查看修改结果。

【例 5.7】 删除学生表中的“入学成绩”字段。

【操作过程】

①在命令窗口中输入并执行以下代码

```
ALTER TABLE 学生 DROP COLUMN 入学成绩
```

其中的 COLUMN 参数可以省略。

②打开“学生”表的表设计器，查看删除结果。

【例 5.8】 创建一个“部门”自由表，表中包括两个字段：系代号 C(2)、系名称 C(20)。将刚创建的“部门”表加入到 student 数据库中，并将“系代号”字段设置为主索引关键字。

【操作过程】

①在命令窗口中输入并执行以下代码

```
CREATE TABLE 部门 FREE(;
      系代号 C(2) UNIQUE,;
      系名称 C(20) )
```

②在将自由表加入数据库之前必须先关闭自由表，在命令窗口中输入 USE 命令关闭“部门”表。

③在数据库设计器空白处单击鼠标右键，执行快捷菜单的“添加表”命令，在打开的对话框中选择“部门.dbf”文件。

④在命令窗口中输入并执行以下代码

```
ALTER TABLE 部门 DROP UNIQUE TAG 系代号
ALTER TABLE 部门 ADD PRIMARY KEY 系代号
```

⑤打开“部门”表的表设计器，查看删除结果。

【例 5.9】为“学生”表的“系代号”字段建立普通索引，并建立与“部门”表的联系。

【操作过程】

①在命令窗口中输入并执行以下代码

```
ALTER TABLE 学生;
ADD FOREIGN KEY 系代号 TAG 系代号 REFERENCES 部门
```

②在数据库设计器中查看操作结果。

【例 5.10】删除“部门”表。

【操作过程】

①删除“部门”表与“学生”表的关系，在命令窗口中输入并执行以下代码

```
ALTER TABLE 学生 DROP FOREIGN KEY TAG 系代号
```

②删除“部门”表，在命令窗口中输入并执行以下代码

```
DROP TABLE 部门
```

③在数据库设计器中查看删除结果。

三、实验练习

1. 创建“课程”表，它由以下字段组成：课程号(C,2)、课程名(C,20)、学分(N,3,1)。将“课程号”字段设置为主索引，为“课程号”字段建立有效性规则如下

```
课程号>="01" AND 课程号<="99"
```

2. 创建“成绩”表，它由以下字段组成：学号(C,9)、课程号(C,2)、成绩(N,6,2)。使用“学号＋课程号”表达式建立主索引。

3. 在“成绩”表中以“学号”字段建立普通索引，并建立与“学生”表的关系。在“成绩”表中以“课程号”字段建立普通索引，并建立与“课程”表的关系。

4. 将“学生”表的“是否团员”字段的默认值设置为.T.。

5. 删除“学生”表中的“特长”和“照片”字段。

6. 删除“成绩”表。

实验 5.2 SQL 语言的数据操纵功能

一、实验目的

熟练掌握 SQL 语言中插入、更新和删除数据的数据操纵功能。

二、实验内容

完成本实验的要求同实验 5.1。

【例 5.11】使用 SQL 语言的 INSERT 命令，在“学生”表和“课程”表中插入记录。

【操作过程】

①在命令窗口中输入并执行以下代码

```
INSERT INTO 学生(学号,姓名,出生日期,班级,籍贯);
VALUES("200623101","汪海涛",{^1987/08/28},"06计算机应用","四川成都")
INSERT INTO 学生(学号,姓名,出生日期,班级,籍贯,是否团员);
VALUES("200605047","石磊",{^1987/10/30},"06国际贸易","湖南长沙",.F.)
INSERT INTO 学生(学号,姓名,性别,出生日期,班级,籍贯);
VALUES("200626013","薛晶莹","女",{^1986/12/26},"06广告设计","江苏南京")
```

②在数据库设计器的"学生"表上单击鼠标右键,执行快捷菜单中的"浏览"命令,打开它的浏览窗口,查看操作结果。

③在命令窗口中输入并执行以下代码

```
INSERT INTO 课程 VALUES("01","高等数学",5.0)
```

④打开"课程"表的浏览窗口,查看操作结果。

⑤在命令窗口中输入并执行以下命令,将stud表中的第4,第5条记录插到"学生"表的尾部。

```
USE stud IN 0
SELECT stud
GO 4
SCATTER TO arr
INSERT INTO 学生 FROM ARRAY arr
GO 5
SCATTER TO arr
INSERT INTO 学生 FROM ARRAY arr
```

⑥打开"学生"表的浏览窗口,查看操作结果。

【例5.12】 修改"学生"表中的"系代号"字段,使该字段的值为对应记录中"学号"字段的第5、6位。将"学生"表中所有男同学的出生日期值增加2天。

【操作过程】

①在命令窗口中输入并执行以下代码

```
UPDATE 学生 SET 系代号=SUBSTR(学号,5,2)
UPDATE 学生 SET 出生日期=出生日期+2 WHERE 性别="男"
```

②打开"学生"表的浏览窗口,查看操作结果。

【例5.13】 在"学生"表中删除系代号为26的记录。

【操作过程】

①在命令窗口中输入并执行以下代码

```
DELETE FROM 学生 WHERE 系代号="26"
```

②打开"学生"表的浏览窗口,查看操作结果。

③在命令窗口中输入并执行以下代码

```
PACK
```

④打开"学生"表的浏览窗口,查看操作结果。

三、实验练习

1. 利用 SQL 语言的 INSERT 命令在“学生”表中插入记录：("200626013","薛晶莹","女",{^1986/12/26},"05 广告设计","江苏",.T.)。

2. 利用 SQL 语言的 INSERT 命令在“课程”表插入记录：("02","大学计算机",4.0)。

3. 利用 SQL 语言的 UPDATE 命令在“学生”表中“学号”字段值为“200626013”的记录的“籍贯”字段的尾部加上字符串“南京”，“系代号”改为“学号”字段值的第 5、6 位。

4. 利用 SQL 语言的 DELETE 命令，删除“学生”表中的非团员记录。

5. 利用 SQL 语言的 DELETE 命令，删除“课程”表中所有记录。

6. 利用 SQL 命令删除“学生”表和“课程”表。

实验 5.3 SQL 语言的数据查询功能

一、实验目的

(1) 掌握对数据的简单查询、联接查询、嵌套查询。

(2) 掌握对数据的分组、排序、计算查询和使用量词查询。

(3) 掌握几个特殊的运算符的使用方法。

(4) 掌握设置查询去向的方法。

二、实验内容

完成本实验的要求同实验 5.1。

【例 5.14】练习简单查询命令的用法。

【操作过程】

①显示 course 表中的所有记录。在命令窗口中输入并执行以下代码

```
SELECT * FROM course
```

查询结果如图 5.1 所示。

②显示 stud 表中的所有学生共属于几个班级。在命令窗口中输入并执行以下代码

```
SELECT DISTINCT 班级;
FROM stud
```

查询结果如图 5.2 所示。

③在 stud 表中查询所有女同学的姓名及年龄。在命令窗口中输入并执行以下代码

```
SELECT 姓名，YEAR(DATE())－YEAR(出生日期) AS 年龄;
FROM stud;
WHERE 性别＝"女"
```

查询结果如图 5.3 所示。

④显示 stud 表中出生日期在 1985 年和 1986 年之间的学生的学号、姓名、出生日期。在命令窗口中输入并执行以下代码

课程号	课程名	学分
01	高等数学	5.0
02	大学英语	4.5
51	大学计算机基础	4.0
53	计算机技术基础VFP	4.0
12	政治经济学	3.0
55	计算机编程语言C	3.5
65	数据库原理	4.0
56	计算机编程语言VB	4.5
07	大学日本语	4.0

图 5.1　显示 course 表记录

班级
06广告设计
06国际贸易
06环境工程
06计算机软件
06计算机应用
06社会工作
06统计
06自动化

图 5.2　显示无重复记录

```
SELECT 学号,姓名,出生日期;
FROM stud ;
WHERE 出生日期 BETWEEN {^1985/1/1} AND {^1986/12/31}
```

查询结果如图 5.4 所示。

姓名	年龄
薛晶莹	22
萧瑶	21
梅若鸿	21
牛耕耘	21
白雪	21
刘颖	22
王欢欢	21

图 5.3　显示所有“女”学生记录

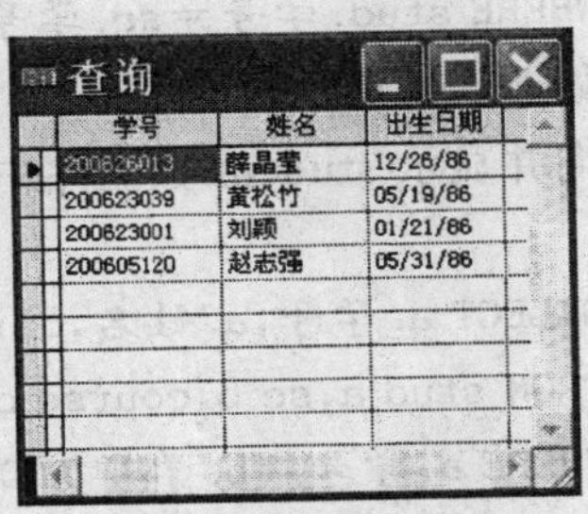

学号	姓名	出生日期
200626013	薛晶莹	12/26/86
200623039	黄松竹	05/19/86
200623001	刘颖	01/21/86
200605120	赵志强	05/31/86

图 5.4　显示 1985 年和 1986 年之间出生的学生记录

⑤查询“06 广告设计”和“06 统计”班级中团员学生的姓名和班级。在命令窗口中输入并执行以下代码

```
SELECT 姓名,班级;
FROM stud;
WHERE 是否团员 AND 班级 IN("06 广告设计","06 统计")
```

查询结果如图 5.5 所示。

⑥显示 stud 表中姓刘的学生的学号、姓名、出生日期。在命令窗口中输入并执行以下代码

```
SELECT 学号,姓名,出生日期;
FROM stud;
WHERE 姓名 LIKE "刘%"
```

查询结果如图 5.6 所示。

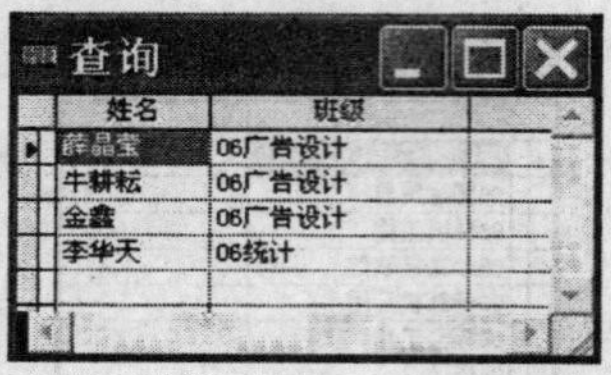

姓名	班级
薛晶莹	06广告设计
牛耕耘	06广告设计
金鑫	06广告设计
李华天	06统计

图 5.5　显示指定班级学生记录

学号	姓名	出生日期
200623001	刘颖	01/21/86
200626075	刘蓬松	03/21/88

图 5.6　显示姓刘的学生记录

【例 5.15】练习联接查询的用法。

【操作过程】

①查询并显示 student 数据库中所有学生的学号、姓名、成绩及课程名。在命令窗口中输入并执行以下代码

```
SELECT stud.学号,姓名,sc.成绩,course.课程名;
FROM stud,sc,course;
WHERE stud.学号=sc.学号 AND sc.课程号=course.课程号
```

查询结果如图 5.7 所示。

②查询并显示 student 数据库中所有学生所选修课程的情况。在命令窗口中输入并执行以下代码

```
SELECT a.学号,a.姓名,c.课程名;
FROM stud a,sc b,course c;
WHERE a.学号=b.学号 AND b.课程号=c.课程号
```

查询结果如图 5.8 所示。

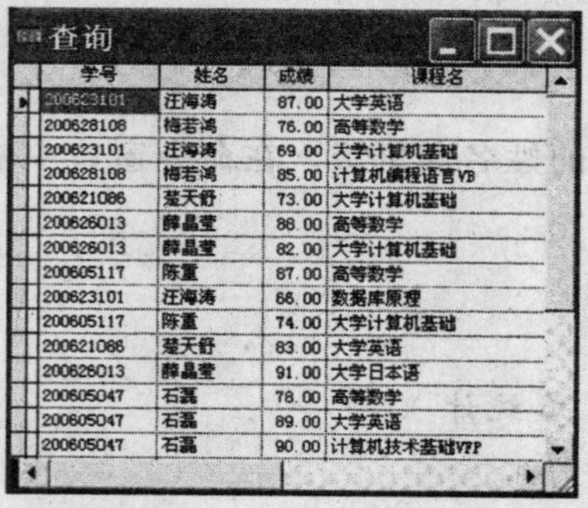

学号	姓名	成绩	课程名
200623101	汪海涛	87.00	大学英语
200628108	梅若鸿	76.00	高等数学
200623101	汪海涛	69.00	大学计算机基础
200628108	梅若鸿	85.00	计算机编程语言VB
200621086	楚天舒	73.00	大学计算机基础
200626013	薛晶莹	88.00	高等数学
200626013	薛晶莹	82.00	大学计算机基础
200605117	陈重	87.00	高等数学
200623101	汪海涛	66.00	数据库原理
200605117	陈重	74.00	大学计算机基础
200621086	楚天舒	83.00	大学英语
200626013	薛晶莹	91.00	大学日本语
200605047	石磊	78.00	高等数学
200605047	石磊	89.00	大学英语
200605047	石磊	90.00	计算机技术基础VFP

图 5.7　联接查询学生的课程及成绩

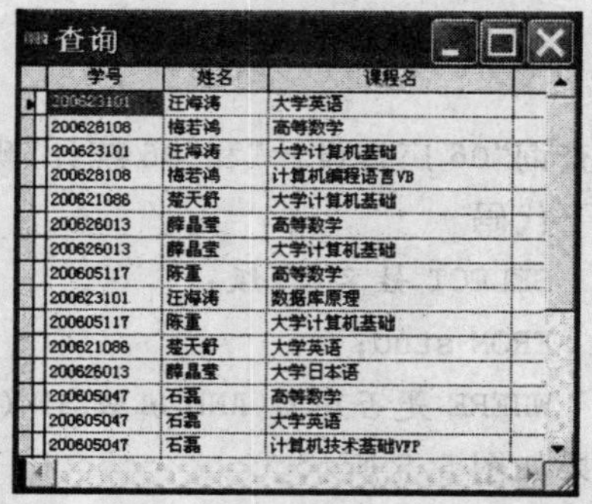

学号	姓名	课程名
200623101	汪海涛	大学英语
200628108	梅若鸿	高等数学
200623101	汪海涛	大学计算机基础
200628108	梅若鸿	计算机编程语言VB
200621086	楚天舒	大学计算机基础
200626013	薛晶莹	高等数学
200626013	薛晶莹	大学计算机基础
200605117	陈重	高等数学
200623101	汪海涛	数据库原理
200605117	陈重	大学计算机基础
200621086	楚天舒	大学英语
200626013	薛晶莹	大学日本语
200605047	石磊	高等数学
200605047	石磊	大学英语
200605047	石磊	计算机技术基础VFP

图 5.8　显示学生所选修的课程

【例 5.16】练习嵌套查询的用法。

【操作过程】

①显示“刘颖”所在班级的学生名单。在命令窗口中输入并执行以下代码

```
SELECT 学号,姓名,班级 FROM stud;
WHERE 班级=(SELECT 班级 FROM stud WHERE 姓名="刘颖")
```

查询结果如图 5.9 所示。

②显示既选修了 01 课程又选修了 02 课程的学生名单。在命令窗口中输入并执行以下代码

```
SELECT 学号 FROM sc;
WHERE 课程号＝"01" AND 学号 IN;
(SELECT 学号 FROM sc WHERE 课程号＝"02")
```

查询结果如图 5.10 所示。

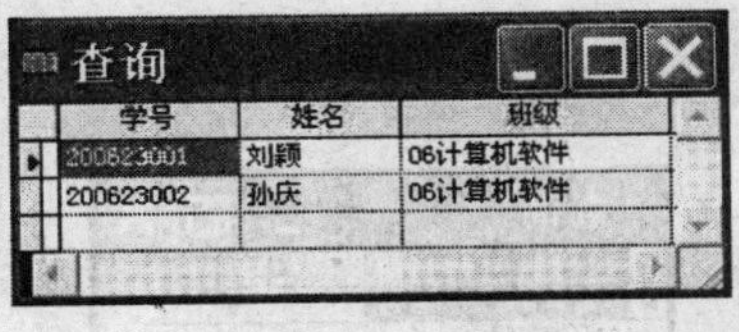

学号	姓名	班级
200623001	刘颖	06计算机软件
200623002	孙庆	06计算机软件

图 5.9　显示指定学生所在班级学生记录

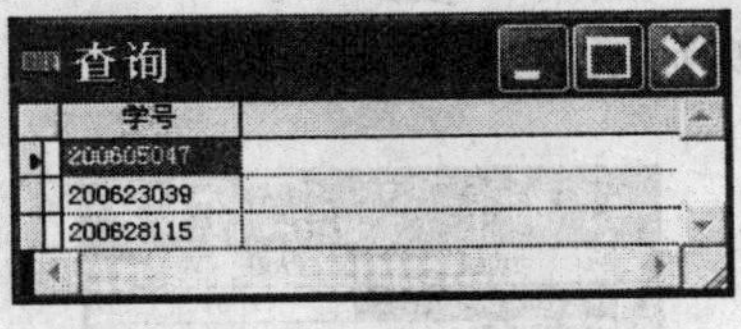

学号
200605047
200623039
200628115

图 5.10　显示选修指定课程学生记录

【例 5.17】练习排序、分组与计算查询的用法。

【操作过程】

①按班级排序分类，显示学生的姓名、课程名、成绩，同一班级学生按分数排序。在命令窗口中输入并执行以下代码

```
SELECT 姓名,班级,课程名,成绩;
FROM stud,sc,course;
WHERE stud.学号＝sc.学号 AND sc.课程号＝course.课程号;
ORDER BY 班级,成绩
```

查询结果如图 5.11 所示。

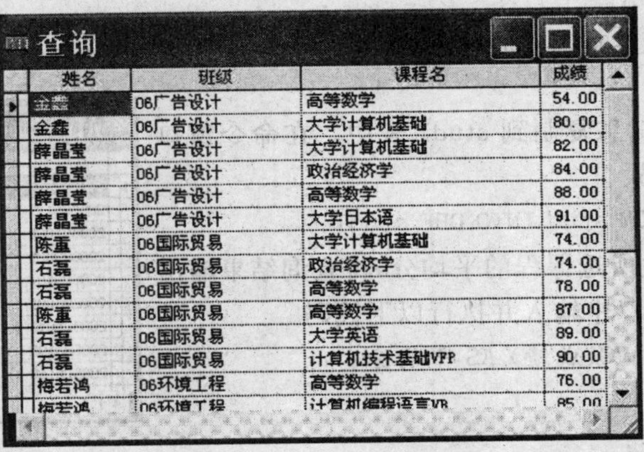

姓名	班级	课程名	成绩
金鑫	06广告设计	高等数学	54.00
金鑫	06广告设计	大学计算机基础	80.00
薛晶莹	06广告设计	大学计算机基础	82.00
薛晶莹	06广告设计	政治经济学	84.00
薛晶莹	06广告设计	高等数学	88.00
薛晶莹	06广告设计	大学日本语	91.00
陈重	06国际贸易	大学计算机基础	74.00
石磊	06国际贸易	政治经济学	74.00
石磊	06国际贸易	高等数学	78.00
陈重	06国际贸易	高等数学	87.00
石磊	06国际贸易	大学英语	89.00
石磊	06国际贸易	计算机技术基础VFP	90.00
梅若鸿	06环境工程	高等数学	76.00
梅若鸿	06环境工程	计算机编程语言VB	85.00

图 5.11　按班级、分数排序后的结果

②显示各班总人数。在命令窗口中输入并执行以下代码

```
SELECT 班级,COUNT(班级) AS 总人数;
FROM stud;
GROUP BY 班级
```

查询结果如图 5.12 所示。

③显示 stud 表中学生人数至少有 3 人的班级和人数。在命令窗口中输入并执行以下代码

```
SELECT 班级,COUNT( * ) AS 人数;
FROM stud;
GROUP BY 班级;
HAVING 人数>=3
```

查询结果如图 5.13 所示。

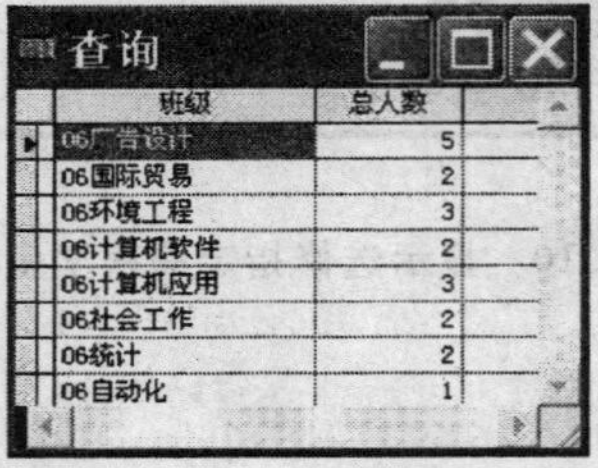

班级	总人数
06广告设计	5
06国际贸易	2
06环境工程	3
06计算机软件	2
06计算机应用	3
06社会工作	2
06统计	2
06自动化	1

图 5.12 统计各班人数

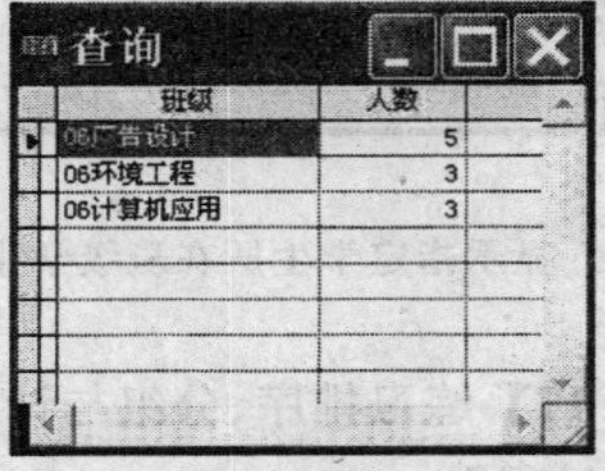

班级	人数
06广告设计	5
06环境工程	3
06计算机应用	3

图 5.13 统计至少有 3 人的班级及人数

【例 5.18】使用量词查询成绩最高的成绩信息。

【操作过程】

在命令窗口中输入并执行以下代码

```
SELECT * FROM sc;
WHERE 成绩>=ALL(SELECT 成绩 FROM sc)
```

查询结果如图 5.14 所示。

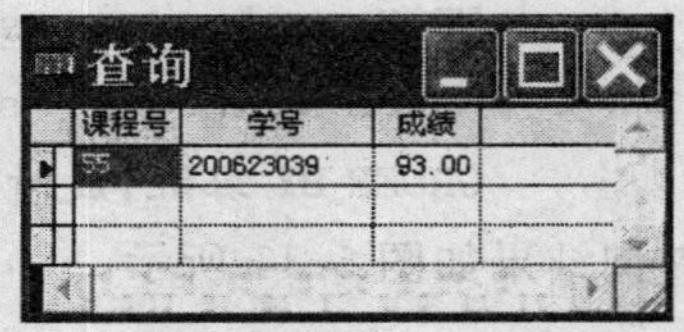

课程号	学号	成绩
55	200623039	93.00

图 5.14 查询最高成绩

【例 5.19】练习设置查询去向的方法。

【操作过程】

①将 stud 表中的信息复制到 stud1 表中。在命令窗口中输入并执行以下代码

```
SELECT * FROM stud INTO DBF stud1
```

②查询出每个学生所选课程的平均分,将查询结果输出到 Ab 表中。在命令窗口中输入并执行以下代码

```
SELECT 学号,AVG(成绩) AS 平均分;
FROM sc;
GROUP BY 学号;
INTO TABLE Ab
```

Ab 表的内容如图 5.15 所示。

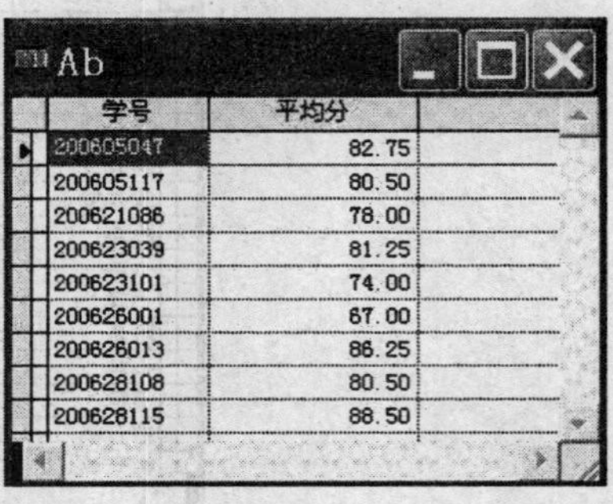

学号	平均分
200605047	82.75
200605117	80.50
200621086	78.00
200623039	81.25
200623101	74.00
200626001	67.00
200626013	86.25
200628108	80.50
200628115	88.50

图 5.15 Ab 表的记录

三、实验练习

1. stud 表中"学号"字段的第 5、6 位为学生所在系的代号,请查询所有系代号信息。
2. 查询 stud 表中不在 1988 年出生的女学生的学号、姓名和性别。

3. 查询 stud 表中姓王且姓名由两个字组成的学生情况。

4. 查询选修课程号为 02 且分数在 80～90 之间的学生的学号、姓名、课程名和成绩，并将成绩加 5 分显示。

5. 查询没有选修任何一门课程的学生姓名及所在班级。

6. 按出生日期降序显示 stud 表中男生的学号、姓名、出生日期。

7. 输出 stud 表中团员人数超过 3 人的班级和人数。

8. 统计并显示每班女同学人数。

9. 显示选修了 01 课程而没有选修 02 课程的学生名单。

10. 求每个学生的平均分，并显示他们的姓名及平均分。

11. 查询选修了高等数学课程的所有学生的学号和成绩，将结果输出到 bb 表中。

12. 列出至少选修了 3 门课的学生名单。

13. 将 sc 表复制到 sc1 表中。

第 6 章　查询与视图

知识要点

1. 查询的有关概念

查询是从指定的表或视图中提取满足条件的记录，然后定向输出查询结果。查询文件的扩展名为.qpr。查询仅反映表的当前数据，即使将查询动向设置为表，将数据保存下来，这个表也只是当前查询结果的一个静态写照。当源表被更新之后，再次运行查询结果会有所改变，但上次保存的表中的数据仍然不变。

利用查询设计器只能建立一些比较规则的查询，而对复杂的查询就无能为力了，这时只能使用 SQL 语言的 SELECT 语句建立查询。

2. 创建查询

①可以使用“查询向导”创建查询，向导是一系列对话框，它按一定的步骤指导操作者先后完成各项操作，达到最终建立某种对象的目的。

打开“查询向导”的方法有：

· 执行“工具”→“向导”→“查询” 菜单命令，在弹出“向导选择”对话框后，单击“查询向导”按钮；

· 执行“文件”→“新建” 菜单命令，或单击常用工具栏上的“新建”按钮，打开“新建”对话框，然后选中“查询”并单击“向导”按钮，弹出“向导选择”对话框，在该对话框中选择向导类型。

②可以使用“查询设计器”创建查询，打开“查询设计器”的方法有：

· 在命令窗口中输入 CREATE QUERY〈*查询文件名*〉。

· 执行“文件”→“新建”菜单命令，或单击常用工具栏上的“新建”按钮，打开“新建”对话框，选择“查询”选项并单击“新建文件”按钮；

· 在项目管理器的“数据”选项卡中选择“查询”，单击“新建”命令按钮。

③查询设计器界面中各个选项卡和 SQL 语言中 SELECT 语句的各短语(子句)之间的对应关系：

· “字段”选项卡对应于 SELECT 短语，指定所要查询的数据；

· “联接”选项卡对应于 JOIN ON 短语，用于设置表之间的联接条件；

· “筛选”选项卡对应于 WHERE 短语，用于设置查询中筛选记录的条件；

· “排序依据”选项卡对应于 ORDER BY 短语，用于设置查询中记录的排序字段和排序方式；

· “分组依据”选项卡对应于 GROUP BY 短语和 HAVING 短语，用于设置分组；

· “杂项”选项卡指定是否要重复记录(对应于 DISTINCT)及列在前面的记录(对应于 TOP 短语)等。

3. 运行与修改查询

①查询设计完成后，可利用菜单或命令运行查询文件，显示查询结果，运行查询的方法有

- 在“查询设计器”窗口是当前窗口时，执行“查询”→“运行查询”菜单命令，或单击工具栏上的运行按钮 ! ，可以运行当前正在设计中的查询；
- 执行“程序”→“运行” 菜单命令，打开“运行”对话框，选择要运行的查询文件，单击“运行”按钮；
- 在命令窗口中输入命令 DO〈查询文件名〉后可运行查询文件。注意查询文件必须使用全名，即扩展名.qpr 不能省略。

②修改查询：首先打开“查询设计器”。可选择“文件”→“打开” 菜单命令，在“打开”对话框中选择要修改的查询文件，即可打开该文件对应的查询设计器修改查询；也可以用命令打开“查询设计器”，命令格式是：MODIFY QUERY〈查询文件名〉。

注意：当一个查询是基于多个表时，这些表之间必须有联系。查询设计器会自动根据联系提取联接条件，否则在打开查询设计器之前还会打开一个指定联接条件的对话框，由用户设置联接条件。

③设置查询去向：在查询设计器中可根据需要为输出定位查询去向。执行“查询”→“查询去向” 菜单命令，或在“查询设计器”工具栏中单击“查询去向”按钮，都可以打开“查询去向”对话框，并在其中选择将查询结果送往何处。查询去向可以是：浏览、临时表、表和屏幕等。

4. 视图的有关概念

视图是从一个表、几个表或视图中派生出来的虚拟“表”，本身不独立存储数据。视图的定义保存在当前数据库中，包括视图中用到的表名、字段名及它们的属性设置。访问视图时，系统将按照视图的定义从来源表中存取数据，所以视图能动态地反映表的当前情况。通过视图可以从表中提取一组记录进行浏览，也可以改变这些记录的值，并将更新结果送回到来源表中。

视图分本地视图和远程视图两种，本地视图是指使用当前数据库中的表建立的视图。视图的扩展名为.vue，它只能随着数据库的打开而打开，不能单独打开。

5. 创建本地视图

视图的创建可以使用“视图向导”和“视图设计器”两种方法。视图是数据库的一部分，只有打开或创建包含视图的数据库后，才能创建视图。

①可以使用“视图向导”创建本地视图，打开“视图向导”的方法有：

- 在“数据库设计器”窗口是当前窗口时，执行“数据库”→“新建本地视图”菜单命令，进入“新建本地视图”对话框，单击“视图向导”按钮；
- 执行“文件”→“新建”菜单命令，在弹出的“新建”对话框中选择“视图”单选按钮，单击“向导”按钮；
- 在“数据库设计器”窗口中单击鼠标右键，在弹出的快捷菜单中执行“新建本地视图”，进入“新建本地视图”对话框，然后单击“视图向导”按钮。

②还可以使用“视图设计器”创建视图，打开视图设计器的方法为：执行“文件”→“新建”菜单命令，或单击“常用”工具栏上的“新建”按钮，打开“新建”对话框，然后选择“视图”选项，并单击“新建文件”打开视图设计器。

“视图设计器”各选项卡的作用和“查询设计器”类似，包括“字段”、“连接”、“筛选”、“排序依据”、“分组依据”、“更新条件”和“杂项”。

③用 SQL 语句创建视图，语句格式为

```
CREATE VIEW 〈视图〉AS〈SELECT 查询语句〉
```

④数据更新设置：在视图浏览窗口可以编辑和修改源数据表中的记录。要想通过对视图的操作更新源数据表的数据，需要在“视图设计器”的“更新条件”选项卡中进行操作：选中左下侧的“发送 SQL 更新”复选框。通过“表”下拉列表框选择表，在“字段名”列表框中选择可以更新的字段。在字段名列表框每个字段左侧有两列复选框，列表示关键字，列表示可更新字段，通过单击相应列前的复选框可以改变相关的状态。默认情况下可以更新所有非关键字段。

6. 视图的使用

建立视图后，可以像使用数据表一样使用视图。如用“USE”打开和关闭视图，只有在打开了视图所在的数据库后，才能打开视图。即可以使用浏览窗口显示和修改视图的记录，也可以使用视图作为查询、表单或报表的数据源。

①在项目管理器中浏览视图：选中视图所在数据库，选择某个视图，用鼠标右键单击该视图，执行快捷菜单中的“浏览”命令，或执行“数据库”→“浏览”菜单命令，都可在“浏览”窗口中显示视图，并可对视图进行操作。

②使用命令打开的操作视图：先用“OPEN DATABASE〈数据库名〉”命令打开数据库，再用“USE〈视图名〉”命令打开视图。

③也可以在打开数据库后，用 SQL 语句直接操作视图。

7. 查询和视图的区别

①创建查询后将生成以.qpr 为扩展名的独立文件保存在磁盘上，而视图的设计结果保存在数据库中。

②使用视图可以更新源数据表的数据，所以“视图设计器”比“查询设计器”多了一个“更新条件”选项卡。

③视图的输出去向只有浏览窗口，而查询可以选择不同的输出去向。

实验 6.1　创建及运行查询

一、实验目的

(1) 掌握利用向导创建查询方法。

(2) 掌握利用查询设计器创建查询的方法。

(3) 掌握创建单表和多表查询的方法。

(4) 掌握查询的运行方法。

二、实验举例

【例 6.1】使用查询向导，从表 stud 中查询计算机系学生的“学号”、“姓名”、“籍贯”，结果按“学号”的降序显示。将查询设计结果保存在 chaxun1. qpr 文件中。

【操作过程】

①执行“文件”→“新建”菜单命令，在弹出的对话框中选择“视图”选项，如图 6.1 所示。单击“向导”按钮，打开图 6.2 所示的“向导选取”对话框。在“向导选取”对话框中选择“查询向导”选项，单击“确定”按钮，弹出图 6.3 所示的“查询向导”系列对话框的第 1 个对话框。

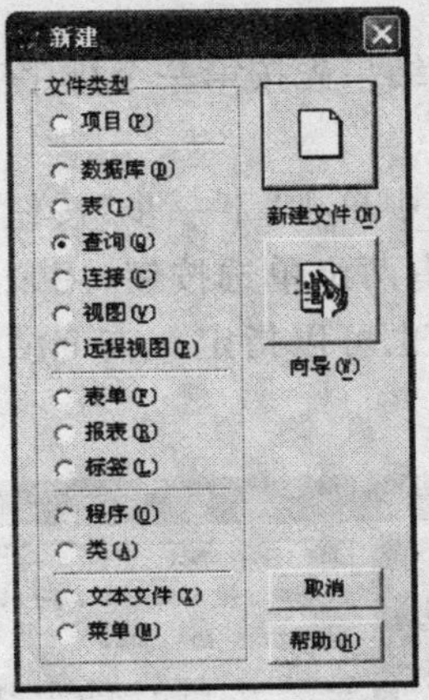

图 6.1　“新建”对话框

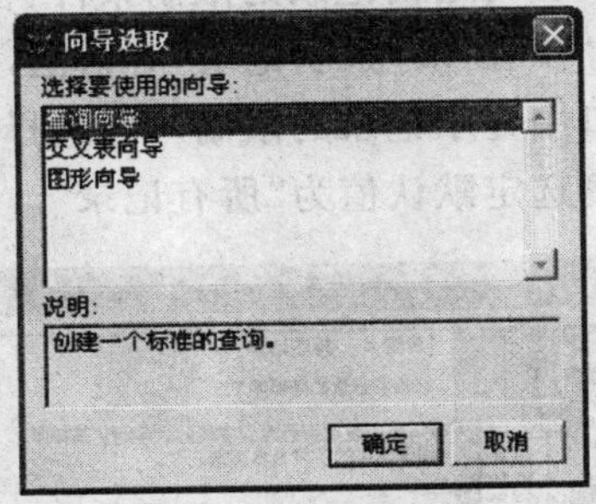

图 6.2　“向导选取”对话框

②设置查询输出的字段：在“步骤 1 -字段选取”对话框的“数据库和表”列表框中选择作为所创建查询数据源的学生表 stud，从“可用字段”列表框中选择字段“学号”，单击向右移按钮 ▶，将该字段移到“选定字段”列表框中。同样将“姓名”、“籍贯”从左侧的“可用字段”列表框移到右侧的“选定字段”列表框中。

③设置查询筛选记录的条件：在图 6.3 所示的对话框中单击“下一步”按钮，进入“查询向导”的“步骤 3 -筛选记录”对话框，如图 6.4 所示。

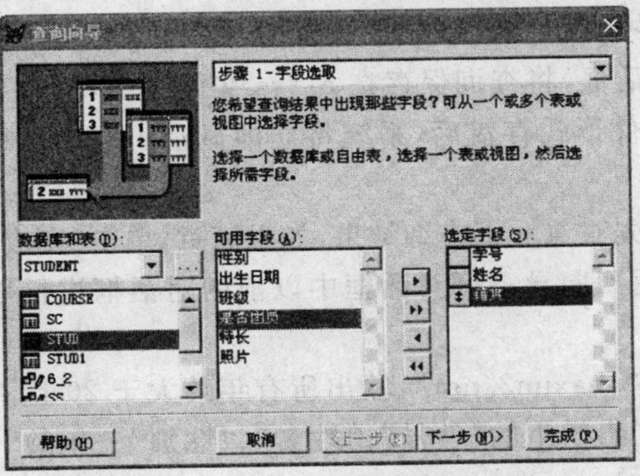

图 6.3　查询向导之步骤 1

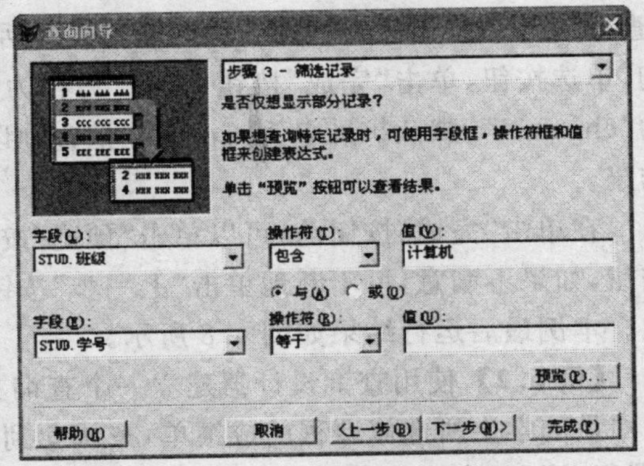

图 6.4　查询向导之步骤 3

从第一行“字段”下拉列表框中，选中“班级”字段，从“操作符”下拉列表框中选择“包含”，在“值”文本框中输入“计算机”。在向“值”文本框中输入内容时，若输入的内容是一个字符串，可以不输入字符串的定界符；若输入的内容是一个日期型常量，也不必用花括号括起来；若输入的内容是一个逻辑型常量，则必须给出定界符(.T.或.F.)。

④设置记录排序方式：在图 6.4 所示的对话框中单击“下一步”按钮，进入“查询向导”的“步骤 4 -排序记录”对话框。在“可用字段”列表框中选定作为排序依据的字段“学号”，单击“添加”按钮，将其添加到“选定字段”列表框中。选好排序字段后，从单选按钮组中选择排序方式为“降序”，如图 6.5 所示。

在该对话框中可选择多个排序字段进行排序，此时查询结果先按第一个排序字段排序，如果该字段值相等，再按第二个排序字段排序，依此类推。

⑤设置对输出记录的限制条件：在图 6.5 所示的对话框中单击“下一步”按钮，进入“查询向导”的“步骤 4a -限制记录”对话框，如图 6.6 所示。这里有两组单选按钮，用来设置在浏览查询窗口中显示记录的限制。可选择按记录的百分比输出，也可以指定在查询结果中的记录数。本例选定默认值为“所有记录”。

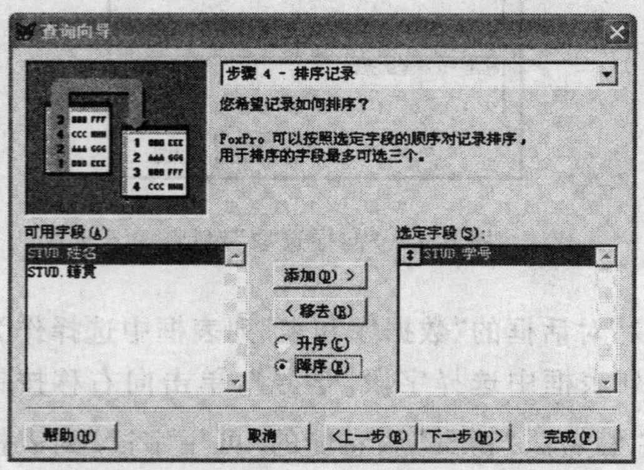

图 6.5　查询向导之步骤 4

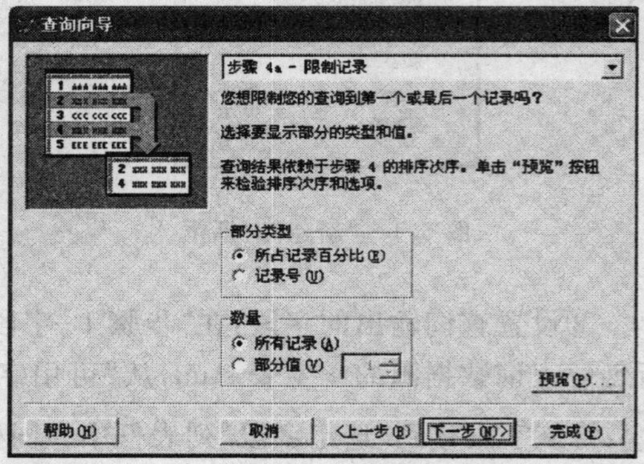

图 6.6　查询向导之步骤 4a

⑥保存查询设计结果：在图 6.6 所示的对话框中单击“下一步”按钮，进入如图 6.7 所示的“查询向导”的“步骤 5 -完成”对话框。该对话框中有 3 个单选按钮，本例选择“保存并运行查询”单选按钮，单击“完成”按钮，打开“另存为”对话框，将查询保存在 c:\ss 文件夹中，文件名为“chaxun1”，默认扩展名为.qpr。在把查询以文件形式存盘后，系统将立即显示出它的运行结果。

在单击“完成”按钮前，可以单击“预览”按钮，先查看一下查询结果，如果满意，单击“完成”按钮；如果不满意，可不断地单击“上一步”按钮，返回向导系列对话框中以前的对话框进行修改。本例最后运行结果如图 6.8 所示。

【例 6.2】使用查询设计器建立一个查询文件“chaxun2.qpr”，输出所有年龄大于 20 且不是团员的学生所选修课程的成绩单，按从女到男列出学生的“学号”、“姓名”、“性别”、“年龄”、“课程名”和“成绩”，最后把结果放到表 cx.dbf 中。

【操作过程】

①启动“查询设计器”，设置查询的来源数据表。

· 单击常用工具栏上的“新建”按钮，打开“新建”对话框，然后选择“查询”选项并单击“新建文件”按钮打开“查询设计器”。

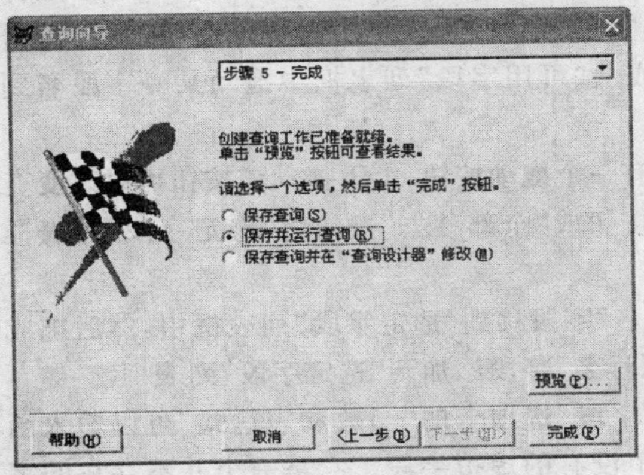

图 6.7 查询向导之步骤 5

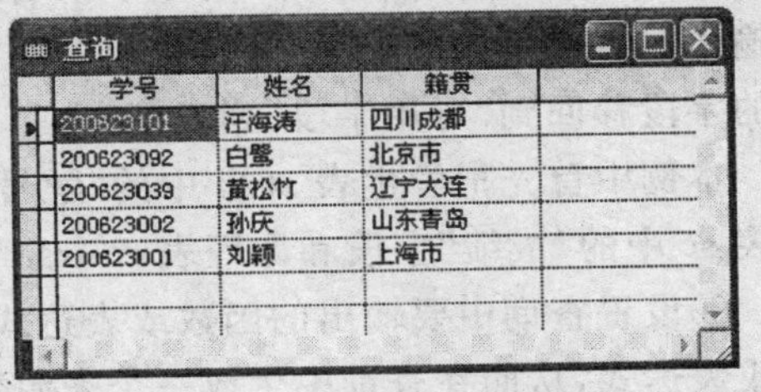

图 6.8 查询运行结果

· 打开"查询设计器"新创建查询时，系统首先弹出如图 6.9 所示的"添加表或视图"对话框，让用户从中选择用于建立查询的表或视图。选中 stud 表，然后单击"添加"按钮将该表添加到新建的查询中。用同样的方法把表 sc 和 course 添加到查询中。注意设定表间的内部连接关系。如果单击"其他"按钮还可以选择自由表。当选择完表或视图后，单击"关闭"按钮进入如图 6.10 所示的"查询设计器"窗口。

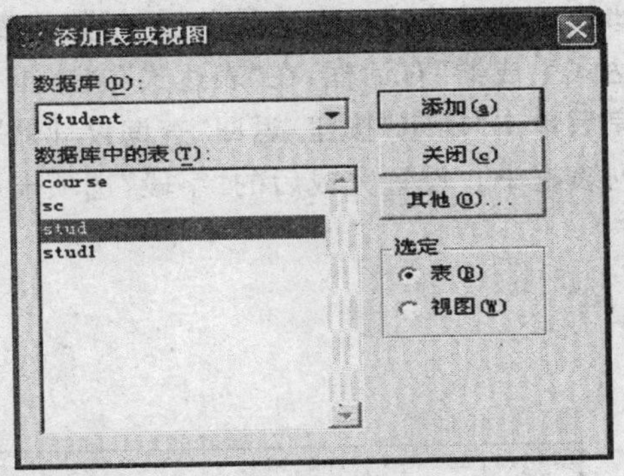

图 6.9 "添加表或视图"对话框

②设置在查询中要输出的字段：在"字段"选项卡中设置查询结果中要包含的字段。"字段"选项卡的操作界面如图 6.11 所示。

若查询中要使用表或视图中的所有字段，可以单击"全部添加"按钮，这时，"可用字段"列表框中所有字段就会添加到"选定字段"列表框中。还

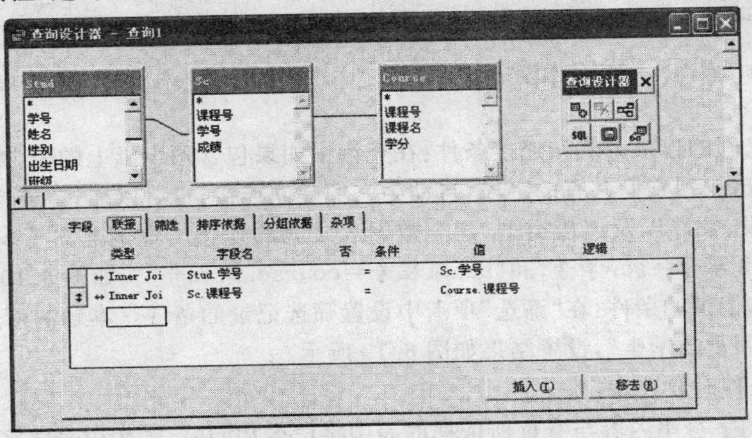

图 6.10 查询设计器

可以直接将查询设计器上窗格中表顶部的“＊”号拖到“选定字段”列表框中实现全部添加操作。若查询中只包含表的部分字段，那么应先在“可用字段”列表框中选择某个字段，再单击“添加”按钮，将其添加到“选定字段”列表框中，或从“可用字段”列表框中拖动某一字段名到“选定字段”列表框中。

在“选定字段”列表框中，每个字段名左侧都有一个拖动按钮，上下拖动该按钮可以改变查询输出时各个字段的先后顺序，也可使用“移去”按钮或“全部移去”按钮将“选定字段”列表框中的字段移回到“可用字段”列表框中。

本例中首先把学生表 stud 中的“学号”和“姓名”字段移到“选定字段”列表框中，然后把成绩表 sc 中的“成绩”字段和课程表 course 中的“课程名”字段添加到“选定字段”列表框。

③设置查询中要输出的函数或表达式：使用“字段”选项卡的“函数和表达式”可以输入函数或表达式，从而在查询中生成一个来源数据表中没有的虚拟字段。它是一个并不存在的字段，由其他字段和表达式结合而成的。

本例要求输出的年龄就是一个虚拟字段，其值可以用表达式“year(date())－year(stud.出生日期)”生成。方法是单击“函数和表达式”文本框右边的 按钮，进入如图 6.12 所示“表达式生成器”对话框，在“表达式”文本框中输入“year(date())－year(stud.出生日期)”。输完后单击“确定”按钮，返回“查询设计器”窗口，单击“添加”按钮，将表达式添加到“选定字段”列表框中。设置完成后的“字段”选项卡如图 6.11 所示。

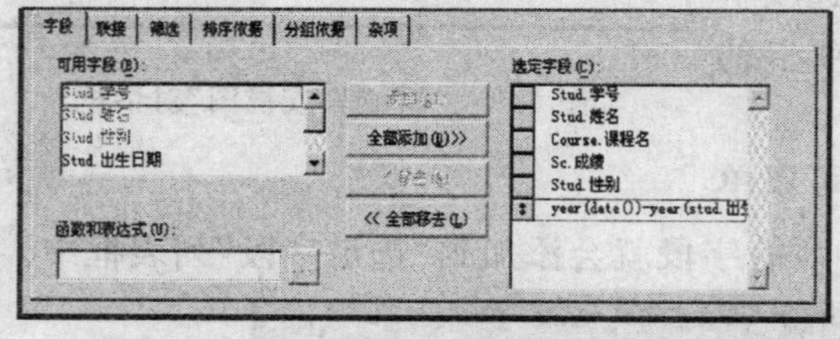

图 6.11　查询设计器的“字段”选项卡

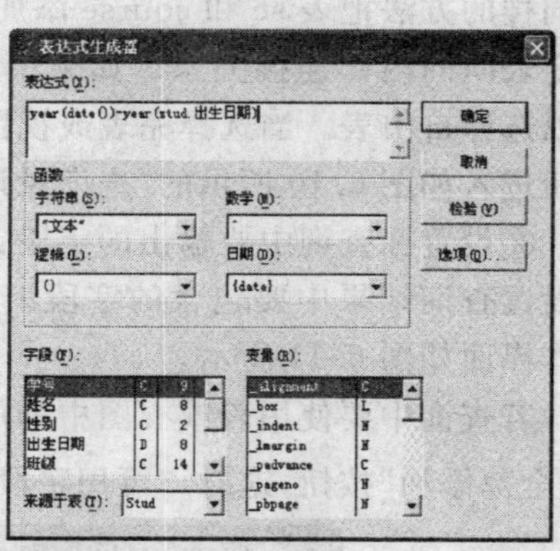

图 6.12　表达式生成器

④设置表之间的连接方式和连接条件：在查询中如果包含两个以上的表，查询设计器会在表之间进行比较，找到它们共有的字段，自动为它们建立连接；也可以通过“连接”选项卡，选择建立连接的字段、条件以及连接类型，建立数据表之间的连接。本例建立了表之间的内部连接，分别是“stud.学号＝sc.学号”和“sc.课程号＝course.课程号”。如图 6.10 所示。

⑤设置筛选记录的条件：在“筛选”项卡中设置筛选记录的条件。本题的筛选条件是“年龄大于 20 且不是团员的学生”，设置结果如图 6.13 所示。

设置筛选条件时要注意：

- 当输入的字符串内容与查询所依据的表中字段名相同时，需用引号将字符串括起来；
- 日期必须使用以花括号括起来的严格的日期格式；
- 逻辑值的前后必须使用英文句点“.”；

• 若想对逻辑操作符的含义取反，选中 Not(否)下面的复选框。

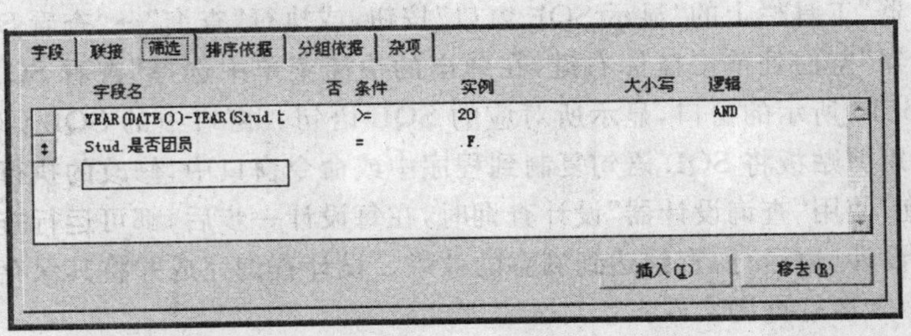

图 6.13　查询设计器的“字段”选项卡

⑥设置输出记录的排序依据：在“排序依据”选项卡中指定排序的字段和排序方式，可以选择多个排序字段。本例按“性别”降序排列记录。首先在“选定字段”列表框中选定排序字段“性别”，单击“添加”按钮将其添加到“排序条件”列表框中，在“排序选项”单选按钮组中选择“降序”，如图 6.14 所示。

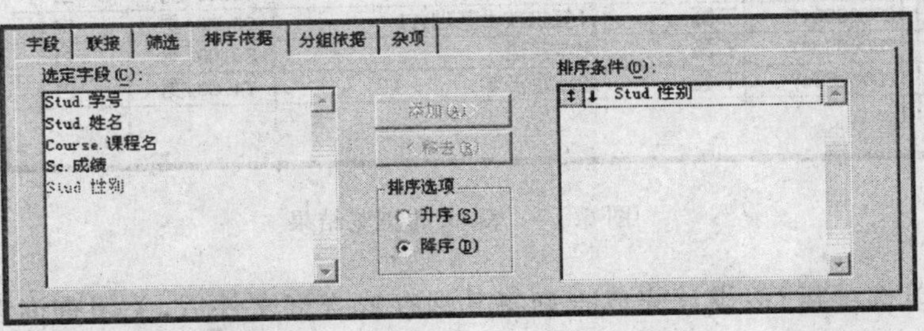

图 6.14　查询设计器的“排序依据”选项卡

⑦设置查询的输出去向：创建查询时，系统默认查询输出的去向是浏览窗口，可以通过设置“查询去向”，选择不同的输出去向。单击“查询设计器”工具栏上的“查询去向”按钮，或执行“查询”→“查询去向”菜单命令，或在“查询设计器”空白处单击鼠标右键，在弹出的快捷菜单上选择“输出设置”命令，都可以弹出图 6.15 所示的“查询去向”对话框。在对话框上选择不同的按钮，可设置不同的输出去向。

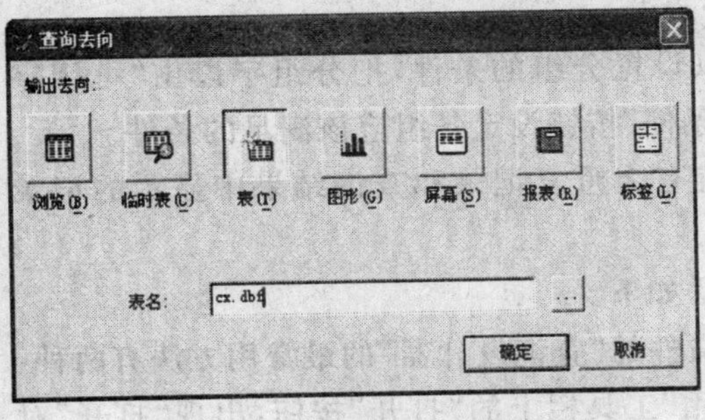

图 6.15　“查询去向”对话框

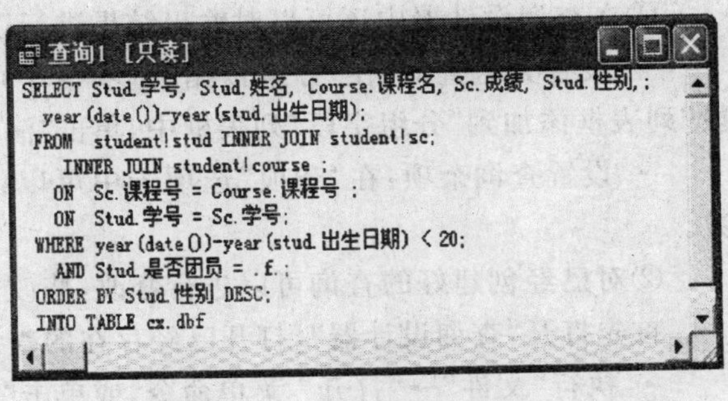

图 6.16　查询代码对话框

本例要求将结果保存到表 cx.dbf，所以选择第 3 个选项“表”。

⑧查看设计结果生成的 SQL 语句：在“查询设计器”中可以查看查询所生成的 SQL 语句。单击“查询设计器”工具栏上的“显示 SQL 窗口”按钮，或执行“查询”→“查看 SQL”菜单命令，或在“查询设计器”空白处单击鼠标右键，在弹出的快捷菜单中选择“查看 SQL”命令，都可以弹出一个如图 6.16 所示的窗口，显示所对应的 SQL 语句。窗口中的 SQL 语句是只读的，不能修改，可以利用剪贴板将 SQL 语句复制到程序中或命令窗口中，修改的执行 SQL 语句。

⑨运行查询：使用“查询设计器”设计查询时，在每设计一步后，都可运行查询，查看运行结果，这样可以边设计、边运行，直到达到满意的效果。设计查询完成并将其保存成查询文件后，可利用菜单或命令运行查询文件。

· 在“查询设计器”中直接运行查询：在查询设计器窗口，执行“查询”→“运行查询”菜单命令，或单击常用工具栏上的“运行”按钮，即可运行查询。本例的运行结果如图 6.17 所示。

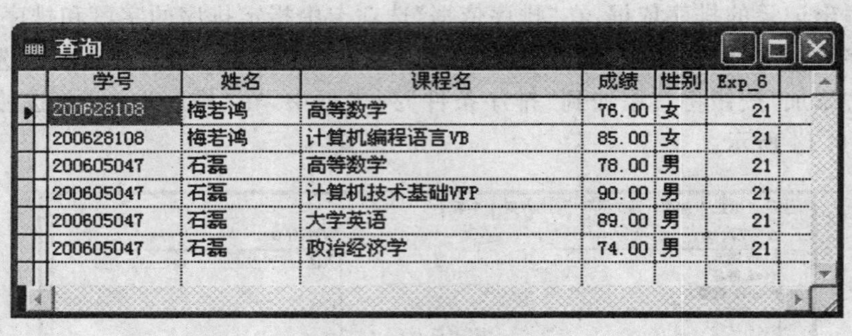
查询

学号	姓名	课程名	成绩	性别	Exp_6
200628108	梅若鸿	高等数学	76.00	女	21
200628108	梅若鸿	计算机编程语言VB	85.00	女	21
200605047	石磊	高等数学	78.00	男	21
200605047	石磊	计算机技术基础VFP	90.00	男	21
200605047	石磊	大学英语	89.00	男	21
200605047	石磊	政治经济学	74.00	男	21

图 6.17 表 cx 的浏览结果

· 利用菜单选项运行：设计完成查询将其保存成查询文件后，关闭查询设计器，执行“程序”→“运行”菜单命令，打开“运行”对话框。选择要运行的查询文件，再单击“运行”按钮，即可运行查询。

· 命令方式：在命令窗口中输入命令“Do c:\ss\chaxun2.qpr”即可运行查询文件。注意扩展名.qpr 不能省略。

注意：因为本例的输出去向为表，所以运行查询后的结果保存在表 cx 中，并不输出到浏览窗口。因此要想查看结果，需要打开表 cx，才能浏览其记录。

说明：

①在查询设计器中还可以对输出结果进行以下设置。

· 设置分组查询：在“分组依据”选项卡中可以设置分组的条件，把分组字段由“可用字段”列表框添加到“分组字段”列表框中，单击“满足条件”按钮设定各组应该满足的条件。

· 设置查询杂项：在“杂项”选项卡中可以设置有无重复记录和查询结果中显示的记录数。

②对已经创建好的查询可以进行修改，修改方法如下。

首先打开“查询设计器”，打开已经存在的查询文件的“查询设计器”的最常用方法有两种：

· 执行“文件”→“打开”菜单命令，或单击“常用”工具栏上的“打开”按钮，出现“打开”对话框，选择要修改的查询文件，单击“确定”按钮打开“查询设计器”。

· 使用命令 MODIFY QUERY c:\ss\chaxun2.qpr 打开查询设计器。

修改后的查询文件通过单击“常用”工具栏上的“保存”按钮，或执行“文件”→“保存”菜单命令，可保存所做的修改。

三、实验练习

1. 根据学生表 stud、课程表 course 和成绩表 sc，用"查询设计器"建立查询 chaxun3，要求如下：

①查询结果包含"学号"、"姓名"、"课程名"、"成绩"和"学分"字段；

②查询条件为：检索至少选修了两门课程且每门选修课程学分不低于 4 分的同学；

③按照课程名对查询结果进行分组，并且按成绩从高到低进行排序；

④将查询结果的输出去向设置为浏览窗口。

2. 根据学生表 stud、课程表 course 和成绩表 sc，用查询向导建立查询 chaxun4，要求如下：

①查询结果包含"学号"、"姓名"、"课程名"和"成绩"字段；

②查询条件为：检索 1987 年 9 月以后出生的男同学；

③按照学生所在班级进行排序；

④将查询结果的输出去向设置为"表"，表的名称为 cx4. dbf。

实验 6.2 创建及运行视图

一、实验目的

(1) 掌握使用向导创建单表视图和多表视图的方法。

(2) 掌握使用视图设计器创建和修改视图的方法。

(3) 掌握创建和管理视图的命令。

(4) 掌握视图的运行方法。

二、实验举例

【例 6.3】 根据学生数据库中的表 stud，用视图向导设计一个视图 st1，要求：找出所有是团员的女同学；在视图中包含"学号"、"姓名"、"出生日期"、"班级"字段；视图中的记录按班级升序进行排序。

【操作过程】

①打开 student 数据库的数据库设计器，在设计器的空白处单击鼠标右键，在弹出的快捷菜单中执行"新建本地视图"命令，打开"新建本地视图"对话框，单击"视图向导"按钮，弹出"本地视图向导"系列对话框的第 1 个对话框。

②设置视图中包含的字段：在"步骤 1 -选择字段"对话框中，首先通过单击"数据库和表"下拉列表框选择 student 数据库，在下方的列表框中选择 stud 表，在"可用字段"列表框中选择"学号"字段，单击按钮▶，将"学号"添加到"选定字段"列表框中。用同样方法，依次将"姓名"、"出生日期"和"班级"添加到右侧列表框中，如图 6.18 所示。

③设置视图筛选记录条件：在图 6.18 所示的对话框中单击"下一步"按钮，进入向导的"步骤 3－筛选记录"对话框，如图 6.19 所示。在这个对话框中设置筛选条件来限制视图中所包

含的记录。在“字段”下方的下拉列表框中选择为 stud 表的“性别”字段，“操作符”选择“等于”，在“值”文本框中输入字符“'女'”。因为本例中还有一个筛选条件是要求显示的学生必须是团员，所以单击“与”单选按钮，接着输入第 2 个条件，即选择“是否团员”字段，其值为逻辑真值“.t.”。最后结果如图 6.19 所示。

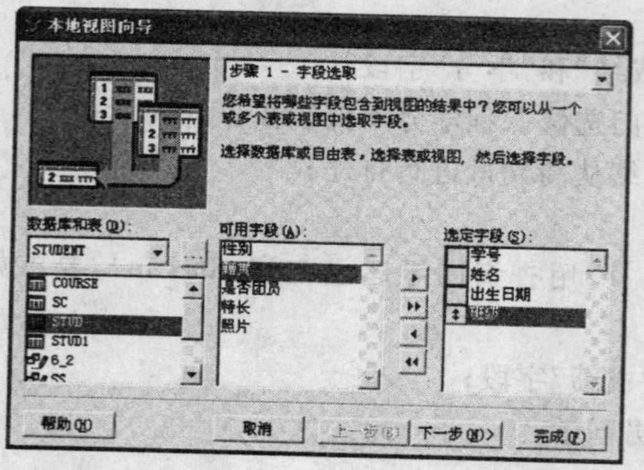

图 6.18 视图向导之步骤 1

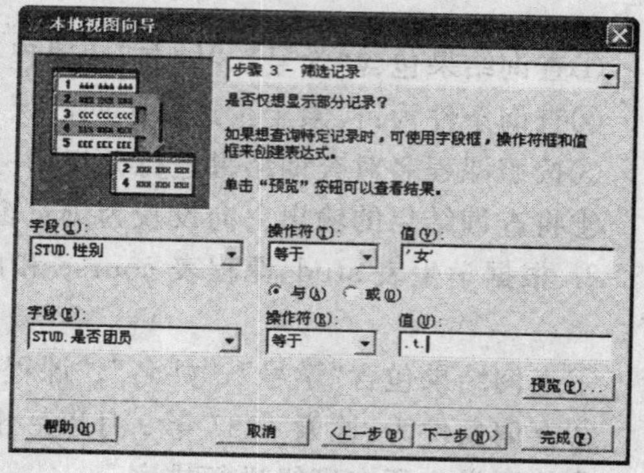

图 6.19 视图向导之步骤 3

④设置记录排序方式：在图 6.19 所示的对话框中单击“下一步”按钮，进入向导的“步骤 4-排序记录”对话框。本例从左侧的“可用字段”中选择“班级”字段，单击“添加”，选择“升序”单选按钮，如图 6.20 所示。

⑤设置对输出记录的限制方式：在图 6.20 所示的对话框中单击“下一步”按钮，进入向导的“步骤 4a-限制记录”对话框，对视图结果中的数量进行限制，本例采用默认值，如图 6.21 所示。

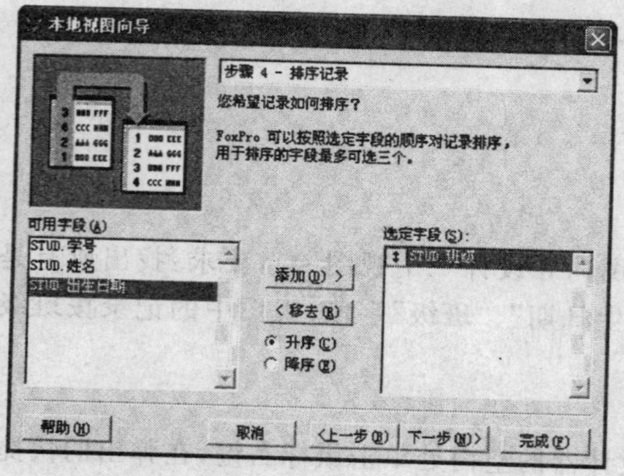

图 6.20 视图向导之步骤 4

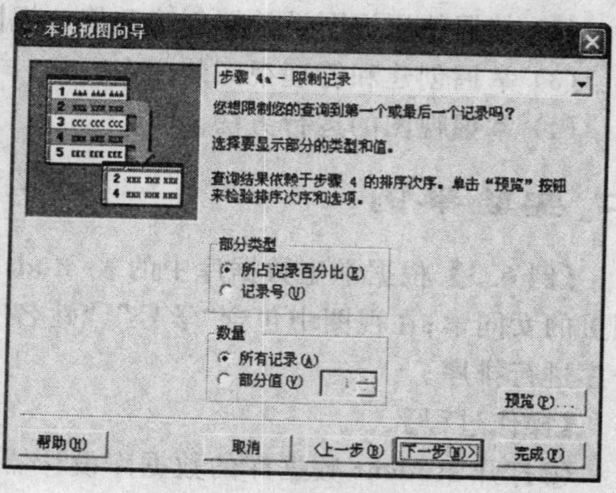

图 6.21 视图向导之步骤 4a

⑥保存视图设计结果：在图 6.21 所示的对话框中单击“下一步”按钮，进入向导的“步骤 5-完成”对话框，如图 6.22 所示。根据实际情况从 3 个选项中选择一个，本例选择默认值“保存本地视图”，单击“完成”按钮，在弹出的对话框中输入视图名称“st1”，保存设计结果。

⑦返回数据库设计器后，可以看到设计器中出现了一个新的 st1 视图框。双击 st1 视图，或在其上单击鼠标右键，执行快捷菜单中的“浏览”命令，就可以浏览视图中的记录。结果如图 6.23所示。

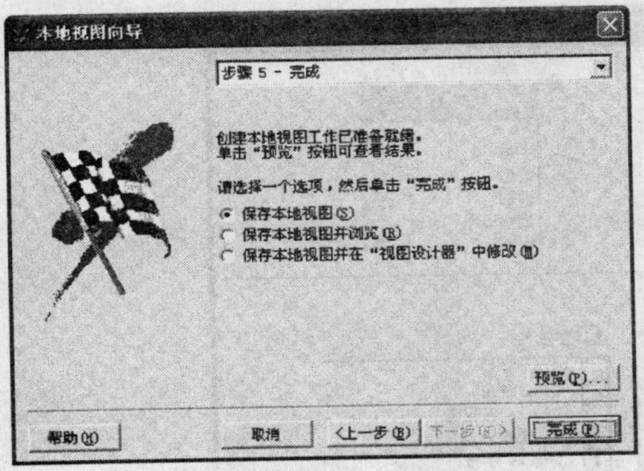

图 6.22　视图向导之步骤 5

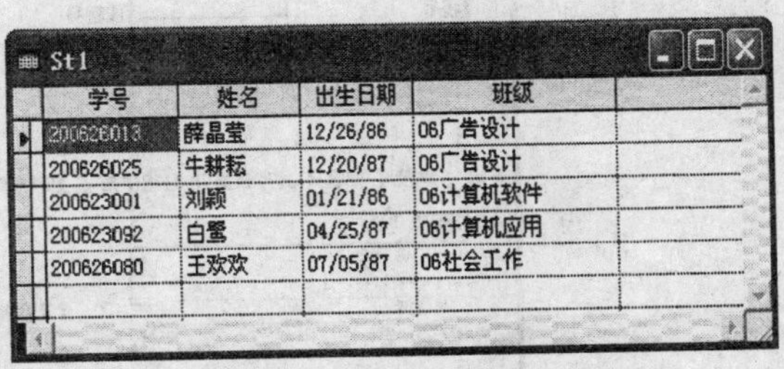

学号	姓名	出生日期	班级
200626013	薛晶莹	12/26/86	06广告设计
200626025	牛耕耘	12/20/87	06广告设计
200623001	刘颖	01/21/86	06计算机软件
200623092	白雪	04/25/87	06计算机应用
200626080	王欢欢	07/05/87	06社会工作

图 6.23　视图运行结果

⑧在设计视图的过程中，当"视图设计器"窗口是当前窗口时，随时可以执行"查询"、"运行查询"菜单命令，观察视图设计结果。

⑨用向导建立的视图默认可以对所有非主关键字段进行更新，可以根据需要对其进行修改。

⑩与查询类似，也可以查看视图的 SQL 语句。

【例 6.4】 根据 student 数据库中的 stud 表、sc 表和 course 表，用视图设计器设计一个 st2 视图，要求：找出所有选修课程学分至少为 4 分的学生；在视图中包含"学号"、"姓名"、"课程名"、"成绩"和"学分"字段；使用视图可以修改"成绩"字段的值，并能更新产生视图的源表中所对应的"成绩"字段内容；视图中的记录按"学号"字段的值排序。

【操作过程】

①启动视图设计器，设置视图的来源数据表：打开数据库设计器，在空白处单击鼠标右键，在弹出的快捷菜单中执行"新建本地视图"，打开"新建本地视图"对话框，单击"新建视图"按钮，在弹出的"添加表或视图"对话框（见图 6.24）中将所需要的 stud 表、sc 表和 course 表添加到视图设计器中；关闭"添加表或视图"对话框，可以看到视图设计器中出现了 3 个表，参见图 6.25。

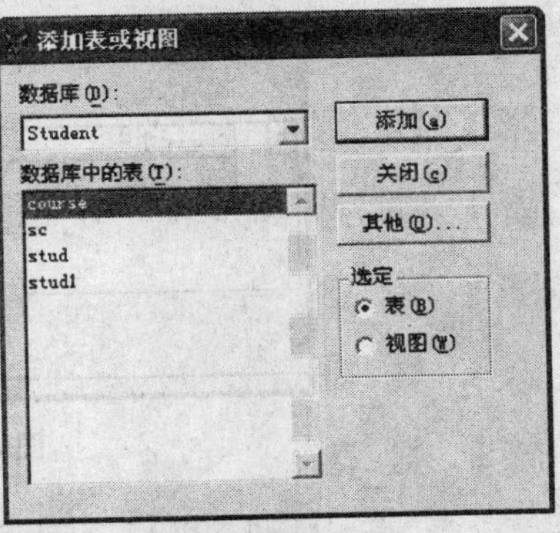

图 6.24　"添加表或视图"对话框

②设置在视图中要显示的字段：进入"字段"选项卡，从"可用字段"列表框中选择 stud 表的"学号"字段，单击"添加"按钮将其添加到右侧的"选定字段"列表框中；再依次将 stud 表的"姓名"字段、sc 表的"成绩"字段、course 表的"课程名"和"学分"字段添加到右侧的"选定字段"列表框中，结果如图 6.25 所示。

③设置表之间的连接条件：进入"连接"选项卡，将 3 个表之间的联接关系设置为"Sc. 学号＝Stud. 学号"和"Course. 课程号＝Sc. 课程号"，如图 6.26 所示。

④设置筛选记录的条件：进入"筛选"选项卡，将筛选条件设置为"学分＞＝4"，如图 6.27 所示。

⑤设置显示记录的排序依据：进入"排序依据"选项卡，从"选定字段"下的列表框中选择

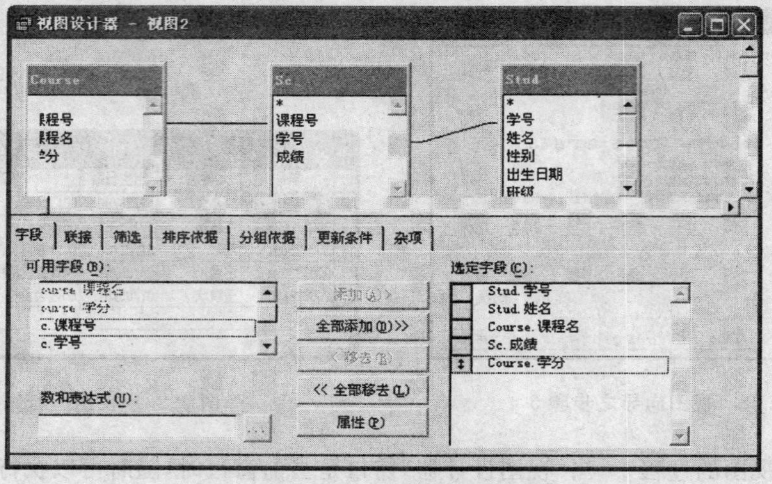

图 6.25 视图设计器的"字段"选项卡

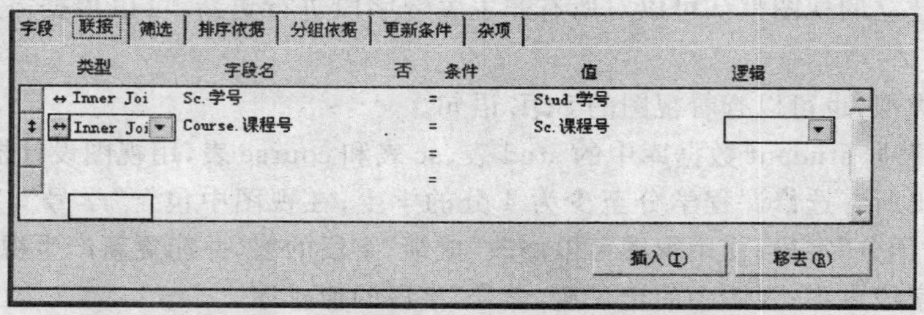

图 6.26 视图设计器的"联接"选项卡

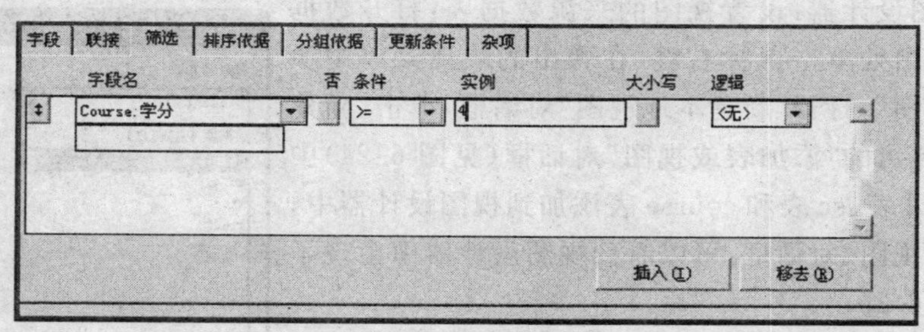

图 6.27 视图设计器的"筛选"选项卡

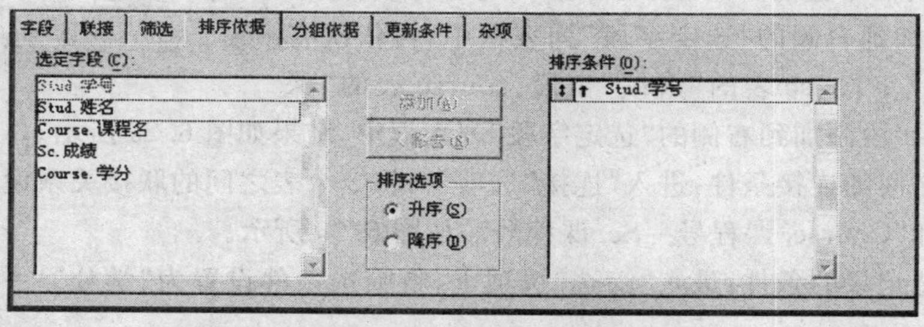

图 6.28 视图设计器的"排序依据"选项卡

stud 表的“学号”字段，单击“添加”按钮，“学号”字段出现在右侧的“排序条件”列表框中，如图 6.28 所示。

⑥设置更新记录的方式：进入“更新条件”选项卡，将“Sc.成绩”前钥匙和铅笔两列的标志选中，再选中左下角的“发送 SQL 更新”复选框。如图 6.29 所示。

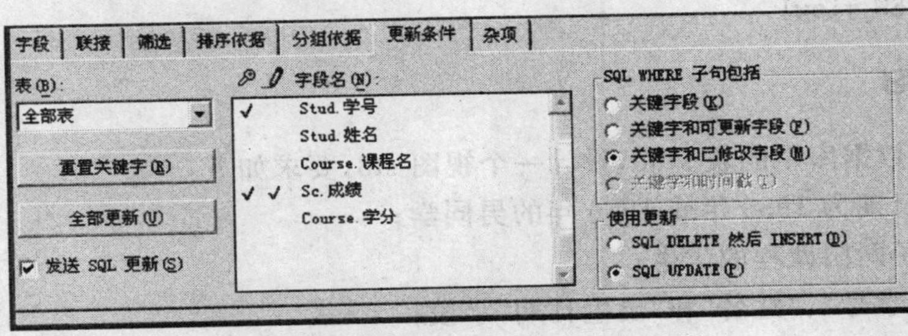

图 6.29　视图设计器的“更新条件”选项卡

⑦运行与保存视图：在视图设计器空白处单击鼠标右键，在弹出的快捷菜单中执行“运行查询”命令，结果如图 6.30 所示。将薛晶莹的大学日本语成绩改为 100，关闭视图窗口。

关闭视图设计器，在弹出的提示保存的对话框中单击“是”按钮，打开“保存”对话框，输入视图的名称“st2”后保存设计结果。现在可以浏览 Sc 源表，发现 200626013 号学生的 07 号课程的成绩确实已经修改为 100，如图 6.31 所示。

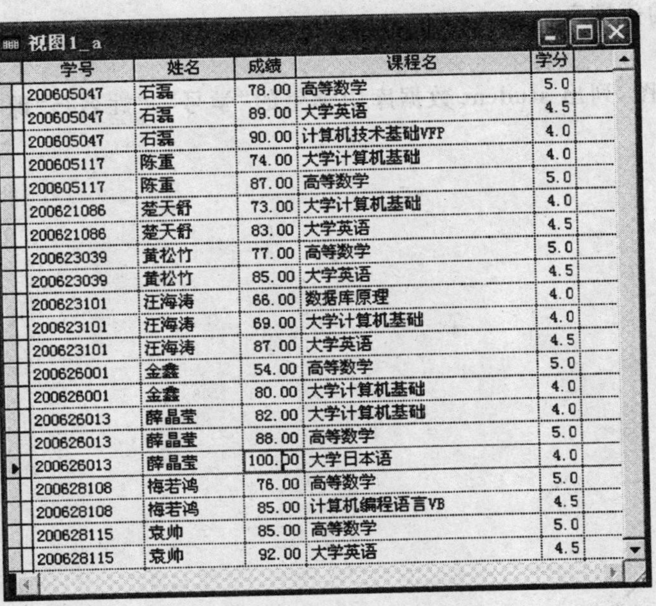

视图1_a

学号	姓名	成绩	课程名	学分
200605047	石磊	78.00	高等数学	5.0
200605047	石磊	89.00	大学英语	4.5
200605047	石磊	90.00	计算机技术基础VFP	4.0
200605117	陈重	74.00	大学计算机基础	4.0
200605117	陈重	87.00	高等数学	5.0
200621086	楚天舒	73.00	大学计算机基础	4.0
200621086	楚天舒	83.00	大学英语	4.5
200623039	黄松竹	77.00	高等数学	5.0
200623039	黄松竹	85.00	大学英语	4.5
200623101	汪海涛	66.00	数据库原理	4.0
200623101	汪海涛	69.00	大学计算机基础	4.0
200623101	汪海涛	87.00	大学英语	4.5
200626001	金鑫	54.00	高等数学	5.0
200626001	金鑫	80.00	大学计算机基础	4.0
200626013	薛晶莹	82.00	大学计算机基础	4.0
200626013	薛晶莹	88.00	高等数学	5.0
200626013	薛晶莹	100.00	大学日本语	4.0
200628108	梅若鸿	76.00	高等数学	5.0
200628108	梅若鸿	85.00	计算机编程语言VB	4.5
200628115	袁帅	85.00	高等数学	5.0
200628115	袁帅	92.00	大学英语	4.5

图 6.30　视图运行结果

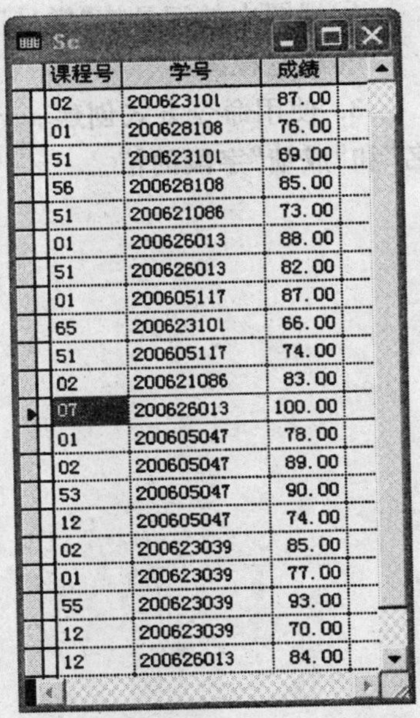

Sc

课程号	学号	成绩
02	200623101	87.00
01	200628108	76.00
51	200623101	69.00
56	200628108	85.00
51	200621086	73.00
01	200626013	88.00
51	200626013	82.00
01	200605117	87.00
65	200623101	66.00
51	200605117	74.00
02	200621086	83.00
07	200626013	100.00
01	200605047	78.00
02	200605047	89.00
53	200605047	90.00
12	200605047	74.00
02	200623039	85.00
01	200623039	77.00
55	200623039	93.00
12	200623039	70.00
12	200626013	84.00

图 6.31　源表 Sc 的数据

【例 6.5】 用命令方式定义和删除视图。

【操作过程】

①在 student 数据库中建立 view1 视图，查询 stud 表中学生的姓名及所在班级。打开

student 数据库后，在命令窗口中输入

```
CREATE VIEW view1 AS SELECT 姓名,班级 FROM stud
```

②运行 view1 视图，观察结果。

③删除 view1 视图。在命令窗口中输入

```
DROP VIEW view1
```

三、实验练习

1. 根据学生数据库中的表 stud，设计一个视图 st3，要求如下：

①找出出生日期为 1988 年或 1986 年的男同学；

②至少选修了两门课程的学生；

③视图包含“学号”、“姓名”和“出生日期”字段；

④视图中可以更改“出生日期”字段的值，并能更新视图对应的源数据表在对应的“出生日期”字段的值。

2. 根据 student 数据库中的 stud 表、sc 表和 course 表，设计一个视图 st4，要求如下：

①找出所有选修了 02 号课程且成绩大于 80 分的学生；

②视图中包含“学号”、“姓名”、“课程名”和“成绩”字段；

③视图中可以更改“成绩”字段的值，并能更新视图对应的源数据表中对应的“成绩”字段的值；

④视图中的记录按“学号”字段的值排序；

⑤浏览视图。

3. 使用命令方式创建 sgrade 视图，列出 student 数据库中学生的“学号”、“姓名”、“课程名”和“成绩”字段的值。

第7章 Visual FoxPro 程序设计基础

知识要点

1. 程序及程序文件的创建、修改和运行

程序是能够完成一定任务的相关命令的有序集合。程序文件的创建和修改采用相同的命令

MODIFY COMMAND [程序文件名[.prg]]

程序文件的扩展名为.prg。

程序文件的运行命令为

DO 程序文件名[.prg]

2. 基本的输入语句

①INPUT 语句

格式:INPUT [〈文本提示信息〉] TO 内存变量名表。

注意:该语句可以接受数字型、字符型、日期型、逻辑型数据和表达式,在输入常量时,如果是字符型数据,要加上定界符("″、′′、[]),日期型数据要加上"{}",逻辑型数据要加上圆点定界符(如.T.、.F.)。

②ACCEPT 语句

格式:ACCEPT [〈文本提示信息〉] TO 内存变量名表。

注意:该语句在输入不同类型的数据时不用加上定界符定界。

③WAIT 语句

格式:WAIT [〈字符表达式〉] [TO 〈内存变量〉][WINDOWS[AT〈行〉,〈列〉]]

[NOWAIT][TIMEOUT〈数值表达式〉]

注意:WAIT 语句执行时只接受一个字符。

3. 基本的输出语句

? |?? 命令:

格式:? |?? 输出项列表

该命令可以完成简单的数据输出,使用? 命令输出数据前要换行再显示数据,使用?? 命令是不换行显示数据。上述输入输出命令都可以在命令窗口中输入并运行,也可以在程序中使用这些命令完成数据的输入和输出。

4. 程序的三种结构

在结构化的程序设计中包含三种基本程序结构:顺序结构、选择结构和循环结构。

①顺序结构是指程序中的各语句按照出现的先后顺序,从上到下依次执行的程序结构。

②选择结构又称条件分支结构,它是根据条件表达式的值决定程序执行方向的程序结构。

Visual FoxPro 中常用的条件语句有:IF 语句和 DO CASE 多情况分支语句。

- IF 语句:一般是完成单分支或双分支的选择结构。

格式:

```
IF〈条件表达式〉
    语句块 1
[ELSE
    语句块 2]
ENDIF
```

注意:IF 和 ENDIF 必须成对出现。另外,IF 语句中可以进行嵌套,即一个 IF 语句中可以再包含另一个 IF 语句,但注意不能进行交叉定义。

- DO CASE 结构:主要是存在多种情况进行判断选择时,可以采用该语句完成。

格式:

```
DO CASE
    CASE〈条件 1〉
        语句块 1
    CASE〈条件 2〉
        语句块 2
        …
    CASE〈条件 N〉
        语句块 N
    [OTHERWISE
        语句块 N+1]
ENDCASE
```

注意:DO CASE 和 ENDCASE 也必须成对出现,DO CASE 语句中也可以嵌套另一个 DO CASE 语句。

③循环结构也称为重复结构,是指程序在执行过程中重复执行某段代码完成特定功能的程序结构。Visual FoxPro 支持的循环语句包括:DO WHILE-ENDDO、FOR-ENDFOR 和 SCAN-ENDSCAN 三种语句。

- DO WHILE-ENDDO 语句

当条件成立执行循环,条件不成立将终止循环执行,该结构最少执行次数为 0 次。

格式:

```
DO WHILE〈条件表达式〉
    〈语句块 1〉
    [LOOP]
    〈语句块 2〉
    [EXIT]
    〈语句块 3〉
ENDDO
```

注意:LOOP 是强制结束本次循环,进到下次循环中继续执行。EXIT 是强制结束循环,转到 ENDDO 后面执行其他语句。一般 LOOP 和 EXIT 都要在一定的条件满足的情况下执行。另外,DO WHILE 循环中必须有一条语句能够改变循环变量的值,才能保证循环的终止,否则循环将变成死循环。

- FOR-ENDFOR 语句

主要在循环次数明确的情况下采用 FOR 循环比较方便。

格式:

```
FOR〈循环变量〉=〈初值〉TO〈终值〉[STEP〈步长〉]
    〈循环体〉
ENDFOR|NEXT
```

注意:循环变量的值可以根据指定的步长值自动递增或递减相应的步长。循环体中也可以包含 LOOP 和 EXIT 语句。

- SCAN-ENDSCAN 语句

格式:

```
SCAN [〈范围〉][FOR〈条件 1〉][WHILE〈条件 2〉]
    〈循环体〉
ENDSCAN
```

注意:该循环语句一般只用于处理数据表中的记录,[范围]的默认值为 ALL,LOOP 和 EXIT 也可以在该语句体中使用。

5. 过程及过程调用

①过程又称子程序,是由多条语句组成、完成特定功能的程序段。过程可以由其他程序调用完成一定的操作处理。

过程定义的格式:

```
PROCEDURE |FUNCTION〈过程名〉
    [形参行]
    〈命令语句序列〉
    [RETURN [〈表达式〉]]
[ENDPROC|ENDFUNC]
```

注意:过程名的命名规则同文件名的命名规则。RETURN 语句进行返回时,若无表达式则返回逻辑真.T.值。

②过程调用有两种格式

格式 1:DO〈过程名〉[WITH〈实参 1〉[,〈实参 2〉…]]。

格式 2:〈过程名〉(〈实参 1〉[,〈实参 2〉…])。

注意:调用过程时要注意参数的传递方式以及形参和实参的对应关系。

6. 过程参数的类别及传参方式

①参数包含两种:形式参数和实际参数。

注意:形参的数目不能少于实际参数,但形参的数目可以多于实际参数,多出的形式参数的值全部为逻辑假.F.值。

②参数的传递方式包含两种:按值传递和按引用传递。

注意:不同的过程调用方式,对应不同的传参方式。

7. 变量的作用范围

根据变量的作用范围可以将变量分成三种:公共变量(PUBLIC)和私有变量(PRIVATE)、局部变量(LOCAL)。

①公共变量的定义格式:PUBLIC〈内存变量名表〉。

注意:公共变量一旦建立就一直有效,只有执行 CLEAR MEMORY、RELEASE ALL、QUIT 等命令才可以释放。在命令窗口中创建的所有变量全部为公共变量。

②私有变量:在程序中可以直接使用,无需事先创建。

③局部变量:局部变量需要先创建再使用,局部变量的定义格式:LOCAL〈内存变量名表〉。

注意:创建的所有变量其初始值全部为逻辑假.F.值。

实验 7.1 程序文件的创建及运行

一、实验目的

(1) 掌握程序的概念。

(2) 掌握程序文件创建和修改的方法。

(3) 掌握程序运行和调试的方法。

(4) 掌握基本的输入、输出语句。

二、实验内容

【例 7.1】 编制程序,输入两个数据分别保存到两个变量中,对这两个数据进行互换处理,并输出交换后的结果。

【分析】 要完成两个数据的互换必须借助于一个中间变量。

【操作过程】

①打开程序编辑窗口:执行"文件"→"新建"菜单命令,在弹出的"新建"对话框中选择"程序"单选按钮,再单击"新建文件"命令按钮,进到程序编辑窗口,如图 7.1 左图所示;或在命令窗口中输入 MODIFY COMMAND 命令也可以打开程序编辑窗口。

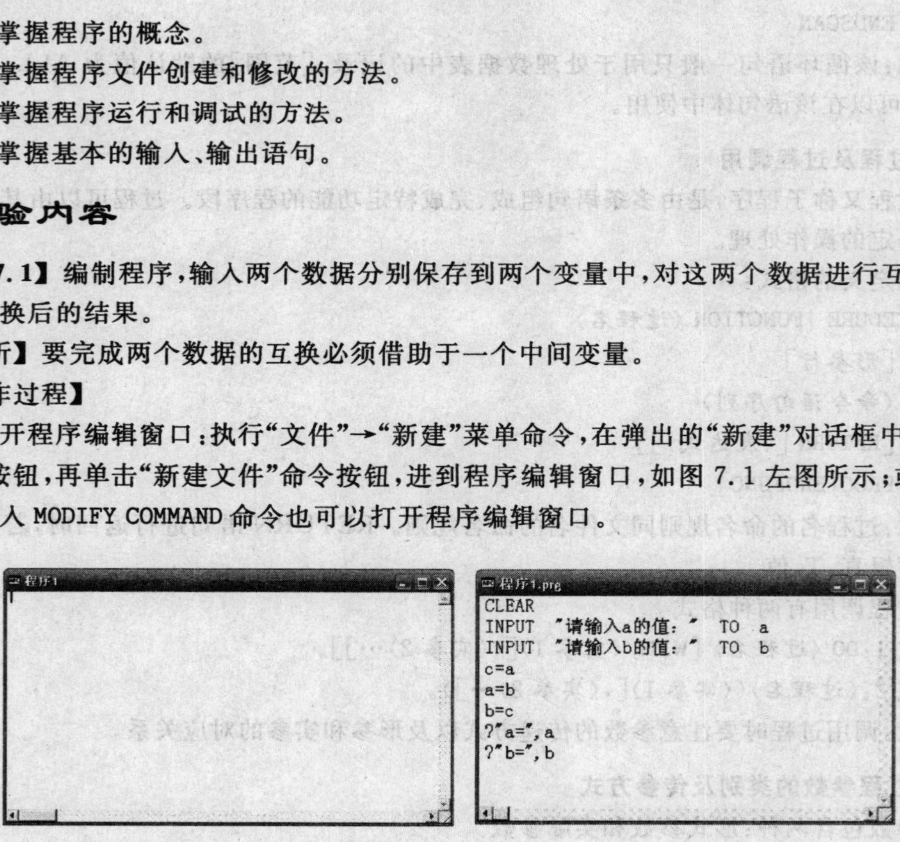

图 7.1 代码编辑窗口

②在程序编辑窗口中输入如下程序代码

```
CLEAR
INPUT "请输入 a 的值:" TO a
INPUT "请输入 b 的值:" TO b
c=a
a=b
b=c
?"a=",a
?"b=",b
```

输入代码后的程序编辑窗口如图 7.1 右图所示。

③保存程序文件:执行“文件”→“保存”菜单命令,弹出如图 7.2 所示的对话框。在弹出的“另存为”对话框中,在“保存在”下拉列表框中选择文件保存的路径 c:\ss,并在“保存文档为”文本框中输入“test7_1.prg”作为文件名进行保存,结果如图 7.2 内容所示。单击“保存”按钮,保存文件内容。

注意:程序文件名可以随便起,只要符合文件的起名规则。

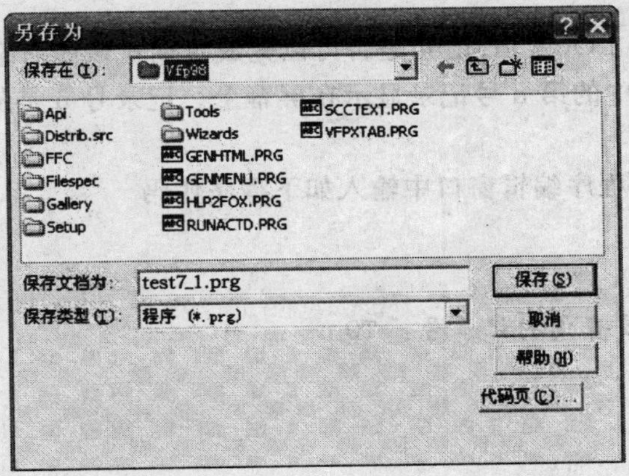

图 7.2 “另存为”对话框

④运行程序文件:在命令窗口中输入:DO test7_1.prg 或单击工具栏中的“!”工具按钮。如果运行时输入 a 的值为 500、b 的值为 100,则最后输出的结果是

```
a=100
b=500
```

思考:该程序进行处理时,如果不借助于中间变量 c,是否能够完成交换?

【例 7.2】 编写程序,要求在学生表中查询指定姓名和出生日期的学生,并将查询到的结果显示在屏幕上。

【分析】查询的命令可以采用 SELECT 语句和 LOCATE FOR 语句完成。如果采用 LOCATE FOR 语句在数据表中进行查询,则必须先打开数据表文件才能完成查询,查询结束应该关闭表文件。

【操作过程】

①新建一个程序,在程序编辑窗口中输入如下程序代码

```
CLEAR
ACCEPT "请输入待查学生的姓名：" TO xm
INPUT "请输入待查学生的出生日期：" TO csrq
SELECT 学号，姓名，出生日期 FROM stud WHERE 出生日期＝csrq AND 姓名＝xm
```

②保存程序文件为 test7_2.prg，并运行，查询到的结果将显示在屏幕上。

注意：程序文件要和数据表文件 stud 保存在同一个文件夹中。

如果运行时输入姓名为“袁帅”，出生日期为{^1987－04－20}，则最后的输出结果如图 7.3 所示。

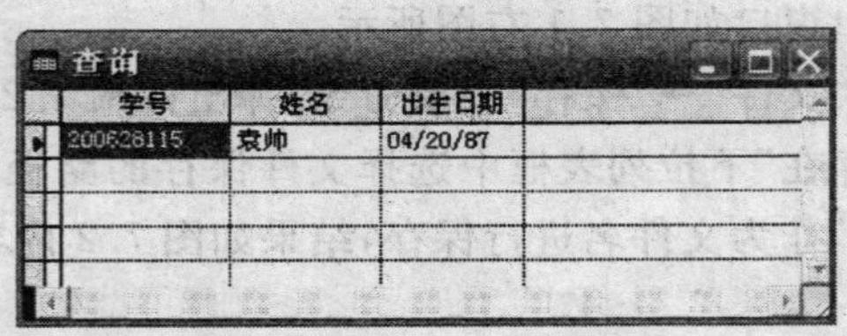

图 7.3 查询结果

思考：该题如果采用 LOCATE 语句是否可以完成查询？该如何编写？

【例 7.3】 将学生表中的第 n 号记录显示在屏幕上。记录号 n 是从键盘上输入的记录号。

【操作过程】

①新建一个程序，在程序编辑窗口中输入如下程序代码

```
CLEAR
USE stud
INPUT "请输入要查询的记录号：" TO n
GO n
DISP
USE
```

②保存程序为 test7_3.prg 并运行，计算的结果将显示在屏幕上。

运行时如果输入的是 4，则记录指针将定位到数据表中的 4 号记录，内容如下图 7.4 所示。

请输入要查询的记录号：4
记录号 学号 姓名 性别 出生日期 班级 籍贯 是否团员 特长 照片
4 200628115 袁帅 男 04/20/87 06环境工程 山东青岛 .T. Memo Gen

图 7.4 显示的记录

【例 7.4】 从键盘上输入长方体的长、宽、高 3 个数据，计算该长方体的表面积。

【分析】 要计算整个长方体的面积必须算出每一面的面积，再使每一面的面积相加。

【操作过程】

①新建一个程序，在程序编辑窗口中输入如下程序代码

```
CLEAR
INPUT "请输入长方体的长：" TO a
INPUT "请输入长方体的宽：" TO b
INPUT "请输入长方体的高：" TO c
s=2*(a*b+b*c+a*c)
?"该长方体的表面积是："+STR(s,9,4)
```

②保存程序为 test7_4.prg，并运行程序，计算的结果将显示在屏幕上。

如果运行时分别输入 2,3,4，则计算结果为：该长方体的表面积是：52.0000。

【例 7.5】假设某储户到银行提取存款 x 元，试问银行出纳员应如何付款是最佳的（即各种票额总张数是最少的，最低面额为 10 元）。

【分析】可以从最大的票额(100)开始，算出所需的张数，再算出其他票额的张数。这个程序的处理要用到取整函数 INT()。

【操作过程】

①新建一个程序，在程序编辑窗口中输入如下程序代码

```
SET TALK OFF
CLEAR
INPUT "请输入所需提取的金额数：" TO x
?"所需提取的金额是：",x
y1=INT(x/100)                  && 求 100 元票的张数
x=x-y1*100
y2=INT(x/50)                   && 求 50 元票的张数
x=x-y2*50
y3=INT(x/20)
x=x-y3*20
y4=INT(x/10)
?"最佳付款方式为："
?"100 元的是"+STR(y1)+"张"
?"50 元的是"+STR(y2)+"张"
?"20 元的是"+STR(y3)+"张"
?"10 元的是"+STR(y4)+"张"
SET TALK ON
```

②保存程序为 test7_5.prg，并运行该程序，计算的结果将显示在屏幕上。

如果运行时输入金额为：234560，则最后输出的结果为

```
最佳付款方式为：
100 元的是    2345 张
50 元的是        1 张
20 元的是        0 张
10 元的是        1 张
```

思考：如果本题采用取余运算(%)是否可以完成？

三、实验练习

1. 编写程序，计算圆的面积和周长，半径从键盘输入。

提示：通过输入语句输入圆的半径。

2. 将学生表和成绩表建立关联，显示学生表中第 4 条记录的学生姓名、学号、成绩。

提示：两个表之间要建立关联可以采用 SET RELATION TO 命令创建临时关联。

3. 编写程序，将输入的以秒为单位的时间转换成时、分、秒的表示方式，将结果输出到屏幕。

提示：参考例 7.5 的处理方法。

实验 7.2 程序基本结构的应用

一、实验目的

(1) 掌握选择结构的程序设计方法。

(2) 掌握循环结构的程序设计方法。

(3) 掌握三种程序结构的综合编程方法。

二、实验内容

【例 7.6】编程实现如下功能：通过键盘输入待查询的学生姓名，到 stud 学生表中查询该学生，如果找到则显示该学生的全部信息，若没找到则显示“查无此人！”。

【分析】该程序要完成，必须根据给定的条件进行判定选择，所以要用到选择结构。

【操作过程】

①新建一个程序，在程序编辑窗口中输入如下程序代码

```
USE STUD IN 0
ACCEPT "请输入要查询的学生姓名：" TO xm
LOCATE FOR 姓名＝xm
IF FOUND()
    ?"姓名："＋姓名
    ??"学号："＋学号
    ??"出生日期："＋DTOC(出生日期)
ELSE
    ?"查无此人！"
ENDIF
USE
```

②保存程序为 test7_6.prg，并运行该程序。

运行时如果输入“梅若鸿”，则输出以下结果

姓名：梅若鸿 学号：200628108 出生日期：10/29/87

如果输入“李冬”，则输出结果为“查无此人！”。

思考：

①如果此表已经按照姓名建立了索引，则可以如何进行查询？

②如果要查询与输入姓名相同的所有学生，程序该如何修改？

【例7.7】 设计一个个人纳税的计算程序，根据个人收入的多少计算其每月应该上交的税费，计算的税率表如表7.1所示(注：全月应纳税所得额为个人收入额－800元后的余额)：

表7.1 税率表

月收入(元)	缴纳税款
0～1600(含1600)	不交税
1600～2100元(含2100)	超过1600元部分的5%
2100～3600元(含3600)	25元＋超过2100元部分的10%
3600～6600元(含6600)	175元＋超过3600元部分的15%
6600～21600元(含21600)	625元＋超过6600元部分的20%

【分析】 本程序主要是根据不同的收入计算税费的，收入情况有很多种，所以可以采用多种情况分支语句完成，即可以使用DO CASE语句完成。

【操作过程】

①新建一个程序，在程序编辑窗口中输入如下程序代码：

```
CLEAR
INPUT "请输入月收入：" To sr          && "sr"变量用于存放输入的金额
DO CASE
CASE sr>=0 and sr<=1600
    ?"不交税"
CASE sr>1600 and sr<=2100
    ?"应交税：",(sr-1600)*0.05
CASE sr>2100 and sr<=3600
    ?"应交税：",(sr-2100)*0.1+25
CASE sr>3600 and sr<=6600
    ?"应交税：",(sr-3600)*0.15+175
CASE sr>6600 and sr<=21600
    ?"应交税：",(sr-6600)*0.2+625
OTHERWISE
    ?"您输入的月收入超过本程序计算范围！"
ENDCASE
```

②保存文件为test7_7.prg并运行该程序。

思考： 采用IF语句的嵌套结构是否可以实现本程序的要求？如何实现？

【例7.8】 在学生stud表中查询所有出生日期为1986年的学生记录，并逐条显示出每个学生的信息。

【分析】 该程序要进行查询，应该选择分支结构IF语句。另外，程序要求查询出所有满足条件的记录，而每条记录的处理方式相同，所以要使用循环结构完成。该程序是对数据表进行的处理，所以循环结构一般适合采用 DO WHILE 循环结构或 SCAN 扫描结构。

【操作过程】

①新建一个程序，在程序编辑窗口中输入如下程序代码

```
SET TALK OFF
CLEAR
USE stud
LOCATE FOR YEAR(出生日期)＝1986
DO WHILE NOT EOF()
  DISPLAY
  CONTINUE
ENDDO
USE
SET TALK ON
```

②保存程序为 test7_8.prg 并运行程序。程序运行结果如下图 7.5 所示。

记录号	学号	姓名	性别	出生日期	班级	籍贯	是否团员	特长	照片
3	200626013	薛晶莹	女	12/26/86	06广告设计	江苏南京	.T.	Memo	Gen
11	200623039	黄松竹	男	05/19/86	06计算机应用	辽宁大连	.T.	Memo	Gen
15	200623001	刘颖	女	01/21/86	06计算机软件	上海市	.T.	Memo	Gen
19	200605120	赵志强	男	05/31/86	06统计	四川成都	.F.	Memo	Gen

图 7.5　查询结果

思考：如果采用 SCAN 结构如何完成程序？是否可以采用 FOR 循环完成查询？

【例 7.9】从键盘上输入任意的三个数，将其由小到大进行排序，并将排序的结果显示在屏幕上。

【分析】排序主要就是进行比较，所以主要用到选择结构。

【操作过程】

①新建一个程序，在程序编辑窗口中输入如下程序代码

```
CLEAR
INPUT "请输入数据 1:" TO a
INPUT "请输入数据 2:" TO b
INPUT "请输入数据 3:" TO c
?"原始数据顺序为:",a,b,c
IF a>b
  t=a
  a=b
  b=t
ENDIF
```

```
IF a>c
  t=a
  a=c
  c=t
ENDIF
IF b>c
  t=b
  b=c
  c=t
ENDIF
?"排序后的顺序:",a,b,c
```

②保存程序为 test7_8.prg 并运行程序。

运行时如果依次输入 23,56,12,则程序运行的结果如下

```
原始数据顺序为:23,56,12
排序后的顺序:  12,23,56
```

思考:如果要排序的数据多于 3 个数据,则可以采用什么方法完成排序处理?

【例 7.10】 有一个数列,前两个数是 1,1,第三个数是前两个数之和,以后的每个数都是其前两个数之和。请编写程序,要求输出此数列的第 30 个数(该数列即为斐波那契数列)。

【分析】 数列中任何一个数 f_3 的计算都与其前两数 f_2、f_1 有关,即 $f_3=f_2+f_1$,$f_4=f_3+f_2$,这样依次往下计算出数列中的每一项,其规律就是 $f_n=f_{n-1}+f_{n-2}$。

【操作过程】

①新建一个程序,在程序编辑窗口中输入如下程序代码

```
CLEAR
SET TALK OFF
f1=1
f2=1
n=30
i=3
FOR i=3 TO 30
  f3=f1+f2
  f1=f2
  f2=f3
ENDFOR
?"数列中第 30 项的数为:",f3
SET TALK ON
```

②保存程序为 test7_10.prg,并运行程序。最终的输出结果为

```
数列中第 30 项的数为:832040
```

思考:该程序如果采用 DO WHILE 循环完成,该如何修改程序?

【例 7.11】 在学生表 stud 中增加一个字段,平均成绩 N(6,2),然后根据选课表 sc 统计出

每一个学生选课的平均成绩，并写入到 stud 表中新添加的字段里。

【分析】

①增加字段可以采用表结构修改的命令 ALTER 完成；

②要对每一个学生计算平均成绩，要用到循环结构。

【操作过程】

①新建一个程序，在程序编辑窗口中输入如下程序代码

```
CLEAR
OPEN DATABASE student
USE sc IN 0
USE stud IN 0
ALTER TABLE stud ADD 平均成绩 N(6,2)
SELECT stud
DO WHILE NOT EOF()
  SELECT AVG(成绩) AS pjcj FROM sc WHERE 学号=stud.学号 INTO CURSOR temp
  IF NOT EOF()
    SELE stud
    REPLACE 平均成绩 WITH temp.pjcj
  ENDIF
  SELE stud
  SKIP
ENDDO
CLOSE DATABASE
```

②保存程序并运行 test7_11.prg，运行完成后可以打开 stud 表查看计算的结果是否正确。

【例 7.12】 编写程序，建立并输出一个 10×10 的矩阵，该矩阵两条对角线的元素都为 1，其余元素均为 0。

【分析】

①由于矩阵是由行、列组成的，每一个元素需要两个下标表示其位置，所以，应该使用二维数组表示矩阵；另外，主对角线上的元素下标相同，次对角线上的元素下标存在如下关系：行标=11－列标。

②进行数组处理时应该采用 FOR 循环，二维数组应该采用两层 FOR 循环。

【操作过程】

①新建一个程序，先在程序编辑窗口中输入如下程序代码

```
CLEAR
DECLARE s(10,10)
FOR n=1 TO 10
  FOR m=1 TO 10
    IF n=m OR n=11-m
      s(n,m)=1
```

```
      ELSE
        s (n,m)=0
      ENDIF
    ENDFOR
  ENDFOR
  FOR n=1 TO 10
    FOR m=1 TO 10
      ?? s(n,m)
    ENDFOR
    ?
  ENDFOR
```

②保存程序代码为 test7_12.prg,并运行程序,结果将显示在屏幕上。结果如下：

```
1 0 0 0 0 0 0 0 0 1
0 1 0 0 0 0 0 0 1 0
0 0 1 0 0 0 0 1 0 0
0 0 0 1 0 0 1 0 0 0
0 0 0 0 1 1 0 0 0 0
0 0 0 0 1 1 0 0 0 0
0 0 0 1 0 0 1 0 0 0
0 0 1 0 0 0 0 1 0 0
0 1 0 0 0 0 0 0 1 0
1 0 0 0 0 0 0 0 0 1
```

思考:如果循环结构采用 DO WHILE 循环结构,应该如何修改程序?

三、实验练习

1. 找出 100～999 之间的所有水仙花数。水仙花数是指一个三位数,其各位数字的立方和等于该数本身(如:$153=1^3+5^3+3^3$)。

提示:要完成判断,必须首先分离出该数的各位数字,分离的方法如下:

```
i 表示要分离的三位数
a=INT(i/100)                  && a 表示百位数
b=INT((i-100*a)/10)           && b 表示十位数
c=i%10                        && c 表示个位数
```

当然也可以采用其他的分离方法,请自己思考。

2. 统计学生表中平均成绩为不同等级的学生人数,并输出各等级的统计结果。90～100(含 90)分为优秀,80～90(含 80)分为良好,70～80(含 70)分为中等,60～70(含 60)分为及格,60 分以下为不及格。

提示:

①采用 DO-WHILE 或 SCAN-ENDSCAN 循环结构和 DO CASE 多情况分支语句完成;

②平均成绩字段是例 7.11 中新增加的字段。

实验7.3 过程及参数传递

一、实验目的

(1) 掌握过程的含义及定义过程的方法。

(2) 掌握过程的调用及参数传递。

(3) 掌握参数的类别及变量的作用域。

二、实验内容

【例7.13】设计一个程序完成n个数的阶乘之和(1!+2!+…+n!)的计算,采用子过程完成n!的计算。

【分析】

①定义一个子过程计算n!,调用时注意采用"过程名(实参)"的方法调用子过程;

②在主程序中通过循环结构计算阶乘之和。

【操作过程】

①新建一个程序,在程序编辑窗口中输入如下程序代码

```
SET TALK OFF
CLEAR
INPUT "请输入要计算的N的值:" TO n
s=0
str=""                    && str变量用于存放最终的输出结果
FOR i=1 TO n
    s=s+fac(i)
    IF i<6
      str=str+ALLTRIM(STR(i))+"!+"
    ELSE
      str=str+ALLTRIM(STR(i))+"!="
    ENDIF
NEXT
? str+ALLTRIM(STR(s))
SET TALK ON
*子过程代码
PROCEDURE fac
    PARAMETER m
    t=1
    FOR j=1 TO m
      t=t*j
    NEXT
```

```
    RETURN t
  ENDPROC
```

②保存程序为 test7_13.prg 并运行程序。

如果运行时输入 6,则最后显示的结果为:1! +2! +3! +4! +5! +6! =873。

【例 7.14】 从键盘上输入任意的两个数,通过子过程完成两个数的交换。

【分析】 通过过程调用完成两个数据的交换,需要定义一个子过程,同时,应该注意传送参数的方式,即采用按引用方式传递参数,才可以将交换的结果传送回主程序。

【操作过程】

①新建一个程序,在程序编辑窗口中输入如下程序代码

```
CLEAR
INPUT "请输入 a 的值:"TO a
INPUT "请输入 b 的值:"TO b
?"交换前的内容:","a=",a
??" b=",b
DO swap WITH a,b
?"交换后的内容:","a=",a
??" b=",b
*交换子过程代码
PROCEDURE swap
   PARAMETER m,n
   c=m
   m=n
   n=c
ENDPROC
```

②保存程序为 test7_14.prg,并运行程序。如果运行时输入 120,340,则运行后的输出结果为

```
交换前的内容:a=120 b=340
交换后的内容:a=340 b=120
```

思考:该过程的参数传递是按引用方式进行传递的,如果调用子过程的语句改为

```
DO swap WITH (a),b
```

则主程序中的输出结果是什么?

【例 7.15】 利用子过程计算 stud 学生表中每一个学生所选修的课程的平均成绩(stud 表中的平均成绩是前面例 7.11 创建的字段)。

【分析】 要计算每一个学生的平均成绩,需要在主程序中将指针指向该记录,再通过子过程调用,将该记录的学号传送到子过程中。在子过程中再在 sc 表中查询满足条件的记录,并计算其平均成绩,将平均成绩返回主程序。另外,两个表之间是有关联的,所以,应该打开两表相关联的数据库文件 stud。

【操作过程】

①新建一个程序,在程序编辑窗口中输入如下程序代码

```
SET TALK OFF
CLEAR
OPEN DATABASE student
USE stud IN 0
USE sc IN 0
pjcj=0
SELECT stud
DO WHILE NOT EOF()
  xh=stud.学号
  DO sub1 WITH xh,pjcj
  REPLACE stud.平均成绩 WITH pjcj
  SKIP
ENDDO
CLOSE DATABASE
*子过程 sub1
PROCEDURE sub1
  PARAMETER xh1,cj1
  SELECT sc
  cj1=0
  s=0
  SCAN FOR sc.学号=xh1
    cj1=cj1+sc.成绩
    s=s+1
  ENDSCAN
  IF s<>0
    cj1=cj1/s
  ENDIF
  SELECT stud
ENDPROC
```

②保存程序文件为 test7_15.prg，并运行程序。

要验证程序执行结果是否正确，可以打开 stud 表文件，察看平均成绩字段的内容是否正确即可。

思考：该题子过程中如果换成 SQL 中的 SELECT 语句是否可以完成？

三、实验练习

1. 将本章例 7.9 中的交换通过子过程完成。
2. 编程统计 stud 学生表中男、女生的人数，个数统计通过子过程调用完成。

第 8 章　面向对象编程及表单设计

知识要点

1. 面向对象编程

面向对象编程相对于传统的结构化编程是一个全新的概念。程序设计人员在进行面向对象的编程时，不用单纯地从代码的第一行编到最后一行，而是考虑用对象来简化程序设计，以提高代码的效率。

面向对象编程的四个特征如下。

①抽象性：抽象性是指用户忽略对象的内部细节，只需集中精力来使用对象。

②封装性：对象的封装性是指对象的方法程序和属性包装在一起。正是由于对象的封装性，才使抽象性成为可能。

③继承性：继承性是从一种现有的、普遍的类型中派生出的一种新的、具体的类型的方法。继承性的存在，使用户在一个父类上所做的改动将影响到子类。

④多态性：所谓多态性是指，在程序运行期间方法与对象的动态捆绑，从而使用户在开发应用程序时具有更大的灵活性。

正是由于上述特点，使得面向对象程序设计具有代码的可重复性、程序的一致性维护、模块的独立性等优点。

2. 对象和类

类和对象关系密切，它们是应用程序的组装模块，但两者不同。

①类：类是具有相同属性和方法的一组个体的抽象，是描述一个特定对象类型必备特征的模型，是建立对象时使用的模板。

②对象：对象是类的实例，是具有类所确定的属性和方法封装在一起的实体。所有对象的属性、事件和方法都在类中定义。

例如，电话的电路结构和设计布局可以是一个类，而这个类的实例——对象，便是一部电话。在 Visual FoxPro 中，表单及控件都是应用程序中的对象。对象是编程的基本单元，用户通过对象的属性、事件和方法程序来编程。

注意：一定要分清楚类和对象之间的对应关系。

3. 对象的属性、事件和方法

①属性：每个对象都有属性，属性也可理解为对象的特征。在 Visual FoxPro 中，创建的对象具有属性，这些属性由对象所基于的类决定。对象中的每个属性都具有一定的含义。对象的属性可在设计时设定，也可在程序运行中设定。

②事件：事件是一种预先定义好的特定动作，由用户或系统激活。在一般情况下，事件是通过用户的交互操作产生的，而且每个对象都可以对事件的动作进行识别和响应。在 Visual FoxPro 中，可以激发事件的用户动作包括单击鼠标、移动鼠标和按键。

③方法：方法是与对象相关联的过程，但又不同于一般的 Visual FoxPro 过程。方法程序紧密地和对象连接在一起，与一般 Visual FoxPro 过程的调用方式有所不同。

注意：用户不能创建新的事件，而方法程序和属性集合却可以扩展。

4. Visual FoxPro 的类

Visual FoxPro 提供了一些固定的基类，编程者可以直接使用其创建特定的对象，也可以根据自己的需要创建新的类，称为自定义类。

①基类：Visual FoxPro 中的类分为两种：控件类和容器类。控件类对象是一个独立的部件；容器类对象可以再包含其他对象。

②自定义类：与函数类似，除系统定义的类之外，用户可以根据需要创建自定义类。通过自定义类可以快速构造出用户所需的有某些固定性质的对象，从而减少重复操作。

5. 表单的设计

表单是一个人机交互的界面，表单上可以包含若干控件对象，组成一个交互的操作界面。

注意：表单本身也是一个对象。

①表单的创建：表单创建的方法有两种，可以利用表单向导创建单表表单或多表表单，也可以利用表单设计器创建表单。

注意：采用向导方式创建的表单也可以进到表单设计器中进行修改。表单文件的扩展名为.scx。

②表单的设计步骤

- 进入“表单设计器”；
- 添加表单界面所需的控件；
- 设置各控件的属性；
- 进入代码编辑器设置表单中各控件的事件和方法代码；
- 保存表单；
- 运行表单。

③表单的运行：表单的运行也可以通过三种方法完成：使用菜单命令，采用工具按钮(!)，或者是使用命令语句完成。

注意：命令语句是在命令窗口中输入，其格式为

```
DO FORM 〈表单文件名〉[WITH [〈实参 1〉[,]〈实参 2〉…]]
```

该命令方式执行可以带参运行表单，将所需的参数传递到表单中，接受参数的形参必须在表单的 Init 事件中设置。

④表单的常用属性、事件和方法

常用属性：Name、Caption、BackColor、BorderStyle、Enabled、MaxButton、MinButton、Movable 等。

注意：Name，Caption 这两个属性不能混淆，Caption 属性在设计和运行状态下都可以进行改变，而 Name 只能在设计时进行修改，运行时不能修改。

常用事件：Init、Load、Unload、Destroy、GotFocus、Click、DblClick、RightClick、Activate、Move 等。

注意：表单中各种事件的发生顺序不同，其引发的顺序关系如下：

Init,Load 这两个事件的执行顺序为,先 Load 事件,再 Init 事件;

Unload,Destroy 的执行顺序为,先 Destroy 事件,再 Unload 事件;

表单的 Init 事件和表单上各控件对象的 Init 的执行顺序为,先控件后表单;

表单的 Destroy 事件和表单上各控件对象的 Destroy 事件的执行顺序为,先表单后控件。

常用方法:Release、Refresh、Show、SetFocus、Hide 等。

注意:SetFocus 方法 和 GotFocus 事件的区别。

⑤表单中控件的添加及布局

· 控件的添加:在表单控件工具箱中选择相应的控件,拖放到表单界面上,即可完成控件的添加;

· 设置各控件的属性:选定各控件设置控件的大小以及外观等属性;

· 布局调整:可以利用"布局"工具栏中的按钮,调整各控件的对齐方式、大小等布局设置。

⑥数据环境:数据环境是一个对象,可以包含与表单有关联的表和视图,以及表和表之间的关系。在表单界面上显示数据表信息时,数据环境就显得非常重要,可以通过数据环境添加所需的数据表,这样设计表单界面时将非常方便。

数据环境的常用属性:AutoOpenTables 和 AutoCloseTables,其默认值为逻辑真值(.T.)。在数据环境中可以添加所需的数据表和视图,也可以移去数据表和视图。另外,在数据环境中还可以创建表之间的关联关系。

注意:如果数据表之间的关联关系已经在数据库中创建过,则数据表添加到数据环境时也会自动添加它们之间的联系。

6. 表单中的常用控件

①标签控件(Label):主要是用于显示提示文本。运行时标签不能获得焦点。

②文本框控件(TextBox):可以完成数据的输入和输出,如显示内存变量、数组元素以及非备注型字段的内容。文本框控件的特有属性有 ControlSource、PasswordChar、InputMask、SelStart、SelLength、SelText 等。

③编辑框控件(EditBox):同文本框的用法基本相同,但编辑框编辑的文本可以自动换行,可以编辑备注型字段信息,但 PasswordChar、InputMask 属性在编辑框中不能使用。

④命令按钮(CommandButton):主要是用来执行某个事件代码、完成特定的功能。其中命令按钮有两个特殊的属性,Default 和 Cancel,可以设置命令按钮为缺省的"确认"按钮或"取消"按钮。命令按钮的主要事件是 Click 事件。

⑤命令按钮组(CommandGroup):是命令按钮的组合。特有的属性有 ButtonCount、Buttons。

⑥复选框控件:用于标记一个二值状态的选项,只有真和假两种状态值。复选框控件也可以通过 ControlSource 属性与数据表的字段绑定,显示字段的两种状态值,如性别等。注意 Value 属性的值,选中时为真(.T.)或 1,没选中时为假(.F.)或 0。

⑦选项按钮组控件(OptionGroup):选项按钮组中包含多个选项按钮,可以从中选择一项且只能选一项,选中的按钮前会显示一个圆点。

注意:如果要设置命令按钮组和选项按钮组的各按钮的属性,可以进到编辑状态下完成。

⑧计时器控件(Timer):可以完成时间的计时控制,它能够有规律地以一定的时间间隔激

发时钟事件执行相应的程序代码。主要属性就是 Interval，设置计时的时间间隔；Enabled 设置计时器是否可用。主要的事件是 Timer，当达到 Interval 属性规定的时间间隔时，就会触发时钟控件的 Timer 事件。

⑨列表框控件(ListBox)：可以在控件中以列表的方式列出多个选项，并从中可以选择一项或多项。列表框最主要的特点就是只能从中选择，不能直接修改或输入其中的内容。列表框特有的属性包括 List、ListCount、ListIndex、Selected 等。列表框控件具有两个特有的用途，AddItem 用于往列表框中添加列表项，RemoveItem 用于删除列表框中的列表项。

⑩组合框控件(ComboBox)：是文本框和列表框组合而成的控件，组合框控件可以有三种样式：下拉式组合框、简单组合框和下拉式列表框。分别可以通过 Style 属性设置其不同的样式。其他属性同列表框的属性。

注意：列表框和组合框都有共同的属性：RowSourceType 、RowSource 用于设置列表框和组合框中显示的数据源类型和数据源。

⑪ 表格控件(Grid)：可以同时显示多条记录信息的控件。表格中包含多列，每列都可以设置其列标题和显示的内容。表格中显示的内容要通过 RecordSourceType、RecordSource 属性设置。

⑫ 页框控件(PageFrame)：可以包含多页的容器对象，每一页上又可包含所需的控件。

注意：要设置每页的布局必须进到页框控件的编辑状态。

实验 8.1　表单的创建及运行

一、实验目的

(1) 掌握表单创建的步骤。

(2) 掌握表单的运行及参数传递。

(3) 掌握表单的常用属性、事件和方法。

(4) 掌握各控件的布局设置。

二、实验内容

【例 8.1】设计一表单界面完成表单上各事件的执行顺序测试。主要设置的事件有：Load、Init、Destroy、Unload。

【分析】要测试表单上各事件的执行顺序，必须创建各事件的代码，通过运行察看各事件执行的顺序。

【操作过程】

①进到表单设计器：利用表单设计器创建表单的步骤：选择“文件”菜单项，在下拉菜单中选择“新建”命令，进到“新建”对话框中，在该对话框中选择“表单”单选按钮，再单击右侧的“新建文件”命令按钮，即可进到“表单设计器”中。

②编辑代码：从“显示”菜单中选择“代码”命令，打开代码编辑窗口，如图 8.1。在代码窗口的“过程”下拉列表框中选择 Load 事件，并在编辑区中输入相应的代码。

Load 事件代码：WAIT ″引发 Load 事件！″ WINDOW

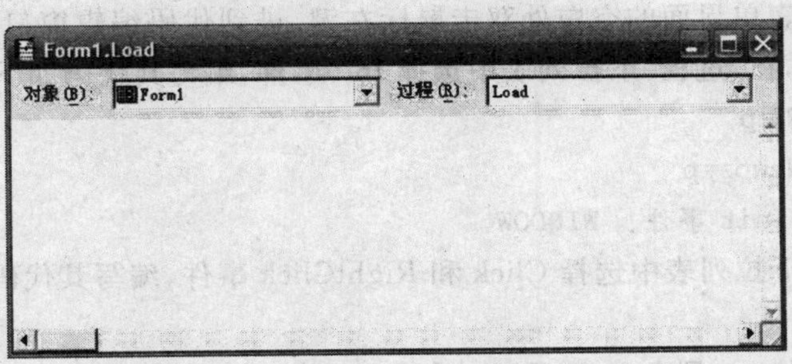

图 8.1　代码编辑窗口

编写完 Load 事件代码，再从“过程”列表框中依次选择 Init、Destroy、Unload 事件，依次编写各事件的代码。

Init 事件代码：WAIT "引发 Init 事件！" WINDOW

Destroy 事件代码：WAIT "引发 Destroy 事件！" WINDOW

Unload 事件代码：WAIT "引发 Unload 事件！" WINDOW

③保存文件名为 test8_1. scx：从“文件”菜单中选择“保存”命令，进到保存对话框，在保存对话框的文件名处输入 test8_1 作为表单的文件名。

④运行表单：在命令窗口中输入 DO FORM test8_1。

运行结果先在屏幕的右上角依次显示

引发 Load 事件！

引发 Init 事件！

显示完上述内容后，弹出表单界面，再单击表单界面的关闭按钮，将依次显示如下结果

引发 Destroy 事件！

引发 Unload 事件！

【例 8.2】在表单上创建一个新属性，通过运行表单传送一个数值给该属性，并通过调用表单的 Click 和 RightClick 事件改变该属性的值。

【分析】

①要通过运行表单传送数据到表单中，必须在命令窗口中输入运行表单的命令，同时，要用到 WITH 传送参数；

②表单中要接收到参数，形参行的定义必须放在表单的 Init 事件中。

【操作过程】

①先创建表单：在命令窗口中输入命令 CREATE FORM，就可进到“表单设计器”窗口中。同时，“属性”窗口、“表单设计器”工具栏都会自动打开。

②添加新属性：在 Visual FoxPro 窗口的主菜单中选择“表单”菜单，在下拉菜单中选择“新建属性”命令，打开“新建属性”对话框，如图 8.2 所示。在图中的“名称”框中输入新属性名称“Newp”，再单击“添加”和“关闭”命令，完成新属性的添加。

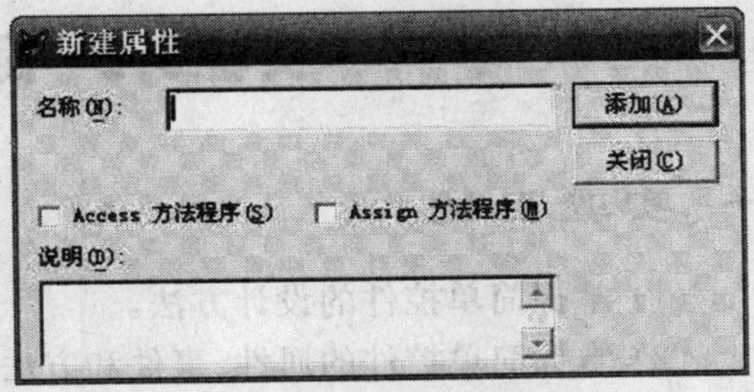

图 8.2　新建属性对话框

③编辑代码:在表单界面的空白处双击鼠标左键,进到代码编辑窗口,当前在“对象”列表框中显示出“form1”,在“过程”下拉列表中选择 Init 事件,编写其代码如下

```
LPARAMETERS p
Thisform.Newp=p
WAIT "引发 Init 事件!" WINDOW
```

同样,在“过程”下拉列表中选择 Click 和 RightClick 事件,编写其代码,代码如下

Click 代码

```
Thisform.Newp=Thisform.Newp+100
WAIT "Newp="+STR(Thisform.Newp) WINDOW
```

RightClick 事件代码

```
Thisform.Newp=Thisform.Newp-100
WAIT "Newp="+STR(Thisform.Newp) WINDOW
```

④保存表单为 test8_2.scx,保存方法同例 8.1 的操作过程。

⑤运行表单:在命令窗口中输入命令:DO FORM test8_2 WITH 20。

注意:只能采用此方式运行表单,才可以传送参数。

运行结果先在 Visual FoxPro 主窗口的右上角显示

```
引发 Init 事件!
```

单击任意键后进到表单界面,在表单界面单击左键调用 Click 事件,屏幕上将显示

```
Newp=120
```

再单击鼠标右键调用 RightClick 事件,将在表单界面上显示

```
Newp=20
```

思考:新创建的属性的用法同系统的固有属性的用法是否相同? 表单的 Click 事件和 RightClick 事件引发的顺序是否固定? 可不可以在其他事件中使用表单的新属性?

三、实验练习

1. 创建一个表单,在表单上创建一个新属性,新属性的值用于记录在表单上单击的次数,并通过调用表单的右击事件显示出单击的次数。

思考:如果新属性用私有变量替代,产生的结果是否相同?

2. 利用表单向导创建一个一对多表单,表单上显示的是 stud 和 sc 两个表的记录信息,表单上命令按钮采用图片的方式显示。

实验 8.2 简单控件的设计应用

一、实验目的

(1) 掌握简单控件的设计方法。

(2) 掌握简单控件的属性、事件和方法的运用。

二、实验内容

【例 8.3】用表单设计一个登录界面，如图 8.3 所示。用户运行时，若单击“确认”按钮，则进行检查，如果输入的用户名和口令正确，则显示“欢迎进入本系统！”；若不正确，则显示“用户名或口令错误，登录失败！请重输……”，如果输入 3 次都失败，则显示“输入次数超过 3 次，不再允许登录！”。如果单击“关闭”按钮，将退出系统的登录。设计时要将“确认”按钮设置为 Default 按钮，另外，口令限制为 6 位数字，输入时只显示“ * * * * * * ”。

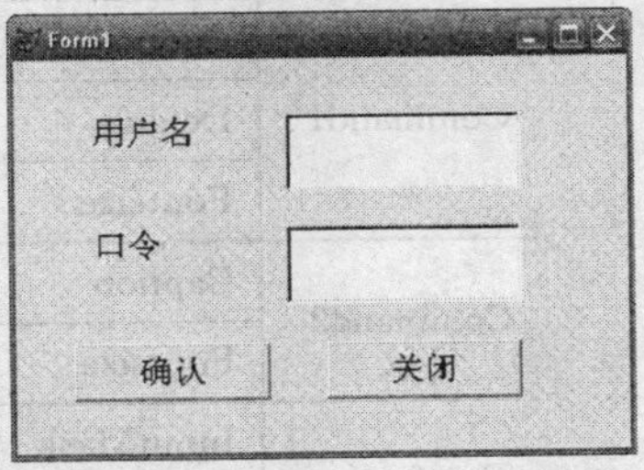

图 8.3　登录界面

【分析】

①本程序设计要编写“确认”按钮的 Click 事件代码，在编写时要用到选择结构；

②要统计登录失败的次数，需要用到一个变量保存登录失败的次数，在本例中可以新建一个属性来保存。

【操作过程】

①创建表单界面：选择“文件”→“ 新建”→“ 表单”→“ 新建文件”命令按钮，即可进到表单设计器中。

②添加所需的控件：在表单设计器中添加两个标签控件，名称为 Label1、Label2；添加两个文本框，名称为 Text1、Text2；添加两个命令按钮，名称为 Command1 和 Command2。

③设置控件的布局：要求两个标签控件左对齐，两个文本框左对齐，两个命令按钮同样大小。

布局的设置可以采用布局工具栏完成，步骤如下：

· 对齐方式的设置：在“显示”菜单中选择“布局工具栏”菜单项，在“表单设计”窗口中将弹出一个“布局”工具栏。用鼠标拖动方法选择要对齐的控件，选择“布局”工具栏中的“左对齐”，就可将控件设置成左对齐。

· 同样大小的设置：先按住 Shift 键，再用鼠标左键单击选中 Command1 和 Command2，选择“布局工具栏”中的“同样大小”按钮，就可将命令按钮设置成同样大小的控件。

④设置控件的属性

· 先在表单上添加一个新属性 Num，用于记录登录失败的次数。方法如下：

选择“表单”→“新建属性”，进到“新建属性”对话框，在“名称”框中输入新属性名称 Num，再单击“添加”和“关闭”命令，完成新属性的添加。

· 在“属性”窗口中设置各控件的属性，属性内容如表 8.1 所示。

表 8.1　表单及各控件的属性值

对象	属性	属性值	说明
Form1	Caption	用户验证	表单的标题
	Num	0	新建的属性
Label1	Caption	用户名	标签的标题文本
	Fontsize	14	标签的文本字号

续表 8.1

对象	属性	属性值	说明
Label2	Caption	口令	标签的标题文本
	Fontsize	14	标签的文本字号
Command1	Caption	确认	按钮的标题
	Default	.T.	按钮 1 为"确认"按钮
	Fontsize	12	按钮的文本字号
Command2	Caption	关闭	按钮的标题
	Fontsize	12	按钮的文本字号
Text2	InputMask	999999	设置文本框 2 中的输入格式为 6 位数字
	PasswordChar	*	输入口令时显示的字符

⑤编写事件代码：鼠标指针指向"表单"空白处，双击进到"代码窗口"中，在"对象"列表框中选中 Command1 对象，在"过程"列表框中选择 Click 事件，再在下面的空白处输入如下代码

```
IF Thisform.Text1.Value="ABCDEF" AND Thisform.Text2.Value="123456"
    WAIT "欢迎进入本系统!" WINDOW TIMEOUT 1
ELSE
    Thisform.Num= Thisform.Num +1
    IF Thisform.Num =3
        WAIT "用户名或口令不对,登录失败!" WINDOW TIMEOUT 1
    ELSE
        WAIT "用户名或口令不对,请重输……" WINDOW TIMEOUT 1
    ENDIF
ENDIF
```

采用同样的方法编写 Command2 按钮的 Click 事件代码

```
Thisform.Release
```

⑥保存表单并运行

· 保存表单：选择"文件"菜单的"保存"子菜单，弹出"另存为"对话框，在对话框中的"文件名"文本框中输入文件名 test8_3，再单击"保存"按钮，就完成了保存处理。

· 运行：在表单设计器状态下，单击常用工具栏中的"!"按钮，就可运行表单；或在命令窗口中输入 DO FORM test8_3，也可以运行表单。

思考：要完成该题是否可以不用新属性来保存输入口令的次数？如果可以该如何修改程序？

【例 8.4】 设计一个表单，通过表单的运行能够完成字母的大小写的转换，表单界面如图 8.4 所示。

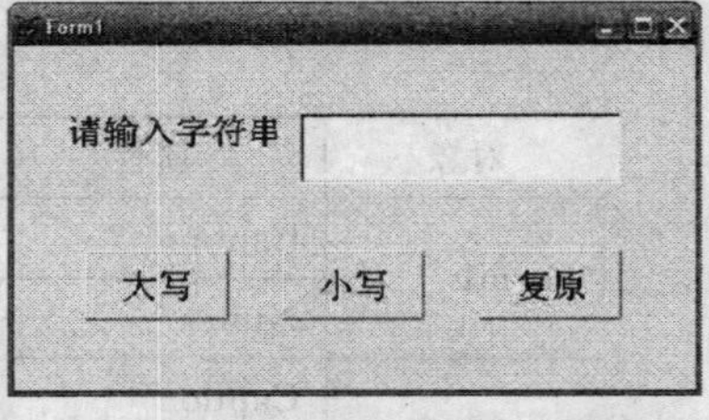

图 8.4　字母大小写转换界面

【分析】 表单界面上完成大小写的转换需要用到字母的转换函数 UPPER()和 LOWER()；另外，要进行转换的字符串应该保存在一个中间量中，这个中间量可用表单的 Tag

属性，也可以用全局变量进行保存。

【操作过程】

①创建表单界面：选择“文件”→“新建”→“表单”→“新建文件”命令按钮，即可进到表单设计器中。在表单界面上添加所需的控件，分别命名为 Label1、Text1、Command1、Command2、Command3。

②设置各控件的属性：在“属性”窗口中，设置各控件的属性，其属性值如下表 8.2 所示。

表 8.2　各控件的属性值

对象	属性	属性值	说明
Label1	Caption	请输入字符串	
	Fontsize	12	标签文本的字号为 12 号字
Text1	Fontsize	12	文本框的文本字号为 12 号字
Command1	Caption		大写
	Fontsize	12	命令按钮的文本字号为 12 号字
Command2	Caption	小写	
	Fontsize	12	
Command3	Caption	复原	
	Fontsize	12	

③编写事件代码：该界面要完成需要设置一个中间量，存放文本框字符串转换前的原内容。这里可以采用表单的 Tag 属性来保存。而要使其中的内容得到转换，则需要调用文本框的 InteractiveChange 事件。注意，文本框的 InteractiveChange 事件是在文本框有内容输入时，才引发。

进到“代码”窗口，输入如下各事件的代码。

文本框的 InteractiveChange 事件的代码

```
Thisform.Tag=This.Value
```

Command1 按钮的 Click 事件代码

```
Thisform.text1.value=UPPER(Thisform.Tag)
```

Command2 按钮的 Click 事件代码

```
Thisform.text1.value=LOWER(Thisform.Tag)
```

Command3 按钮的 Click 事件代码

```
Thisform.text1.value= Thisform.Tag
```

④保存表单界面：选择“文件”菜单的“保存”子菜单，弹出“另存为”对话框，在对话框中的“文件名”文本框中输入文件名 test8_4，再单击“保存”按钮，就完成了保存处理。

⑤运行表单：在表单设计器状态下，单击常用工具栏中的“!”按钮，运行表单。或在命令窗口中输入“DO FORM test8_4”，也可以运行表单。在表单界面上的文本框中输入任意的字符串，再单击不同的命令按钮，将完成大小写的转换。运行结果如图 8.5、8.6、8.7 所示。

思考：如果该题完成时不通过创建新属性来保存文本框的变换值，换成全局变量是否可以完成？如果能该如何完成？

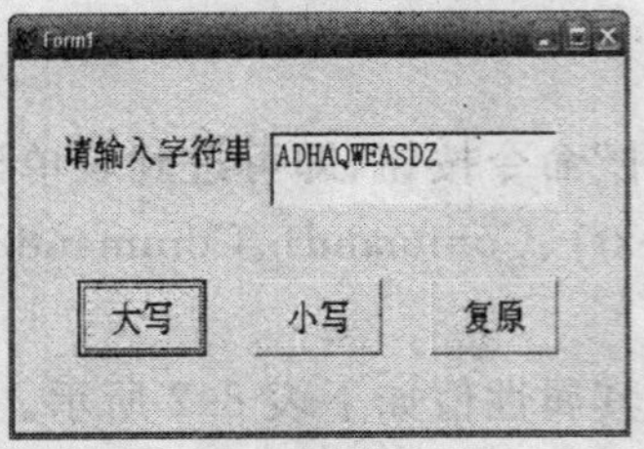

图 8.5　大写结果

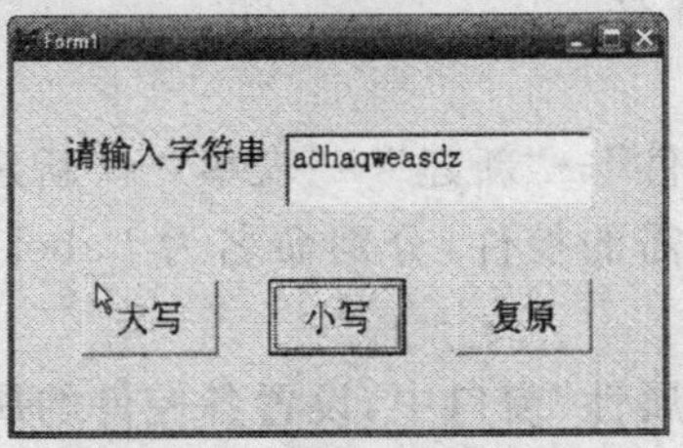

图 8.6　小写结果

图 8.7　复原结果

【例 8.5】 设计一个计时器，能够设置倒计时的时间，并进行倒计时。当开始计时后“开始倒计时”按钮变成不可用状态，单击“停止倒计时”按钮将停止计时，“开始倒计时”按钮变成可用。当计时结束将弹出一个消息框，提示计时结束，界面如图 8.8、8.9、8.10 所示。

【分析】 能够完成计时操作的就是计时器控件，而计时器控件主要是设置其 Interval 属性和 Timer 事件 。

【操作过程】

①创建表单界面并添加所需的控件：在表单界面上添加一个标签控件（Label1）、一个文本框控件（Text1）和一个命令按钮（Command1）。

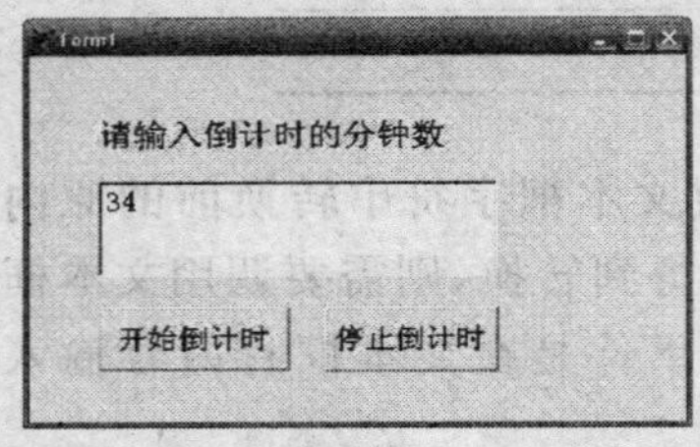

图 8.8　倒计时界面 1

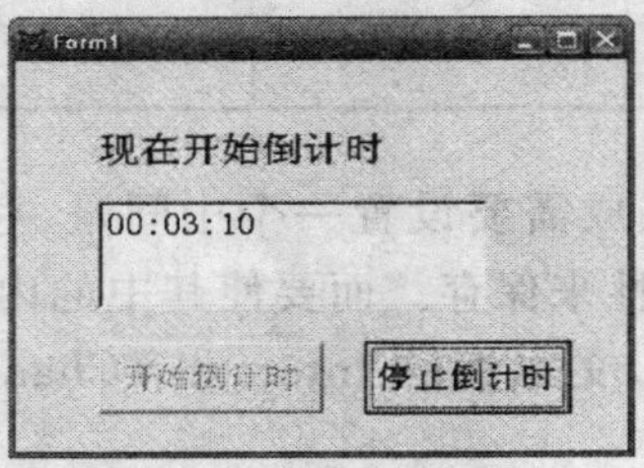

图 8.9　倒计时界面 2

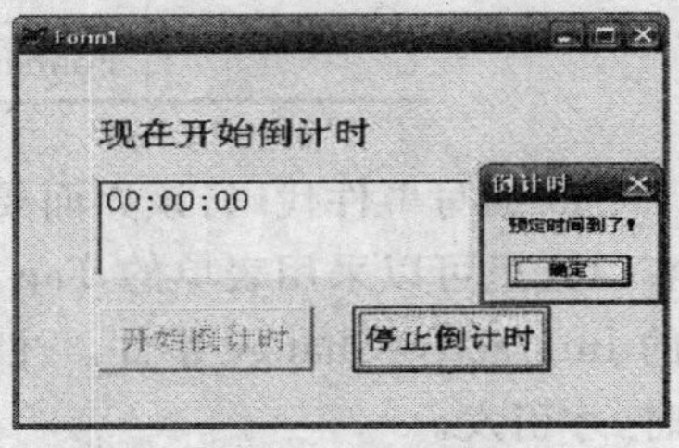

图 8.10　倒计时界面 3

②设置各控件的属性

表 8.3　各控件的属性值

对象	属性	属性值	说明
Label1	Caption	请输入计时的分钟数	
	Fontsize	12	标签文本的字号为 12 号字
Text1	Fontsize	12	文本框的文本字号为 12 号字
Command1	Caption	开始倒计时	
	Fontsize	12	命令按钮的文本字号为 12 号字
Timer1	Enabled	.F.	计时器控件为不可用
	Interval	1000	设置计时时间间隔

③编写事件代码：该程序要完成必须设置两个事件代码：命令按钮的 Click 事件和计时器的 Timer 事件。

命令按钮 Command1 的 Click 事件代码如下

```
Thisform.Timer1.Enabled=.T.
a=VAL(Thisform.Text1.Value)
Thisform.Timer1.Tag=ALLTRIM(STR(a*60))
Thisform.Label1.Caption="现在开始倒计时"
Thisform.Text1.Alignment=2
This.Enabled=.F.
```

计时器控件 Timer1 的 Timer 事件代码如下

```
m=VAL(This.Tag)-1
This.Tag=ALLTRIM(STR(m))
IF m<0
  Thisform.Timer1.Enabled=.F.
  MESSAGEBOX("预定时间到了!",0,"倒计时")
  Thisform.Label1.Caption="请输入倒计时的分钟数:"
  Thisform.Text1.Value=0
  Thisform.Command1.Enabled=.T.
  Thisform.Text1.Alignment=0
ELSE
  a1=INT(m/60)
  a2=INT(a1/60)
  b0=IIF(m%60<10,"0"+STR(m%60,1),STR(m%60,2))
  b1= IIF(a1%60<10,"0"+STR(a1%60,1),STR(a1%60,2))
  b2= IIF(a2%60<10,"0"+STR(a2%60,1),STR(a2%60,2))
  Thisform.Text1.Value=ALLTRIM(b2+":"+b1+":"+b0)
ENDIF
```

④保存表单为 test8_5，并运行表单。其运行结果如上图 8.9、8.10 所示。

【例 8.6】 设计一个浏览学生信息的界面，在该界面上通过单击不同的按钮可以浏览学生的信息，界面如图 8.11 所示。

【分析】 该表单界面上要显示数据表中的记录信息，可以在数据环境中添加所需的数据表文件；要完成记录的浏览显示操作，必须调用表单的 Refresh 方法；另外，多个命令按钮最好定义成命令按钮组。

【操作过程】

①创建表单界面

- 创建表单界面：选择"文件"→"新建"→"表单"→"新建文件"命令按钮，即可进到表单设计器中。
- 在数据环境中添加数据表：在表单界面上单击鼠标右键，在弹出的快捷菜单中选择"数据环境"，进到"数据环境设计器"；在弹出的"打开"对话框中选择 c:\ss 文件夹，在该文件夹中选择 stud 数据表文件，将其添加到数据环境中。
- 将数据表中的字段依次拖放到表单界面上，并设置好其布局，界面结果如图 8.12 所示。

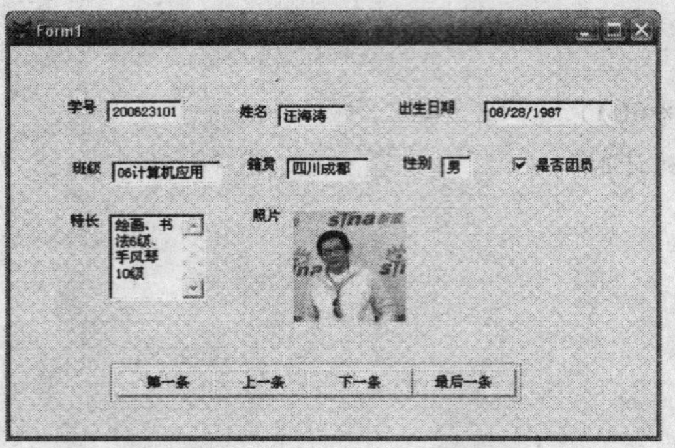

图 8.11　浏览界面

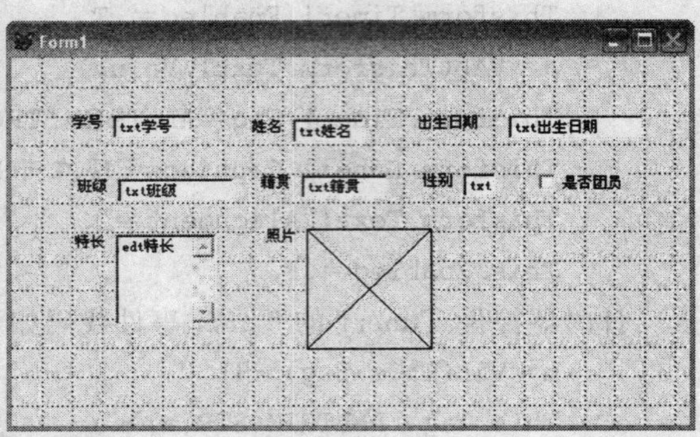

图 8.12　界面布局 1

在表单界面上添加一个命令按钮组，其名称设为 Cmdgroup1，用于浏览记录；选中该命令按钮组，单击右键，从快捷菜单中选择“生成器”，进到“按钮组生成器”对话框中，如图 8.13 所示。

在“按钮”选项卡中设置按钮的数目为 4，并设置各个按钮的标题分别为“第一条”、“上一条”、“下一条”、“最后一条”；在“布局”选项卡中设置按钮为“水平排列”，设置完后，单击“确定”按钮，退出“按钮组生成器”对话框。结果如图 8.14 所示。

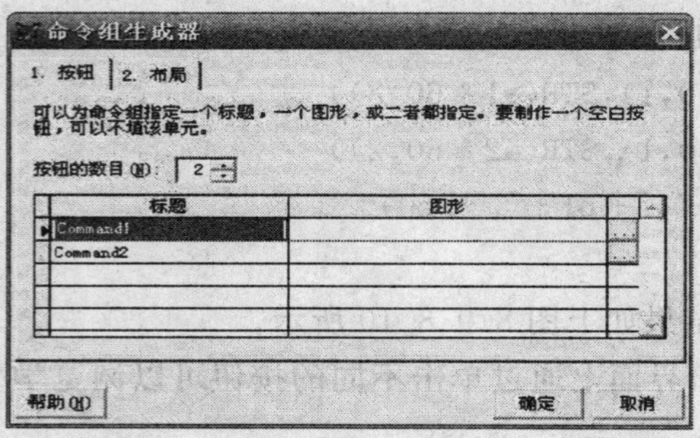

图 8.13　按钮组生成器

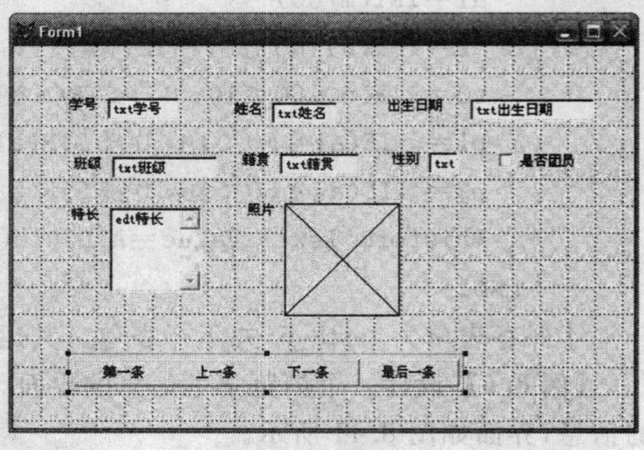

图 8.14　界面布局 2

②设置属性

· 表单中标签、文本框、复选框、编辑框和 OLE 图片控件的属性在拖动过程中已经自动完成设置。

· 另外，还需要设置文本框、复选框、编辑框的 Enabled 属性为. F. ，即在浏览状态下，这些控件不可编辑。

· 在数据环境中设置数据表的 Exclusive 属性为. T. ，表示数据环境中的数据表在打开时为独占方式。

③编写命令按钮组的代码：在表单界面上双击，进到“代码编辑器”，选择对象 Cmdgroup1，编写其 Click 事件代码如下

```
n=This.Value
DO CASE
CASE n=1
  GO TOP
  This.Buttons(1).Enabled=.F.
  This.Buttons(2).Enabled=.F.
  This.Buttons(3).Enabled=.T.
  This.Buttons(4).Enabled=.T.
CASE n=2
  SKIP-1
  IF BOF()
    GO TOP
    This.Buttons(1).Enabled=.F.
    This.Buttons(2).Enabled=.F.
    This.Buttons(3).Enabled=.T.
    This.Buttons(4).Enabled=.T.
  ENDIF
  This.Buttons(3).Enabled=.T.
  This.Buttons(4).Enabled=.T.
CASE n=3
  SKIP
  IF EOF()
    GO BOTTOM
    This.Buttons(1).Enabled=.T.
    This.Buttons(2).Enabled=.T.
    This.Buttons(3).Enabled=.F.
    This.Buttons(4).Enabled=.F.
  ENDIF
    This.Buttons(1).Enabled=.T.
    This.Buttons(2).Enabled=.T.
CASE n=4
    GO BOTTOM
    This.Buttons(1).Enabled=.T.
    This.Buttons(2).Enabled=.T.
    This.Buttons(3).Enabled=.F.
    This.Buttons(4).Enabled=.F.
ENDCASE
Thisform.Refresh
```

④保存表单为 test8_6，并运行表单，通过单击不同的按钮将浏览数据表中的记录，结果界

面如上图 8.11 所示。

【例 8.7】在上例的基础之上为表单添加另外一个命令按钮组,完成记录信息的添加、编辑、删除处理,并能对结果进行保存或取消处理。

【分析】表单界面上既包括浏览,又包括编辑,而两种状态下,文本框、编辑框等要在“可用”和“不可用”两种状态下切换,为了方便处理,需要设置一个方法来改变这种状态。

【操作过程】

①创建表单界面:执行“文件”→“打开”命令,打开 test8_6.scx 表单,在表单界面上再添加一个命令按钮组,其名称设为 Cmdgroup2,用于编辑数据表中的记录信息。用上例同样的方法,进到“按钮组生成器”对话框中,设置其按钮个数为 4,按钮“布局”为“水平排列”,各按钮的标题分别为“添加”、“修改”、“删除”、“退出”,结果如图 8.15 所示。当单击“添加”按钮,其上的标题将在“添加”和“保存”之间切换,单击“修改”按钮,其上的标题将在“修改”和“取消”之间切换。

②创建新方法:在表单上创建一个自定义的方法 disi(),方便操作文本框、复选框、编辑框的 Enabled 属性值,自定义方法创建的步骤如下:

执行“表单”→“新建方法程序”,打开“新建方法程序”对话框中,如下图 8.16 所示。

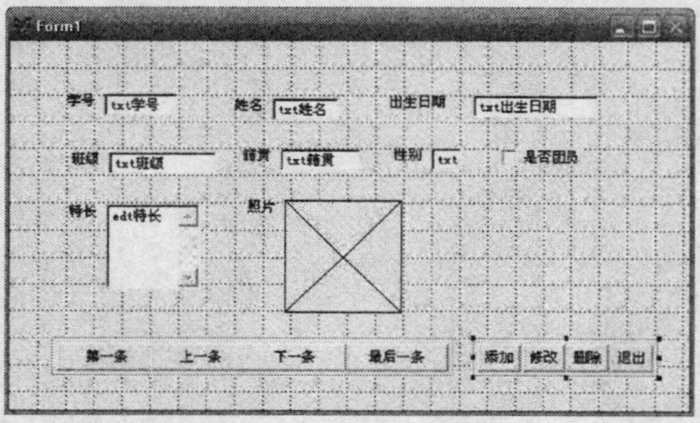

图 8.15 浏览编辑界面

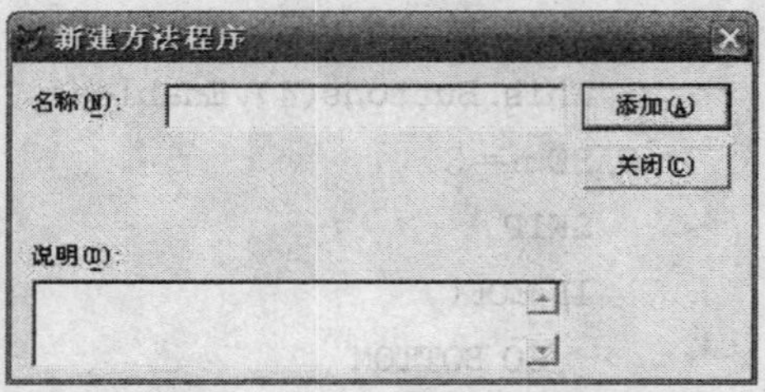

图 8.16 新建方法程序对话框

在该对话框的“名称”框中输入新方法的名称 disi,单击“添加”按钮就可以完成添加,再单击“关闭”按钮,关闭该对话框,新建的方法将会出现在“属性”窗口中。

③编写代码:编写自定义方法 disi()的代码:进到“代码编辑器”窗口,选中“表单”对象,从“过程”列表框中选择“disi”方法,编写其代码

```
LPARAMETERS L
This.SetAll("Enabled",IIF(L,.T.,.F.),"TextBox")
This.SetAll("Enabled",IIF(L,.T.,.F.),"EditBox")
This.SetAll("Enabled",IIF(L,.T.,.F.),"CheckBox")
This.Cmdgroup1.Enabled=IIF(L,.F.,.T.)
```

编写 Cmdgroup2 命令按钮组的 Click 的事件代码

```
n= This.Value
DO CASE
CASE n=1
```

```
  IF This.Command1.Caption="添加"
    This.Command1.Caption="保存"
    This.Command2.Caption="取消"
    Thisform.disi(.T.)
    This.Tag=STR(RECNO())
      APPEND BLANK
  ELSE
    This.Command1.Caption="添加"
    This.Command2.Caption="修改"
    Thisform.disi(.F.)
  ENDIF
CASE n=2
  IF This.Command2.Caption="修改"
    This.Command2.Caption="取消"
    This.Command1.Caption="保存"
    Thisform.disi(.T.)
    This.Tag=STR(RECNO())
  ELSE
    This.Command2.Caption="修改"
    This.Command1.Caption="添加"
    TABLEREVERT()
    Thisform.disi(.F.)
  ENDIF
    GO VAL(This.Tag)
CASE n=3
  a=MESSAGEBOX("是否确定删除当前记录?",32+4+256,"删除记录")
  IF a=6
    DELETE
    PACK
  ENDIF
CASE n=4
  Thisform.Release
ENDCASE
Thisform.Refresh
```

④保存表单为test8_7,并运行表单,观察最终执行结果。

思考:在上述两个例子中,性别字段只有两个值,如果采用单选按钮是否可以完成?如果可以则如何修改界面?

三、实验练习

1. 利用计时器、命令按钮和标签控件设计一个电子滚动表单，当单击"开始"按钮时，标签控件可以自右向左移动；当到达表单左边界时，将返回表单右边界继续移动。运行界面如图 8.17和 8.18 所示。

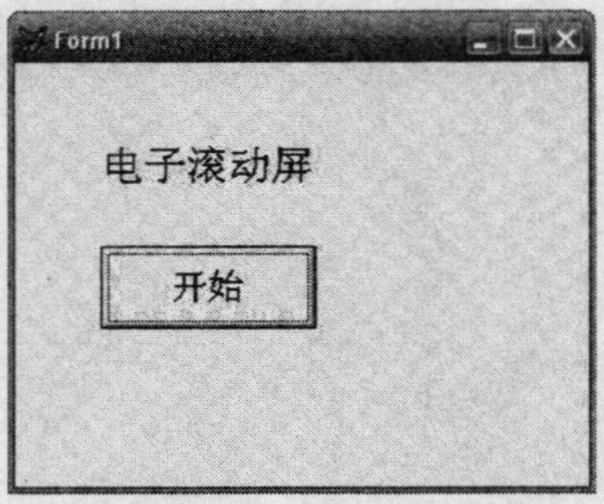

图 8.17 移动前的界面

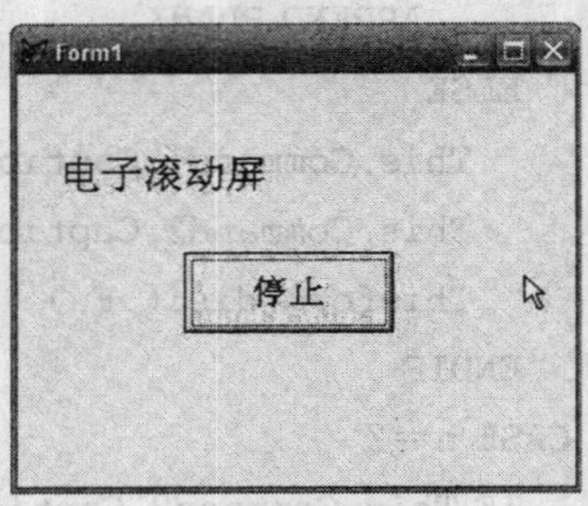

图 8.18 移动后的界面

提示：要完成表单界面的设计，主要是设置命令按钮的 Click 事件和计时器控件的 Timer 事件；Timer 事件中设置标签移动的代码，主要是改变标签控件的 Left 属性值。

2. 设计一个如图 8.19 所示的表单界面，通过单击不同的选项按钮和复选框可以完成文本框信息的格式处理。

3. 设计一个如图 8.20 所示的表单界面，完成鸡兔同笼的计算，即在同一个笼子中包含若干只脚和若干个头的鸡和兔，计算该笼中鸡兔各自的数目。表单界面上"共有头"、"共有脚"两个文本框的内容在运行时输入，通过单击"计算"按钮计算出鸡和兔各自的个数。单击"关闭"按钮将退出表单界面。

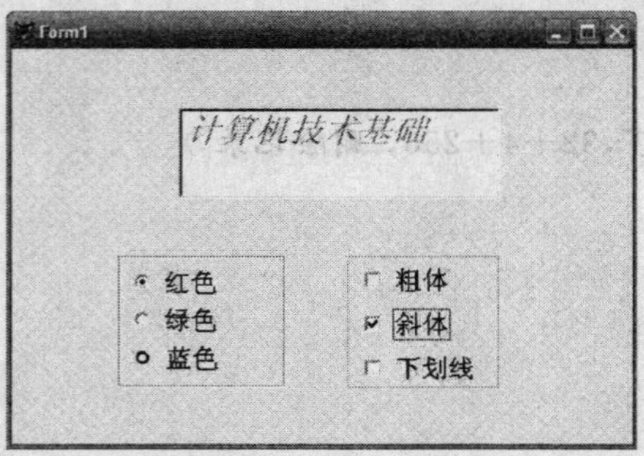

图 8.19 单选钮和复选框的应用

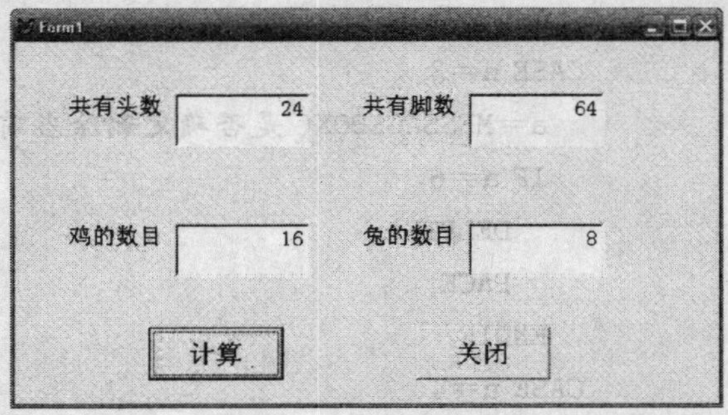

图 8.20 鸡兔数目计算

实验 8.3 复杂控件的设计应用

一、实验目的

(1) 掌握列表框、组合框的设计和应用。

(2) 掌握表格控件的设计和应用。

(3) 掌握页框控件的设计和应用。

二、实验内容

【例 8.8】创建如图 8.21、8.22 的表单界面，统计 2000～2100 年之间的所有闰年，将统计出的结果显示在列表框中。

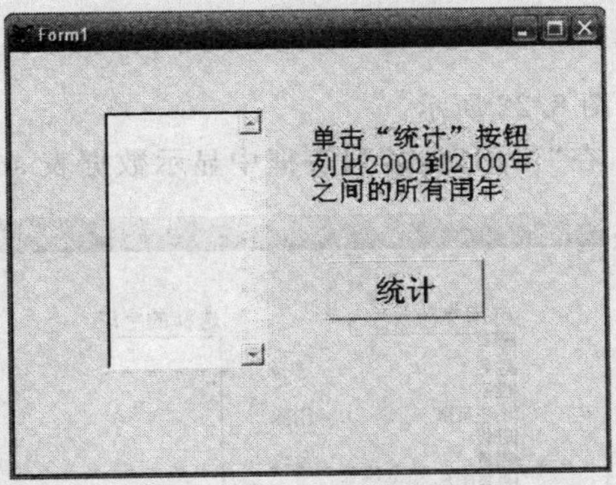

图 8.21　统计前的界面

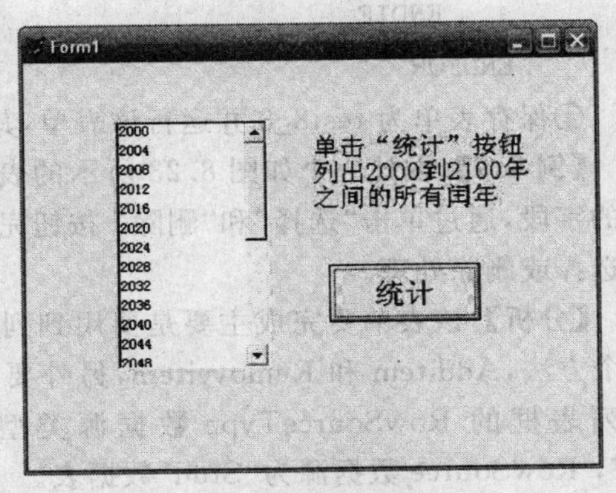

图 8.22　统计后的界面

【分析】该界面要完成，主要是设置两部分的操作，一是设计“统计”按钮的事件代码，找出所有的闰年；二是调用列表框控件的 additem 方法，通过该方法往列表框中添加找到的年份。

【操作过程】

①创建表单界面，添加所需控件：进到表单设计器中，在界面上添加一个列表框控件(List1)、一个标签控件(Label1)和一个命令按钮(Command1)，如图 8.21 所示。

②设置各控件的属性

表 8.4　各控件的属性值

对象	属性	属性值	说明
Label1	Caption	单击“统计”按钮列出 2000 到 2100 年之间的所有闰年	
	Fontsize	12	标签文本的字号为 12 号字
	Wordwrap	.T.	允许标签中的文本换行
Command1	Caption	统计	
	Fontsize	12	命令按钮的文本字号为 12 号字

③编写事件代码：双击表单界面进到“代码设计”窗口中，选择 Command1 按钮的 Click 事件，编写如下代码

```
Thisform.List1.Clear
FOR n=2000 TO 2100
    IF (n%4=0 AND n%100<>0) OR n%400=0
        y=1
```

```
        ELSE
          y=0
        ENDIF
        IF y=1
          Thisform.List1.Additem(ALLTRIM(STR(n)))
        ENDIF
      ENDFOR
```

④保存表单为 test8_8 并运行该表单，其结果如图 8.22 所示。

【例 8.9】设计一个如图 8.23 所示的表单界面，在“可用字段”列表框中显示数据表 stud 中的字段，通过单击“选择”和“删除” 按钮完成字段的选择或删除处理。

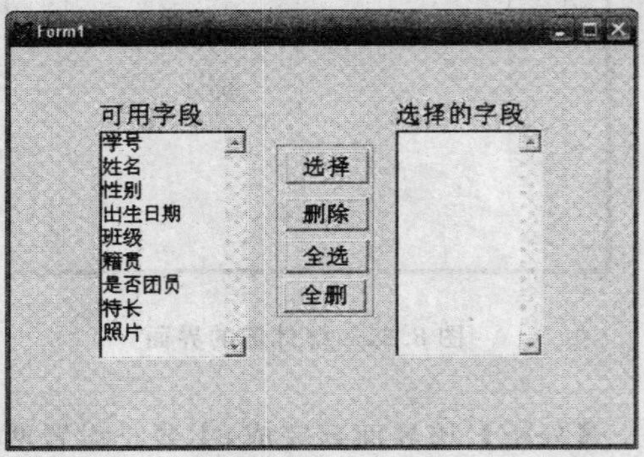

图 8.23 字段选取的界面

【分析】该表单要完成主要是要用到列表框的两个方法，Additem 和 Removeitem，另外要注意设置列表框的 RowSourceType 数据源类型为“结构”，RowSource 数据源为“Stud”数据表。

【操作过程】

①创建表单界面，添加所需控件：进到“表单设计器”中，添加两个列表框，名称为 List1、List2，两个标签名称为 Label1、Label2，再添加一个命令按钮组 Cmdgroup1。其布局如上图 8.23 所示。

②设置控件的属性

表 8.5 各控件的属性值

对象	属性	属性值	说明
Label1	Caption	可用字段	
	Fontsize	12	标签文本的字号为 12 号字
Label2	Caption	选择的字段	
	Fontsize	12	
Cmdgroup1	Fontsize	12	命令按钮的文本字号为 12 号字
	ButtonCount	4	命令按钮组的个数为 4
	4 个按钮的 Caption	选择、删除、全选、全删	
List1	RowSourceType	结构	设置列表框中显示的数据源类型为表的结构
	RowSource	stud	在列表框中显示 stud 数据表的结构

③编写代码：命令按钮组 Cmdgroup1 的 Click 事件代码如下

```
    n=this.value
    DO CASE
      CASE n=1
```

```
            Thisform.List2.Additem(Thisform.List1.Value)
          Thisform.List1.Removeitem(Thisform.List1.Listindex)
      CASE n=2
          Thisform.List1.Additem(Thisform.List2.Value)
          Thisform.List2.Removeitem(Thisform.List2.Listindex)
      CASE n=3
        DO WHILE Thisform.List1.Listcount>0
          Thisform.List2.Additem(Thisform.List1.List(1))
          Thisform.List1.Removeitem(1)
      ENDDO
  CASE n=4
      DO WHILE Thisform.List2.Listcount>0
          Thisform.List1.Additem(Thisform.List2.List(1))
          Thisform.List2.Removeitem(1)
      ENDDO
  ENDCASE
  IF Thisform.List1.Listcount=0
    This.Command1.Enabled=.F.
    This.Command3.Enabled=.F.
  ELSE
    This.Command1.Enabled=.T.
    This.Command3.Enabled=.T.
  ENDIF
  IF thisform.list2.listcount=0
    This.Command2.Enabled=.F.
    This.Command4.Enabled=.F.
  ELSE
    This.Command2.Enabled=.T.
    This.Command4.Enabled=.T.
  ENDIF
```

④保存表单为 test8_9.scx 并运行表单，得到图 8.23 的样式。

思考：如果要在列表框中进行多项选择，则程序该如何改动？（注意列表框的 Multiselect 属性）

【例 8.10】 查询 stud 数据表中某班级的学生记录信息，班级的选择通过组合框完成，将查询到的结果显示在表格中。表单界面如图 8.24 所示。

【分析】 该表单要完成的主要问题是设置组合框的数据源类型和数据源；另外，要将查询的结果显示在表格中，也需要设置表格的数据源类型和数据源。

【操作过程】

①创建表单界面

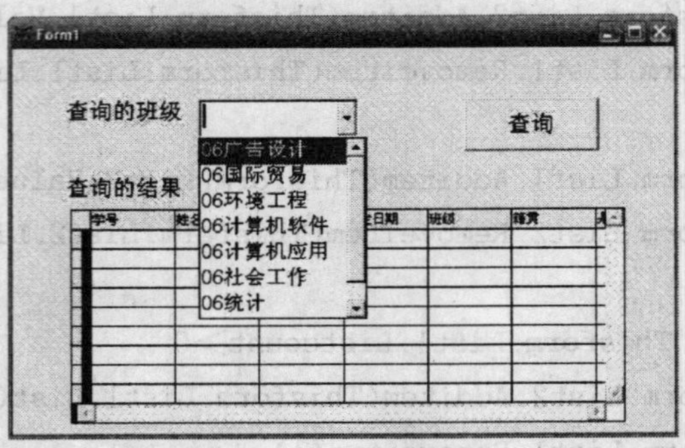

图 8.24 查询界面

• 添加数据环境：进到“表单设计器”中，在表单上单击右键，从弹出的快捷菜单中选择“数据环境”，进到“数据环境设计器”，在其中添加所需的数据表 stud.dbf。

• 添加控件：在表单界面上添加一个组合框控件，名称为 Combo1，命令按钮控件 Command1，两个标签控件 Label1、Label2。

在表单上再添加一个表格控件，表格控件的添加方法为：进到“数据环境设计器”中，将鼠标指针指向数据环境中数据表 stud 的标题栏，按住鼠标左键拖动到表单界面上，将自动产生一个与数据表有关联的表格控件，其名称为 grdstud。

所有控件的布局如图 8.24 所示。

②设置控件的属性

表 8.6 各控件的属性值

对象	属性	属性值	说明
Label1	Caption	查询的班级	
	Fontsize	12	标签文本的字号为 12 号字
Label2	Caption	查询的结果	
	Fontsize	12	
Command1	Fontsize	12	命令按钮的文本字号为 12 号字
	Caption	查询	
Combo1	RowSourceType	数组	设置组合框中显示的数据源类型为数组
	RowSource	aa	aa 为一个全局变量数组，存放数据表中的班级
Grdstud	RecordSourceType	4－SQL 说明	设置表格中显示的数据来源是 SQL 查询的结果

③编写事件代码

• 表单的 Init 事件代码

```
PUBLIC aa(30)            && 定义 aa 为一个全局数组，可以将值传送到组合框中
SELECT DISTINCT 班级 FROM stud INTO ARRAY aa
```

• 命令按钮 Command1 的 Click 事件代码

```
a＝ALLTRIM(Thisform.Combo1.Value)
Thisform.Grdstud.Recordsource＝"SELECT * FROM stud WHERE 班级＝'&a'"
```

④保存表单为 test8_10 并运行表单，其运行的结果如图 8.25 所示。

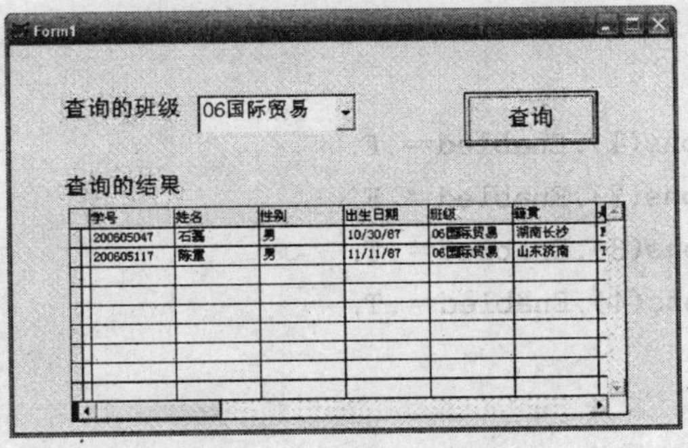

图 8.25　查询的结果界面

【例 8.11】设计一个表单界面，可以浏览 stud 和 sc 两个表中的学生信息及其选修的各科成绩。

【分析】要求浏览的信息与两个表相关，所以要考虑到数据库的管理，即在数据库环境中创建 stud 和 sc 数据表的关联。另外，两个表是一对多的关联关系，所以在进行信息显示时，用文本框显示主表的信息，用表格显示子表的信息。

【操作过程】

①创建表单界面

• 设置两个数据表的关联关系：打开数据库文件“student”，进到“数据库设计器”中，设置两个数据表的关联关系。

• 添加控件：进到“表单设计器”中，在“数据环境设计器”中添加数据表 stud 和 sc，同时，两个数据表之间的关联关系也添加到了数据环境中，结果如图 8.26所示。

通过拖动方法将 stud 数据表中的学号、姓名、性别、班级字段拖放到表单界面上，将 sc 数据表拖放到表单界面上；再添加一个命令按钮组 Cmdgroup1，用于浏览记录。调整其布局如图 8.27 所示。

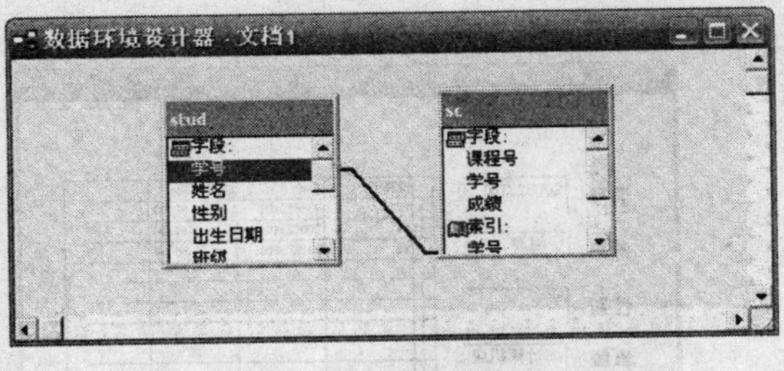

图 8.26　数据环境设计器界面

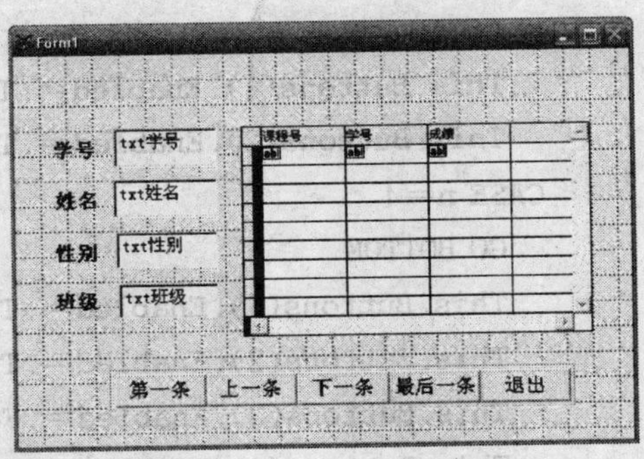

图 8.27　多表浏览界面的布局

②编写事件代码：命令按钮的 Click 事件代码

```
n=This.Value
DO CASE
  CASE n=1
    GO TOP
    This.Buttons(1).Enabled=.F.
    This.Buttons(2).Enabled=.F.
    This.Buttons(3).Enabled=.T.
    This.Buttons(4).Enabled=.T.
  CASE n=2
    SKIP-1
    IF BOF()
    GO TOP
    This.Buttons(1).Enabled=.F.
    This.Buttons(2).Enabled=.F.
    This.Buttons(3).Enabled=.T.
    This.Buttons(4).Enabled=.T.
  ENDIF
  This.Buttons(3).Enabled=.T.
  This.Buttons(4).Enabled=.T.
CASE n=3
  SKIP
  IF EOF()
    GO BOTTOM
    This.Buttons(1).Enabled=.T.
    This.Buttons(2).Enabled=.T.
    This.Buttons(3).Enabled=.F.
    This.Buttons(4).Enabled=.F.
  ENDIF
  This.Buttons(1).Enabled=.T.
  This.Buttons(2).Enabled=.T.
CASE n=4
  GO BOTTOM
  This.Buttons(1).Enabled=.T.
  This.Buttons(2).Enabled=.T.
  This.Buttons(3).Enabled=.F.
  This.Buttons(4).Enabled=.F.
ENDCASE
Thisform.Refresh
```

③保存表单为 test8_11，并运行表单，其运行的结果如图 8.28 所示。

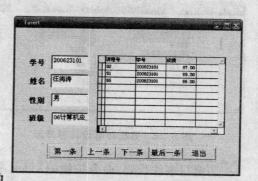

图 8.28　多表浏览界面的结果

思考:如果在数据环境中添加数据表 stud 和 sc 时,先添加 sc 后添加 stud,则其运行的结果如何?

【例 8.12】 设计一个包含页框控件的表单界面,页框控件上包含两页信息,每一页上显示 student 数据库中的 stud 和 sc 数据表的信息。同时,通过改变 stud 数据表的记录指针可以翻查相关联的子表 sc 的记录信息。

【分析】该题设计的关键是要事先设置好数据库中两个数据表 stud 和 sc 之间的关联关系。

【操作过程】

①设计表单界面:先在数据环境中添加数据表,一定要注意添加的顺序,先添加主表,再添加子表。在表单界面上再添加一个页框控件(Pageframe1)。

②设置控件属性

· 设置页框控件的属性:在表单界面上选中页框控件,单击鼠标右键,从快捷菜单中选择"编辑",进到页框控件的编辑状态,设置页的属性,内容如表 8.7 所示。

表 8.7　各控件的属性值

对象	属性	属性值	说明
Pageframe1	pagecount	2	页框控件的页面数
	Page1. caption	学生信息	页面 1 的标题
	Page1. Fontsize	12	页的标题文本字号为 12 号字
	Page2. caption	选课信息	页面 2 的标题
	Page2. Fontsize	12	

· 将数据表的内容拖放到页框控件中。

在表单界面上选中页框控件,单击鼠标右键,在快捷菜单中选择"编辑"进到页框控件的编辑状态,选中"学生信息"页;打开"数据环境设计器",从数据环境设计器中将 stud 整个表拖放到"学生信息"页中;同样,将 sc 整个表拖放到"选课信息"页中。各控件的属性通过拖动完成设置。

③保存表单为 test8_12. scx 并运行表单,最后界面结果样式如图 8.29 和 8.30 所示。

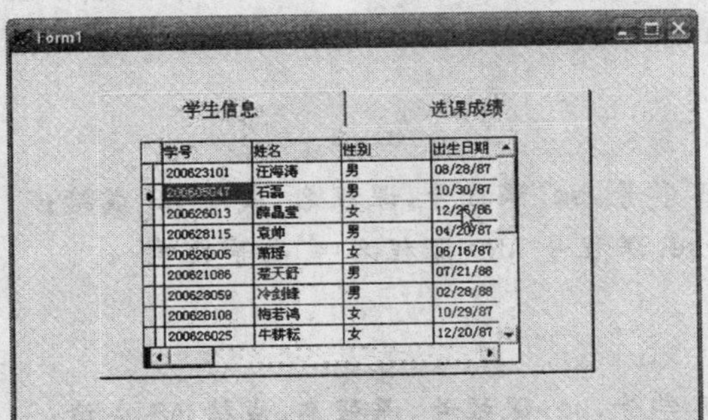

图 8.29　页框界面 1

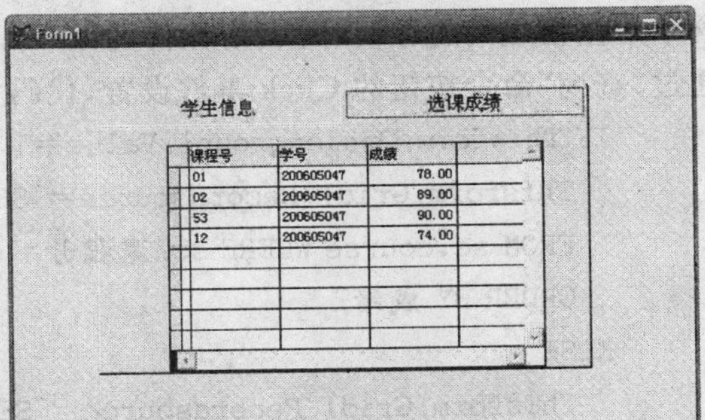

图 8.30　页框界面 2

三、实验练习

1. 创建一个表单界面，在表单界面上包含一个列表框，显示学生表 stud 中的学号和姓名两列信息；一个命令按钮，通过命令按钮的单击操作，可以以列表框中选择的学号作为查询的条件，查询该学生选修的课程成绩，结果显示在表格控件中；单击"关闭"按钮将关闭表单的运行。界面如图 8.31 所示。

提示：列表框中要显示两列字段，要将列表框的 ColumnCount 属性设为 2，同时，设置 ColumnWidths 为 100（即列宽）。查询结果要在表格中显示，首先得设置表格的 RecordSourceType 为 4－SQL 说明，RecordSource 值通过命令按钮的 Click 事件设置，代码为

```
a＝Thisform.List1.Value
Thisform.Grid1.Recordsource＝"SELECT * FROM sc WHERE 学号＝'&a'"
```

2. 设计一个表单，表单的标题为"学生学习情况统计"。表单中有一个选项按钮组控件(Opiongroup1)和两个命令按钮"查询"(Command1)和"退出"(Command2)。其中，选项组控件有两个按钮"升序"和"降序"。要求运行表单时，首先在选项组控件中选择"升序"或"降序"，单击"查询"命令按钮后将查询选修了"高等数学"课程的学生成绩，查询的结果按成绩"升序"或"降序"显示在表格(Grid1)中，单击"退出"按钮关闭表单。界面如图 8.32 所示。

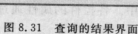

图 8.31 查询的结果界面

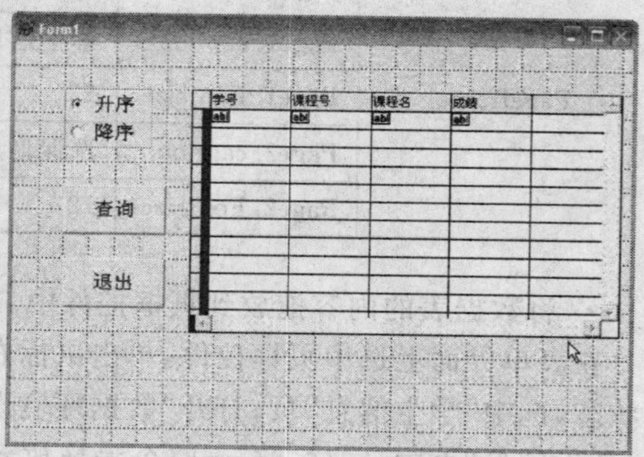

图 8.32 查询的界面

提示：在数据环境中添加 sc 和 cource 两个相关联的数据表；在选项按钮组的生成器中设置单选按钮组的属性；设置表格控件的 RecordSourceType 为 4－SQL 说明，RecordSource 值通过"查询"命令按钮的 Click 事件设置，代码为

```
IF Thisform.Optiongroup1.Value＝1
  Thisform.Grid1.Recordsource＝"SELECT 学号,sc.课程号,课程名,成绩 AS 成绩;
  FROM sc,course WHERE sc.课程号＝course.课程号 AND 课程名＝'高等数学' ;
  ORDER BY 成绩"
ELSE
  Thisform.Grid1.Recordsource＝"SELECT 学号,sc.课程号,课程名,成绩 AS 成绩;
  FROM sc,course WHERE sc.课程号＝course.课程号 AND 课程名＝'高等数学' ;
  ORDER BY 成绩 DESC"
ENDIF
```

3. 创建一个表单界面，表单上添加一页框控件，页框中包含两个选项卡，分别显示 sc 和 course 表的信息，表中信息以表格方式显示在页框中，两表之间的信息是关联的。

提示：参照实验内容的例 8.12。

第9章 报表

知识要点

1. 报表的有关概念

报表是最常用的打印文档，它为总结并输出数据库中的数据提供了灵活的途径。设计报表是开发数据库应用程序的一个重要内容。

报表文件扩展名为.frx。

2. 报表的两个基本组成部分

报表由数据源和布局两个基本部分组成。

数据源可以是数据库表、自由表、视图、查询形成的临时表。报表中的数据既可以是数据源中的全部记录，也可以是部分记录；既可以是数据源的全部字段，也可以是部分字段。还可以在报表中用表达式生成数据源中没有的数据。

报表布局定义了报表的打印格式。

3. 创建和使用报表的一般步骤

①确定要创建的报表类型。

②设计报表所需的数据源。

③设计和修改报表文件，设置报表的布局。

④预览和打印报表。

4. 创建报表的方法

可以使用报表向导、快速报表和报表设计器创建报表。

①报表设计向导提供一系列的操作步骤，提示用户按步骤创建报表，设置报表中用到的表和字段，它能根据用户的要求，自动为用户创建多种样式的报表。

Visual FoxPro 提供了两种类型的报表向导：报表向导和一对多报表向导。

②使用快速报表可以快速创建简单规范的报表，但只能在单一的表或视图基础上创建报表，而且无法建立复杂的布局，对通用型字段的数据也无法显示。

③报表设计器具有灵活和强大的设计功能。使用它不但可以从空白报表开始设计出图文并茂、美观大方的报表，还可以在用报表向导和快速报表设计的报表基础上，修改和完善报表的设计。

5. 报表包含的带区

报表包含 9 个带区：标题带区、页标头带区、细节带区、页注脚带区、总结带区、组标头带区、组注脚带区、列标头带区、列注脚带区。

基本带区包括：页标头带区、细节带区、页注脚带区。

在用报表设计器设计报表时，要分清各个带区的功能。

6. 报表的数据环境

可以通过报表的数据环境设计器设置报表的数据源。报表中的数据环境有以下功能：

①在设计或运行报表时，打开报表使用的表或视图文件；

②用相关的表或视图中的内容来填充报表需要的数据；

③在关闭或释放报表时，关闭表文件。

报表的数据环境设计器的使用方法与表单的数据环境设计器的使用方法基本相同。

7. 报表控件

在设计报表时，可以加入 6 种控件，它们是标签控件、域控件、线条控件、矩形控件、圆角控件和图片/ActiveX 绑定控件。

标签控件用来输出固定的信息，可以修改其字体、字号、文本的前景和背景颜色等。

域控件用来输出表中的字段、变量和表达式计算结果，它的数据类型可以是字符型、数值型或日期型等。

在报表中加入的图片文件可以是. bmp 或. jpg 等格式的文件，只能静态显示，不会随记录的改变而改变。如果希望图片随记录的内容变化，应该在“图片/OLE 绑定型”控件中使用通用字段。

8. 分组报表

分组报表包括单级分组报表、多级分组报表和分栏报表。设计分组报表，必须先对数据源设置适当的索引或排序。

9. 有关报表的命令

创建报表的命令：CREATE REPORT [〈报表文件名〉]。

修改报表的命令：MODIFY REPORT〈报表文件名〉。

打印预览报表的命令：REPORT FORM〈报表文件名〉[PREVIEW]。

实验 9.1 使用报表向导创建简单报表

一、实验目的

(1) 掌握使用报表向导创建报表的一般方法。

(2) 掌握使用报表向导创建一对多报表的方法。

二、实验内容

进行本实验前，将 student. dbc 数据库文件所在的 c:\ss 文件夹设置为默认目录。

【例 9.1】 使用报表向导制作一个名为 myrepo1 的报表，存放在 c:\ss 下。设计要求，报表中包含 course 表中的所有字段；报表样式为“经营式”；报表布局：列数为“1”，字段布局为“列”，方向为“纵向”；按“课程号”字段升序排列记录；报表标题为“课程信息”。

【操作过程】

①执行“文件”→“新建”菜单命令，在打开的“新建”对话框中选择“报表”选项，单击对话框中的“向导”按钮。打开“向导选取”对话框，如图 9.1 所示。

②选取字段：在图 9.1 所示对话框中选择“报表向导”项后单击“确定”按钮，进入报表向导步骤 1。

单击“数据库和表”右方的 按钮，在打开的对话框中选择 stubent.dbc 数据库文件。在“数据库和表”列表框中选择 course 表。单击 按钮，将“可用字段”列表框中所有字段添加到“选定字段”列表框中，如图 9.2 所示。

③设置记录分组：单击图 9.2 中的“下一步”按钮，进入报表向导步骤 2。分组记录选择“无”，如图 9.3 所示。

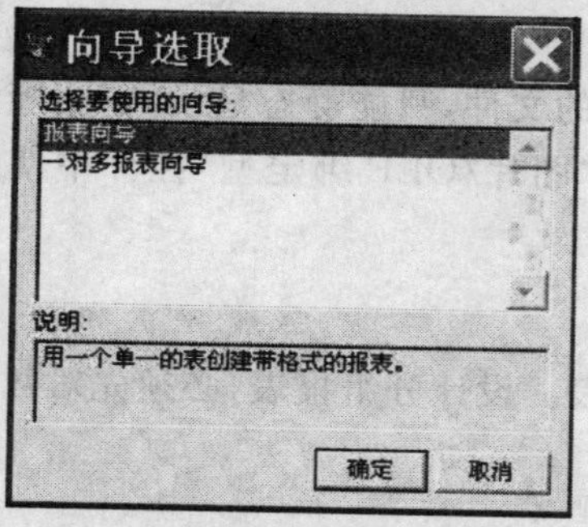

图 9.1 向导选取

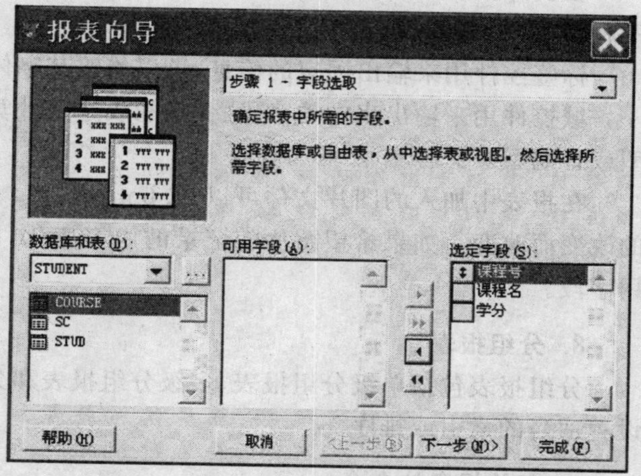

图 9.2 字段选取

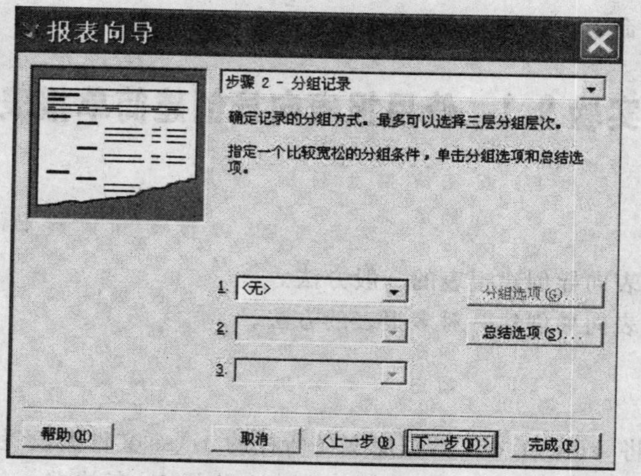

图 9.3 设置记录分组

④选择报表样式：单击图 9.3 中的“下一步”按钮，进入报表向导步骤 3。选择报表样式为“经营式”，如图 9.4 所示。

⑤设置报表布局：单击图 9.4 中的“下一步”按钮，进入报表向导步骤 4。在“列数”框选择“1”；在“字段布局”栏选择“列”单选按钮；“方向”栏选择“纵向”单选按钮，如图 9.5 所示。

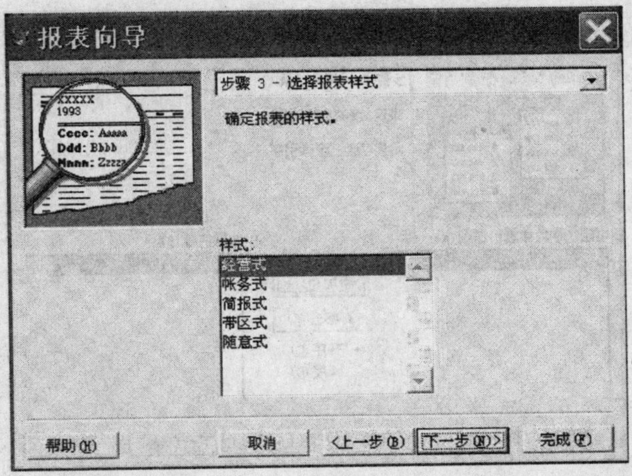

图 9.4 选择报表样式

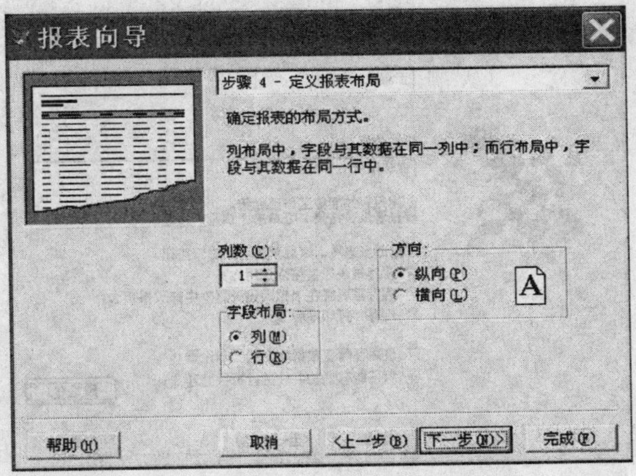

图 9.5 设置报表布局

⑥对记录排序：单击图 9.5 中的"下一步"按钮，进入报表向导步骤 5。在"可用的字段或索引标识"列表中，选择"课程号"，单击"添加"按钮，将选中的排序字段加入到"选定字段"列表中。选中"升序"单选按钮，按升序排列记录，如图 9.6 所示。

⑦完成设计：单击图 9.6 中的"下一步"按钮，进入报表向导步骤 6。在"报表标题"文本框中设置报表标题为"课程信息"，如图 9.7 所示。单击"预览"按钮，可查看设计效果。

⑧单击"完成"按钮，以 myrepo1.frx 为名保存报表文件。

在通常情况下，直接使用向导所设计的报表往往不能满足要求，一般还需要使用报表设计器进一步进行修改。

【例 9.2】 使用报表向导制作一个名为 myrepo2 的报表，存放在c:\ss文件夹中。要求：报表中包含 sc 表中的所有字段；分组字段为"学号"，对"成绩"字段求平均值；报表样式为"经营式"；报表布局方向为"纵向"；以"课程号"字段的值升序排列记录；报表标题为"学生成绩一览表"。

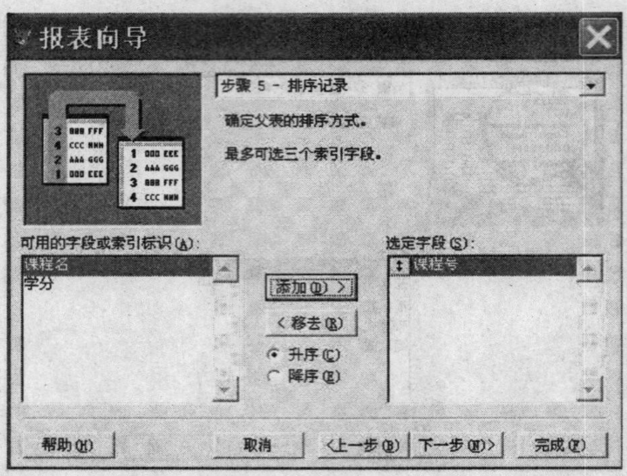

图 9.6 对记录排序

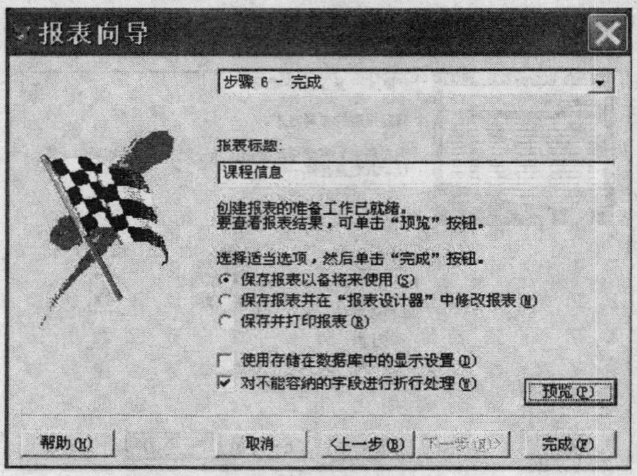

图 9.7 完成

【操作过程】

①按例 9.1 的叙述，新建一个报表，进入报表向导步骤 1 对话框，选取字段。在“数据库和表”列表中选择 sc 表，将“可用字段”列表框中的所有字段添加到“选定字段”列表框中。

②对记录分组和计算成绩的平均值：选择“学号”字段的值对记录分组，如图 9.8 所示；单击“总结选项”按钮，在“总结选项”对话框内选中“成绩”求平均值，如图 9.9 所示。

③按例 9.1 叙述的相关操作，依次进入向导的各个对话框，将报表样式设置为“经营式”，将报表布局设置为“纵向”，按“课程号”对记录排序，将报表标题设置为“学生成绩一览表”。

④进入向导步骤 6 对话框后单击“完成”按钮，以 myrepo2. frx 为名保存报表文件。

⑤预览报表，观察效果。

【例 9.3】 使用一对多报表向导，以 student 数据库中的表建立 myrepo3 报表，存放在 c:\ss下。要求：父表为 stud 表，子表为 sc 表；报表中包含父表的“学号”、“姓名”和“班级”字段，包含子表的“课程号”和“成绩”字段；两个表通过“学号”字段建立联接关系；按“学号”字段

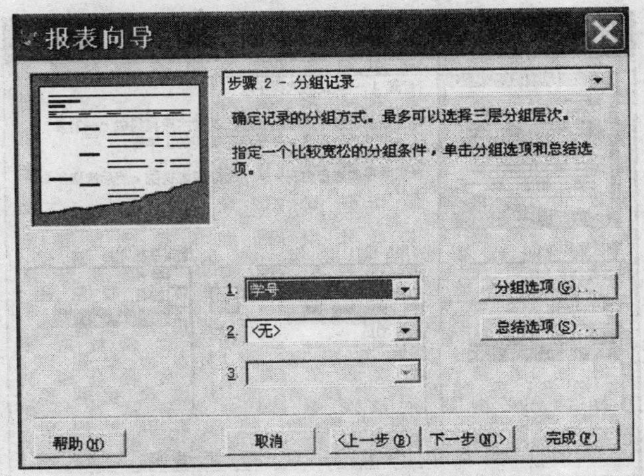

图 9.8 设置记录分组

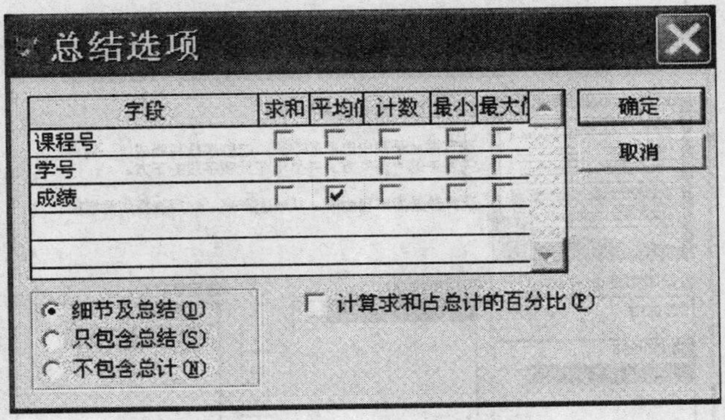

图 9.9 设置总结选项

的值按升序排列记录；报表设置为“帐务”式，方向设置为“横向”；报表标题设置为“学生成绩一览表”。

【操作过程】

①新建一个报表，打开图 9.1 所示的“向导选取”对话框，在对话框中选择“一对多报表向导”后单击“确定”按钮，进入报表向导步骤 1 对话框。

②从父表选取字段：在报表向导步骤 1 对话框中单击 按钮，选取 stubent. dbc 数据库文件。在“数据库和表”列表框中选择 stud 表作为父表。在“可用字段”列表框内选中“学号”、“姓名”和“班级”字段，将它们添加到“选定字段”列表框中，如图 9.10 所示。

③从子表选取字段：进入报表向导步骤 2 对话框，在“数据库和表”列表框中选择 sc 表作为子表，在“可用字段”列表框内选中“课程号”和“成绩”字段，将它们添加到“选定字段”列表框中，如图 9.11 所示。

④设置联系字段：进入报表向导步骤 3 对话框，以默认的“学号”字段建立两个表之间的联接关系。

⑤设置排序字段：进入报表向导步骤 4 对话框，选择“可用的字段或索引标识”列表框中的

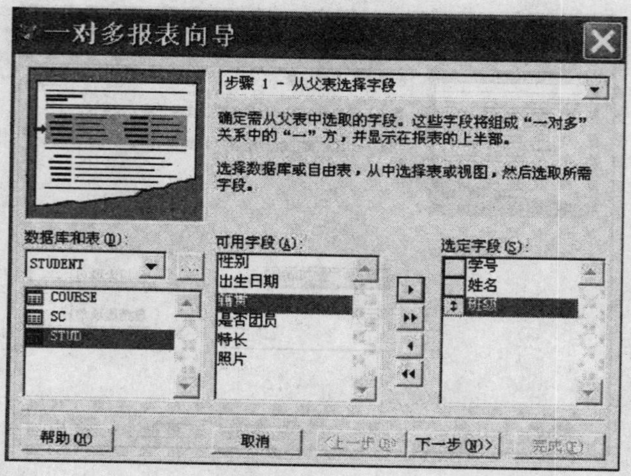

图 9.10 从父表选取字段

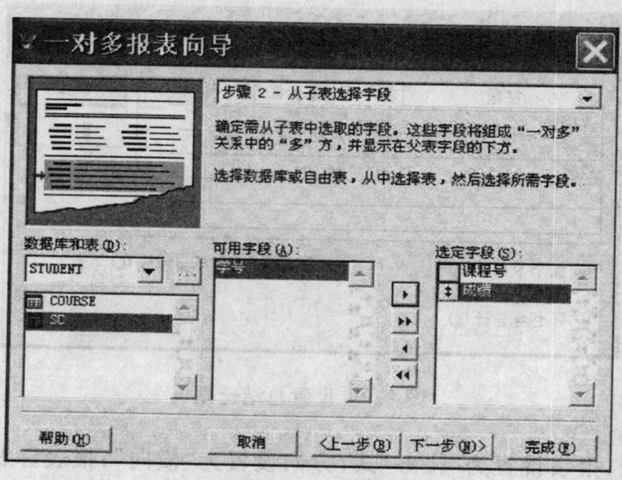

图 9.11 从子表选取字段

“学号”字段。

⑥设置报表样式：进入报表向导步骤 5 对话框，在“样式”列表框中选择“帐务式”；在“方向”栏中选择“横向”，如图 9.12 所示。

⑦进入报表向导步骤 6 对话框，将报表标题设置为“学生成绩一览表”。

⑧以 myrepo3. frx 为名，保存报表文件。

三、实验练习

1. 用报表向导创建学生报表，输出 stud 表中的信息。

2. 利用报表向导创建一对多报表，要求如下。

①用 course 表作为父表，用 sc 表作为子表。

②报表中包含父表的“课程号”和“课程名”字段，包含子表的“学号”和“成绩”字段。两个

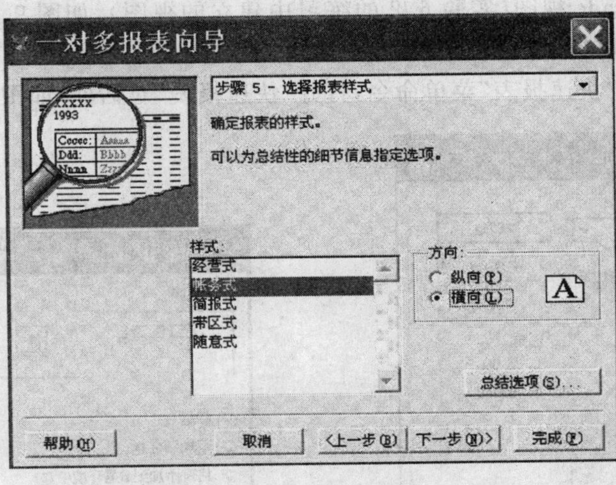

图 9.12　设置报表样式

表之间通过"课程号"建立联接关系。

③以"课程号"字段的值升序排列记录。对每门课的成绩求平均分。

④报表样式设置为"经营"式,方向设置为"纵向",报表标题设置为"课程成绩明细表"。

⑤以 studgrad.frx 为名,保存报表文件。

实验 9.2　使用报表设计器设计报表

一、实验目的

(1) 掌握用快速报表创建简单报表的方法。

(2) 掌握利用报表设计器创建报表及对带区内容进行编辑的方法。

(3) 掌握分组报表的创建方法。

(4) 掌握分栏报表的创建方法。

二、实验内容

进行实验前,将 student.dbc 数据库文件所在文件夹设置为默认目录,然后打开 student.dbc 数据库的数据库设计器。

【例 9.4】 利用快速报表创建基于视图的报表,报表文件名为 myrepo4。

【操作过程】

①新建一个报表,打开报表设计器。

②设计数据环境

· 在报表设计器空白处单击鼠标右键,在弹出的快捷菜单中执行"数据环境"命令。打开数据环境设计器,在数据环境设计器上单击鼠标右键,在弹出菜单中执行"添加"命令,弹出"添加表或视图"对话框。

· 在"添加表或视图"对话框的"选择"栏中选中"视图"单选按钮,然后在"数据库中的视图”列表框中选择 sgrade 视图(实验 6.2 的练习中建立的视图),如图 9.13 所示,单击“添加”按钮,将它添加到报表的数据环境中。

③执行“报表”→“快速报表”菜单命令,打开“快速报表”对话框,如图 9.14 所示。

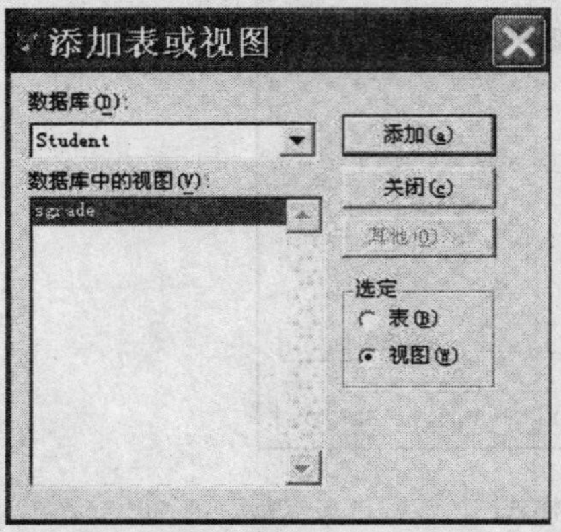

图 9.13 “添加表或视图”对话框

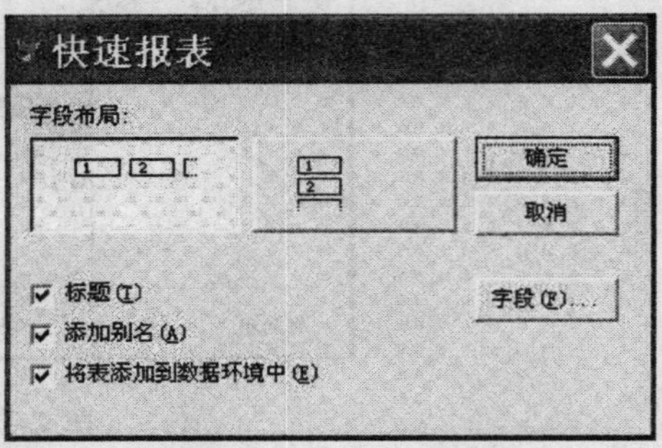

图 9.14 “快速报表”对话框

④设置报表布局:选择“字段布局”栏中左侧的按钮。

⑤设置报表中输出的字段:单击“字段”按钮,打开“字段选择器”对话框,在对话框中选择“姓名”、“课程名”和“成绩”字段,如图 9.15 所示。

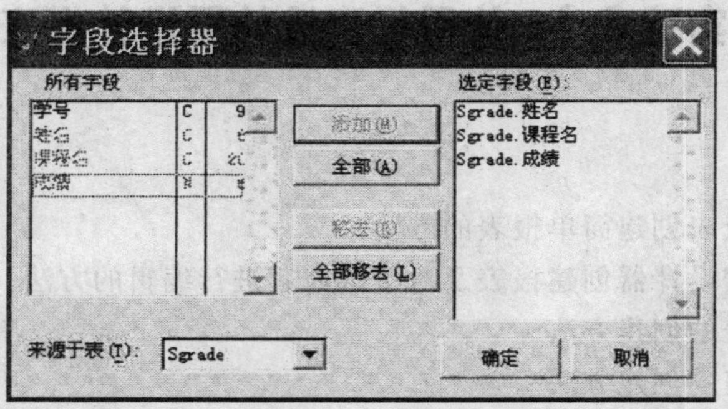

图 9.15 “字段选择器”对话框

⑥在图 9.15 所示对话框中单击“确定”按钮,返回“快速报表”对话框,单击“确定”按钮就完成了报表的设计。设计完成后的报表设计器如图 9.16 所示。

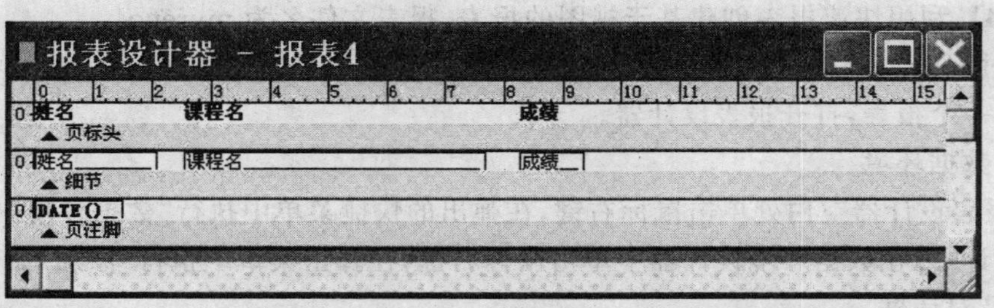

图 9.16 生成快速报表后的报表设计器

⑦以 myrepo4 为文件名，保存报表。

⑧单击工具栏上的预览按钮，观察报表输出效果。

【例 9.5】使用报表设计器设计一个按课程号分组的报表，报表的预览效果如图 9.17 所示。

【操作过程】

①新建报表，打开报表设计器。

②向报表中添加数据源，设置数据源的属性。

- 向数据环境中添加 student 数据库中的 sc 表、course 表和 stud 表，删除表之间的关系。
- 单击工具栏上的“保存”按钮，以 myrepo5 为文件名保存报表，保存报表后可以看到“数据环境设计器”窗口的标题栏上出现 myrepo5.frx，它是现在正在设计的报表的文件名。在设计报表时，最好在设计到一定阶段后马上保存报表，以免出现意外，丢失设计结果。
- 在数据环境设计器选中 sc 表，单击鼠标右键，执行快捷菜单中的“属性”命令，打开 sc 表对应的临时表的“属性”窗口，将该临时表的 Order 属性设置以“课程号”建立的索引，如图 9.18所示。这样设置后，报表输出记录时将按此索引对记录排序。

图 9.17　按课程号分组的报表

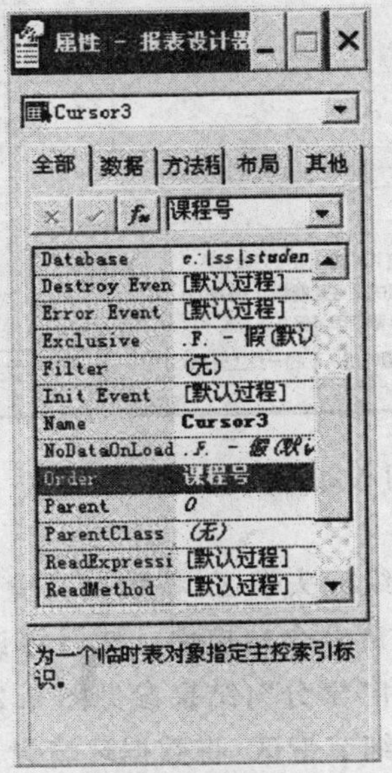

图 9.18　报表数据源的“属性”窗口

- 在数据环境设计器中将 sc 表的“学号”字段拖动到 stud 表的“学号”索引上，建立两个表的临时关系；再将 sc 表的“课程号”字段拖到 course 表的“课程号”索引上，建立两个表之间的临时关系，如图 9.19 所示。

③设置报表分组依据字段：执行主窗口菜单的“报表”→“数据分组”菜单命令，打开“数据分组”对话框，将分组表达式设置为“sc.课程号”，如图 9.20 所示。

④在报表的各个带区中设置内容

- 页标头带区：使用“报表控件”工具栏的“标签”按钮，在带区中设置标签控件，内容为“课程成绩明细表”，字体为方正舒体、二号、粗体。

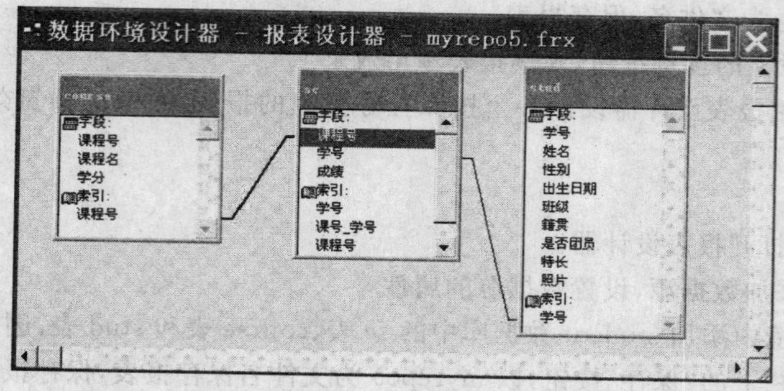

图 9.19　设置报表数据环境

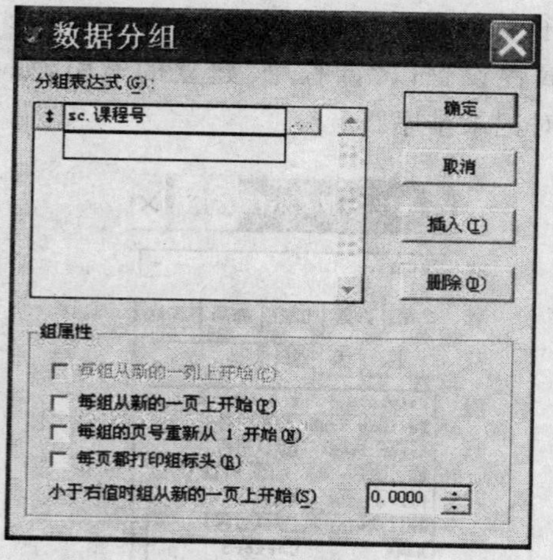

图 9.20　“数据分组”对话框

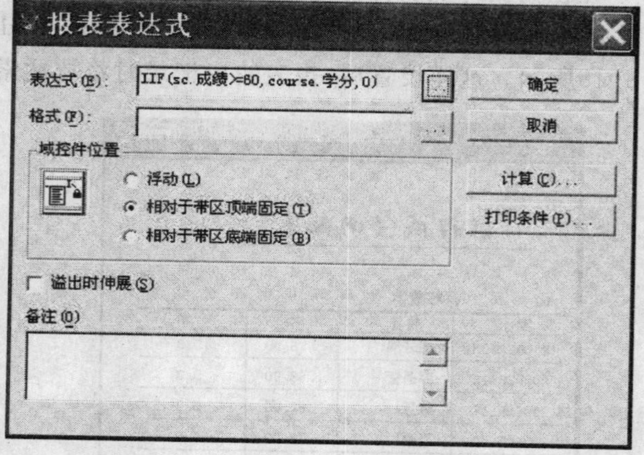

图 9.21　“报表表达式”对话框

· 组标头带区：将数据环境设计器中 course 表的“课程号”和“课程名”字段分别拖到带区上部，形成 2 个域控件。然后再该带区下部建立 4 个标签控件，内容分别为“学号”、“姓名”、“成绩”和“学分”，结果参见图 9.22。

· 细节带区：将数据环境设计器中 sc 表的“学号”字段、stud 表的“姓名”字段、sc 表的“成绩”字段分别拖到带区，形成 3 个域控件；单击“报表控件”工具栏的“域控件”按钮，用鼠标在带区中拖出一个域控件，系统弹出“报表表达式”对话框，将表达式的内容设置为

IIF(sc.成绩＞＝60,course.学分,0)

如图 9.21 所示。单击“确定”按钮，关闭“报表表达式”对话框。本带区的设置结果参见图 9.22。

· 组注脚带区：将数据环境设计器中 sc 表的“学号”字段拖到该带区，形成 1 个域控件，添加 1 个标签控件，将其内容改为“人数:”，在域控件上单击鼠标右键，执行快捷菜单中的“属性”命令，打开“报表表达式”对话框，单击“计算”按钮，打开“计算字段”对话框，选中“计数”单选按钮。再将数据环境设计器中 sc 表的“成绩”字段拖到带区，打开域控件的“报表表达式”对话框，单击“计算”按钮，在“计算字段”对话框选中“求平均”单选按钮，添加一个标签控件，将其

内容改为“平均成绩:”。

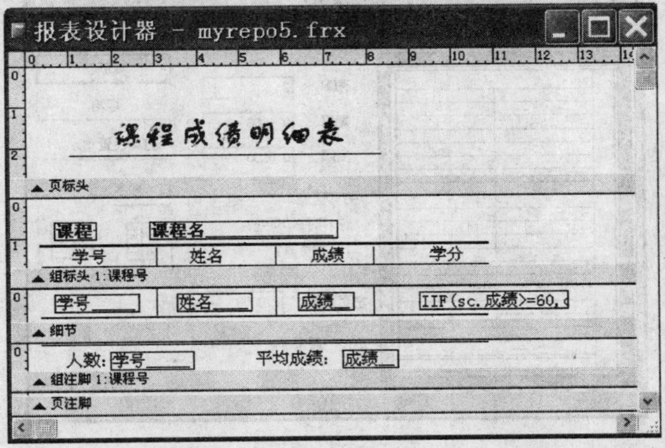

图 9.22 设计好报表格式后的报表设计器

⑤美化报表

· 将带区的控件排列整齐,除页标题内容外,其他控件的字体均设置为宋体、11号。将组标头带区中的“课程号”和“课程名”域控件对象字体设置为粗体。

· 使用“报表控件”工具栏中的“线条”按钮在个带区之间加分隔线,在组标头和细节带区的列之间加分隔线,在页标题内容下方加下划线。

设计好报表后的报表设计器如图 9.22 所示。

⑥单击工具栏上的“保存”按钮,保存最终设计结果。单击工具栏上的“预览”按钮,观察报表输出的内容,结果如图 9.17 所示。

⑦调用报表:关闭报表后在命令窗口执行下述命令,将输出报表内容。

```
REPORT FORM myrepo5
```

【例 9.6】 以 stud 表为数据源,设计一个学生信息多栏报表。

【操作过程】

①新建一个报表,打开它的报表设计器。

②设置多栏报表:执行“文件”→“页面设置”菜单命令,在“页面设置”对话框中把“列数”微调器的值设置为 2(参见图 9.23)。在报表设计器中将出现占页面宽二分之一的一对“列标头”带区和“列注脚”带区。

③设置左边距和打印顺序:在“页面设置”对话框的“左页边距”框中输入 2 厘米,页面布局将按新的页边距显示。选中“自左向右”打印顺序按钮,如图 9.23 所示。单击“页面设置”对话框的“确定”按钮,关闭对话框。

④设置数据源:打开报表数据环境设计器,在其中添加 stud 表作为数据源。

⑤添加控件

· 在数据环境设计器中分别选择 stud 表中的“学号”、“姓名”、“性别”和“出生日期”4 个字段,将它们拖到报表设计器的细节带区,自动生成字段域控件。调整它们的位置,使之分两行排列,注意不要超过带区宽度。

· 单击“报表控件”工具栏上的“线条”按钮,在“细节”带区底部画一条线,执行“格式”→

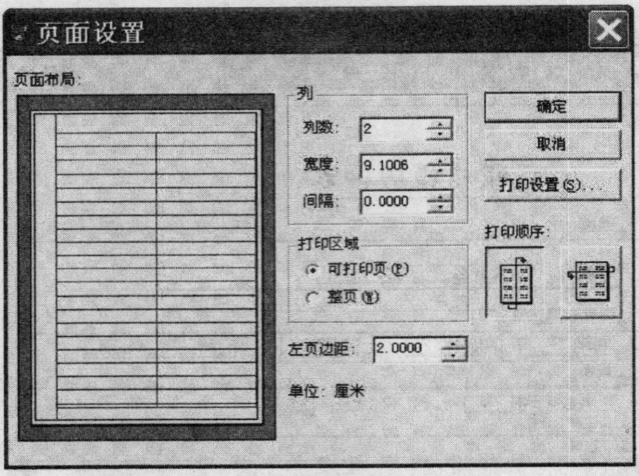

图 9.23　“页面设置”对话框

“绘图笔”→“点线”菜单命令，使所画线条变成点线。

· 单击“报表控件”工具栏上的“标签”按钮，在“页标头”带区添加“学生信息”标签，将字体设置为楷体、二号字，并将其设置为水平居中和垂直居中。

· 单击“报表控件”工具栏上的“线条”按钮，在“页标头”带区底部画两条线，距离右边界 2 厘米左右。选定第 2 条线，执行“格式”→“绘图笔”→“4 磅”菜单命令。然后同时选定这两条线，单击“布局”工具栏上的“相同宽度”按钮，使它们对齐。

⑥单击常用工具栏上的“保存”按钮，以 myrepo6 为名文件保存报表文件。

⑦预览效果：单击常用工具栏上的“打印预览”按钮，得到图 9.24 所示的效果。

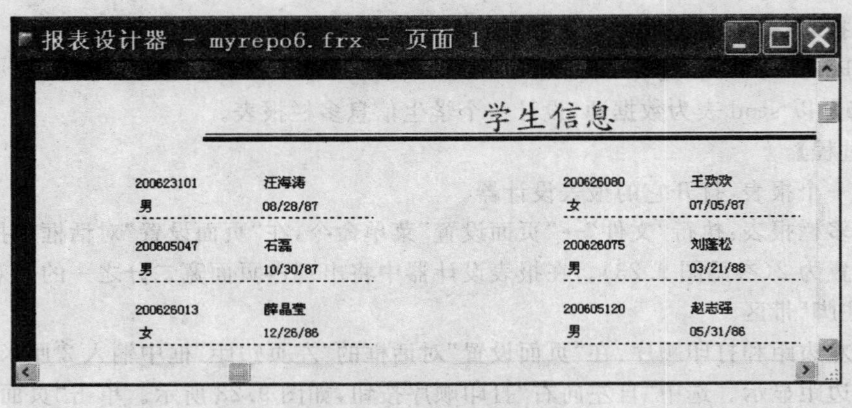

图 9.24　多栏报表预览效果

三、实验练习

1. 打开例 9.3 中建立的 myrepo3 报表的报表设计器，进行如下操作：

①设置标题居中；

②制表日期移到标题带区右下方，在其左侧设置“制表日期:”标签；

③将“学号”、“姓名”和“班级”设置在同一行上，顶部对齐；

④调整组表头带区大小。最后的设计结果如图 9.25 所示。

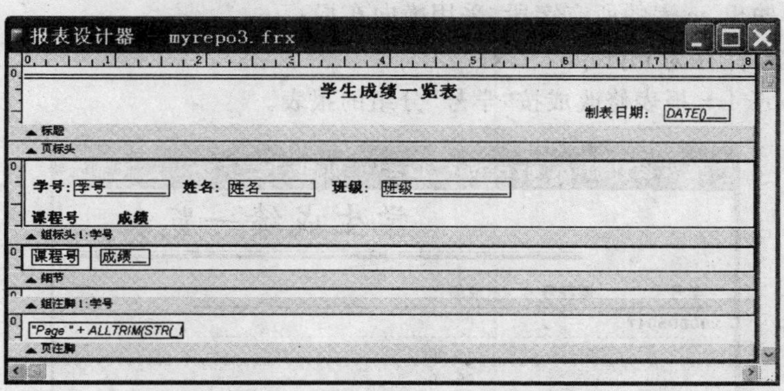

图 9.25　第 1 题报表设计结果

2. 在报表设计器中打开例 9.4 建立的 myrepo4 报表，按下述操作进行设计。设计完成后的报表设计器效果如图 9.26 所示。

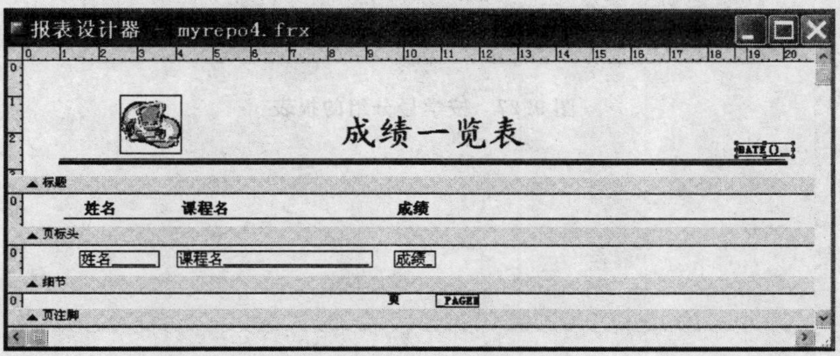

图 9.26　第 2 题报表设计结果

①在报表中添加标题带区，在其中设置“成绩一览表”标题，将其字体设置为一号、粗楷体，使其“水平居中”和“垂直居中”。

②调整带区高度：改变快速报表数据过密的格局。

③移动控件：在页标头带区选中所有标签，将它们统一设置为五号、宋体字，向右拖到适当位置，扩大页边距。用同样方法拖动细节带区中的所有域控件并修改字体。

④添加线条：在标题带区底边画两条横贯带区的水平线。在标题带区的字段名标签控件下画一条水平线。同时选定 3 条线，单击“布局”工具栏上的“相同宽度”按钮，使它们一样宽。选定第 2 条线，执行“格式”→“绘图笔”→“4 磅”菜单命令，设置其粗细。

⑤添加图片：在“报表控件”工具栏内选中“图片/ActiveX 绑定控件”按钮，在报表的标题带区左端单击并拖动鼠标拉出图文框。在弹出的“报表图片”对话框的“图片来源”栏选中“文件”单选项，然后选择一个图片文件。为保持图片完整并不变形，选择“缩放图片，保留形状”单选项。将对象位置选择为“相对于带区底端固定”。

⑥将页注脚的日期域拖到标题区右侧。

⑦将页注脚带区的页码设置为水平居中。

3. 按下述要求为 sc 表创建一个快速报表，报表的预览效果如图 9.27 所示。要求如下：

①在报表中输出 sc 表的所有字段，采用横向布局；

②将报表文件保存为 myrepo7. frx；

③将 myrepo7. frx 报表修改成按“学号”分组的报表。

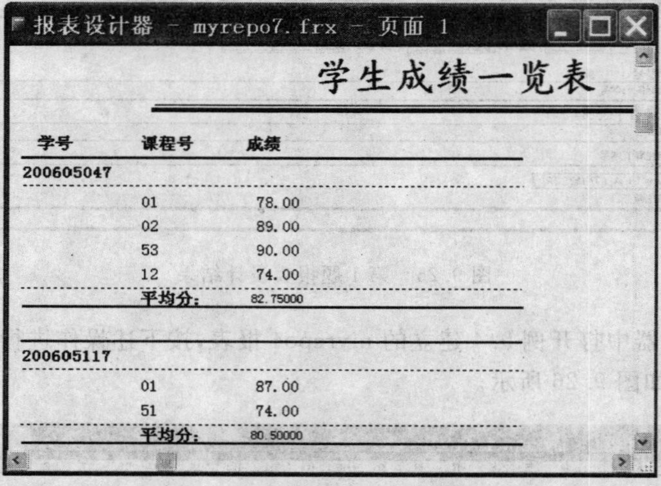

图 9.27 按学号分组的报表

第 10 章　菜单设计与应用

知识要点

1. 菜单结构和种类

Visual FoxPro 中的菜单包括两种：菜单和快捷菜单。

这里所说的菜单指条形菜单，它由主菜单和若干下拉菜单组成，主菜单和每个下拉菜单中包含若干菜单项。主菜单表示应用系统中各项主要功能，子菜单是主菜单的下一级菜单，子菜单还可以再包括子菜单(级联菜单)。一般来说，子菜单包含的每个菜单项都对应一项操作。当菜单项很多时，可以对菜单项进行分组并为其定义热键和快捷键。

快捷菜单是当用户在选定对象上单击鼠标右键时弹出的菜单。

2. 菜单设计器

通过 Visual FoxPro 提供的菜单设计器，可以方便地创建和修改菜单。菜单设计器的功能有两个：为顶层表单设计菜单，通过定制 Visual FoxPro 系统菜单建立应用程序的菜单。

3. 创建和使用菜单的基本步骤

①使用菜单设计器创建和设计菜单，产生扩展名是.mnx 和.mmt 的菜单文件。

②生成菜单程序，产生扩展名是.mpr 的菜单程序文件。

③运行菜单程序。

4. 与菜单操作相关的命令

①建立菜单文件：CREATE MENU〈菜单文件名〉。

②修改菜单文件：MODIF MENU〈菜单文件名〉。

③运行菜单：DO〈菜单文件名〉。(注意：使用本命令时不能省略.mpr 扩展名)

5. 与设置菜单系统相关命令

Visual FoxPro 主窗口中的系统菜单是一个典型的菜单系统。它通过 SET SYSMENU 命令可以允许或禁止在程序执行期间访问系统菜单，也可以重新配置系统菜单。

①允许/禁止程序执行时访问系统菜单：SET SYSMENU ON|OFF。

②恢复默认的系统菜单：SET SYSMENU TO DEFAULT。

③将默认配置恢复为系统菜单的标准配置：SET SYSMENU NOSAVE。

6. 设计与使用快捷菜单

快捷菜单的建立和编辑过程同一般菜单，但运行方法不同。创建和使用快捷菜单的步骤如下。

①在“快捷菜单设计器”窗口中设计快捷菜单。

②在快捷菜单的“清理”代码中添加清除菜单的命令

RELEASE POPUPS〈快捷菜单名〉[EXTENDED]

③在表单设计器中，选定需要添加快捷菜单的对象，然后在选定对象的 RightClick 事件代码中添加调用快捷菜单程序的命令

DO〈快捷菜单程序名.mpr〉

实验 10.1 菜单的设计

一、实验目的

(1) 掌握用菜单设计器设计菜单的方法。

(2) 掌握生成和运行菜单程序的方法。

(3) 掌握为顶层表单设计菜单的方法。

二、实验内容

【例 10.1】利用菜单设计器创建一个菜单，具体要求如下。

①主菜单包括“文件(F)”、“编辑(E)”、“查询(Q)”和“报表(P)”四个菜单项。它们对应的结果分别是激活 wj 子菜单、bj 子菜单、cx 子菜单和 bb 子菜单。

②wj 子菜单菜单包括“打开”、“关闭”和“退出”三个菜单项。前两个菜单项分别调用系统菜单的“文件”菜单中相应菜单项的功能；“退出”菜单项的功能是将系统菜单恢复为标准设置，另外还要为该菜单项设置“Ctrl＋Q”快捷键。

③bj 子菜单菜单包括“浏览学生表”和“编辑学生表”两个菜单项。它们的快捷键分别是“Ctrl＋L”、“Ctrl＋E”，结果分别是运行第 8 章中建立的 test8_24.scx 和 test8_25.scx 表单，并在两个菜单项之间添加一条分隔线。

④cx 子菜单包括“按班级查询”一个菜单项，结果是运行 test8_3.scx 表单。

⑤bb 子菜单包括“课程信息表”和“课程成绩表”两个菜单项。它们的结果分别是执行 myrepo1.frx 和 myrepo4.frx 报表文件。

⑥以 mymenu.mpr 为名保存菜单文件。

【操作过程】

①在命令窗口执行命令 MODIFY MENU mymenu，打开“新建菜单”对话框，在对话框中单击“菜单”按钮，打开“菜单设计器”窗口。

②设置主菜单的菜单项，如图 10.1 所示。

③按下列操作创建 wj 子菜单

单击“文件”菜单项“结果”列上的“创建”按钮，使设计器窗口切换到“文件”子菜单页；单击“插入栏”按钮，打开“插入系统菜单栏”对话框，在对话框的列表框中选择“打开”项并单击“插入”按钮；这样就可以在“文件”子菜单中设置“打开”菜单项；用同样方法设置“关闭”菜单项。在“文件”子菜单中再建立一个“退出”菜单项，在它的“结果”列选择“过程”，单击“创建”按钮，打开文本编辑窗口，输入下面两行代码

```
SET SYSMENU NOSAVE
SET SYSMENU TO DEFAULT
```

为“退出”菜单项设置快捷键：单击本菜单项“选项”列上的按钮，打开“提示选项”对话框，然

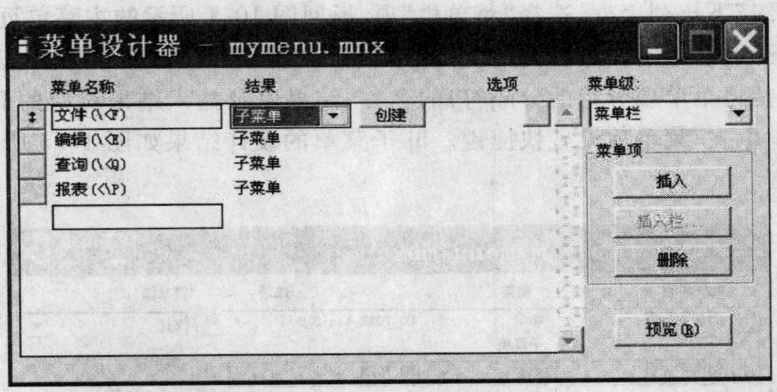

图 10.1　主菜单的菜单结构

后单击对话框中的“键标签”文本框，在键盘上按下“Ctrl＋Q”组合键，得到图 10.2 所示的结果。

设置子菜单的内部名称：执行主窗口的“显示”→“菜单选项”菜单命令，打开“菜单选项”对话框，在“名称”框中输入“wj”，如图 10.3 所示。wj 子菜单的设计结果如图 10.4 所示。

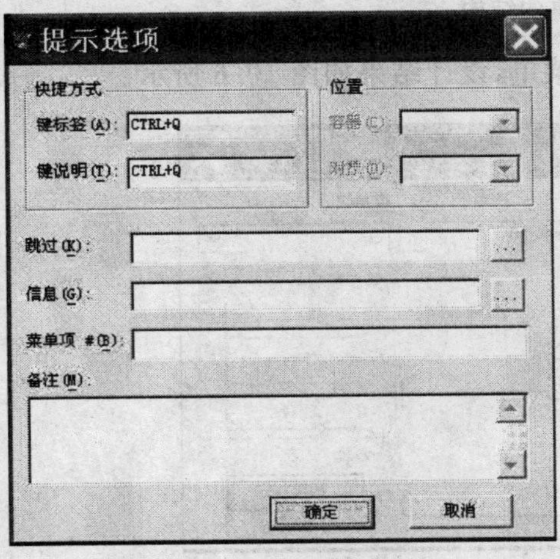

图 10.2　在“提示选项”对话框中设置快捷键

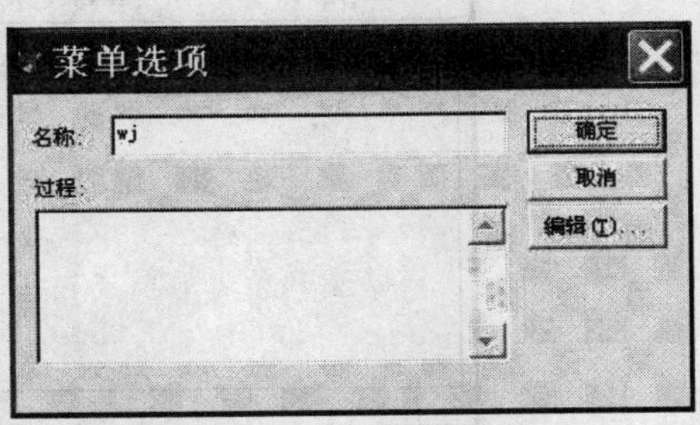

图 10.3　设置子菜单名称

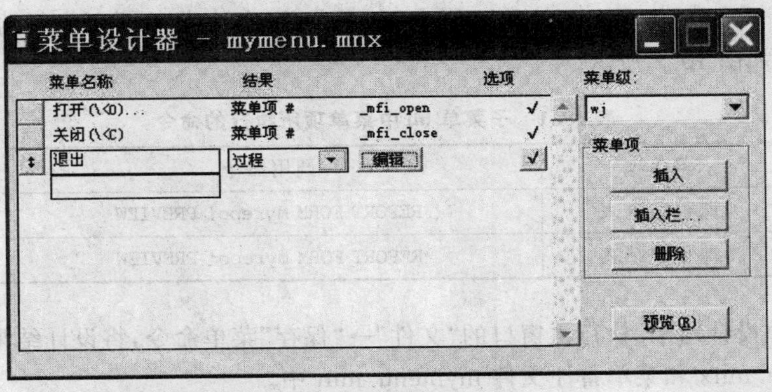

图 10.4　wj 子菜单的结构

打开“菜单级”下拉列表框，选择“菜单栏”项，返回图 10.1 所示的主菜单页。

④创建 bj 子菜单：仿照上面③的叙述，使设计器切换到“编辑”菜单项页；设置子菜单中的各个菜单项(包括将菜单项分组的分隔符)的名称、结果以及输入结果对应的命令；为“浏览学生表”和“编辑学生表”菜单项设置快捷键。bj 子菜单的设计结果如图 10.5 所示。最后，返回主菜单页。

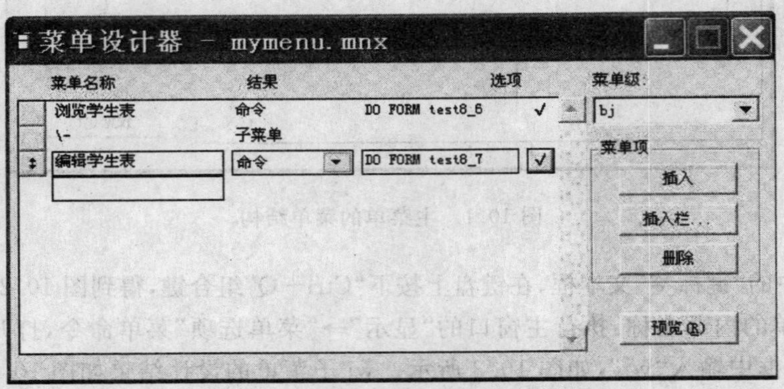

图 10.5 bj 子菜单的结构

⑤创建 cx 子菜单：仿照上面的叙述创建 cx 子菜单，设计结果如图 10.6 所示。

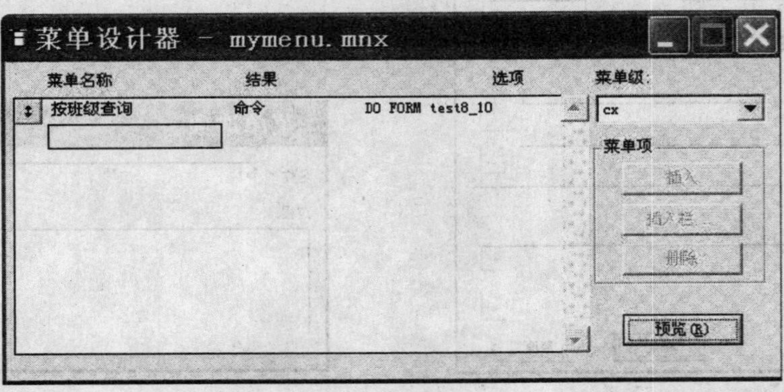

图 10.6 cx 子菜单的结构

⑥创建 bb 子菜单：仿照上面的叙述创建 bb 子菜单，各个菜单项所执行的命令如表 10.1 所示，设计结果如图 10.7 所示。

表 10.1 子菜单 bb 中菜单项所执行的命令

菜单项	调用命令
课程信息表	REPORT FORM myrepo1 PREVIEW
课程成绩表	REPORT FORM myrepo4 PREVIEW

⑦保存菜单设计结果：执行主窗口的“文件”→“保存”菜单命令，将设计结果保存在菜单定义文件 mymenu.mnx 和菜单备注文件 mymenu.mnt 中。

⑧生成菜单程序：执行主窗口的“菜单”→“生成”菜单命令，产生 mymenu.mpr 菜单程序

图 10.7　bb 子菜单的结构

文件。

⑨单击“预览”按钮，观察设计的菜单效果。

【例 10.2】 为表单建立菜单。要求如下：设计一个名为 mainform.scx 的顶层表单，运行表单时，能同时加载例 10.1 中建立的 mymenu 菜单程序；退出表单时，能同时清除菜单，释放所占用的内存空间。

【操作过程】

①按下述操作创建 mainform.scx 表单

将表单的 ShowWindow 属性设置为“2—作为顶层表单”。在表单的 Init 事件程序中编写运行菜单程序的命令代码

```
DO mymenu.mpr with this,'xxx'
```

在表单的 Destroy 事件程序中编写清除菜单的命令代码

```
RELEASE MENU xxx EXTENDED
```

在表单中添加一个 command1 命令按钮，编写命令按钮的 Click 事件程序代码

```
thisform.Release
```

以 mainform.scx 为名保存表单设计结果。

②打开 mymenu 菜单的“菜单设计器”窗口，按下面叙述的操作修改“退出”菜单项，使其完成①中叙述的“退出”命令按钮的功能。在“退出”菜单项的“结果”列选择“命令”。对应的命令设置代码为

```
mainform.command1.click
```

③执行“显示”→“常规选项”菜单命令，在弹出的对话框内选中右下角的“项层表单”，单击“确定”按钮退出对话框。

④执行“菜单”→“生成”菜单命令，生成 mymenu.mpr 菜单程序文件。

⑤运行 mainform.scx 表单，结果如图 10.8 所示。

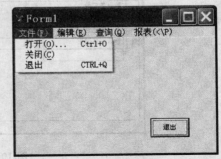

图 10.8　运行 mainform.scx 表单结果示意图

三、实验练习

建立一个名为 menu1 的菜单，要求如下。

①主菜单有“浏览”和“退出”两个菜单项。“浏览”菜单项对应一个子菜单，子菜单中包含“统计”菜单项，“统计”菜单项对应一个过程，负责查询统计各门课的成绩平均分，查询结果包括“课程名”和“平均分”两个字段；“退出”菜单项负责返回系统菜单。

②建立一个表单，将 menu1 设置为表单上的菜单。

③将 menu1 菜单的“退出”菜单项的命令设置为释放表单。

实验 10.2 快捷菜单的设计

一、实验目的

(1) 掌握用菜单设计器设计快捷菜单的方法。

(2) 掌握运行快捷菜单的方法。

二、实验内容

【例 10.3】 为 test8_24.scx 表单设置一个 recmove 快捷菜单，快捷菜单中包括“第一条记录”、“上一条记录”、“下一条记录”和“最后一条记录”四个菜单项，每个菜单项的功能与表单上相应的命令按钮功能相同。

【操作过程】

①将 student 数据库所在的文件夹设置为默认目录。

②在命令窗口输入命令

```
MODIFY MENU recmove
```

打开“新建菜单”对话框，单击对话框中的“快捷菜单”按钮，打开“快捷菜单设计器”窗口。

③在“快捷菜单设计器”窗口中依次设置各个菜单项，如图 10.9 所示，将“结果”全部设置为“过程”。

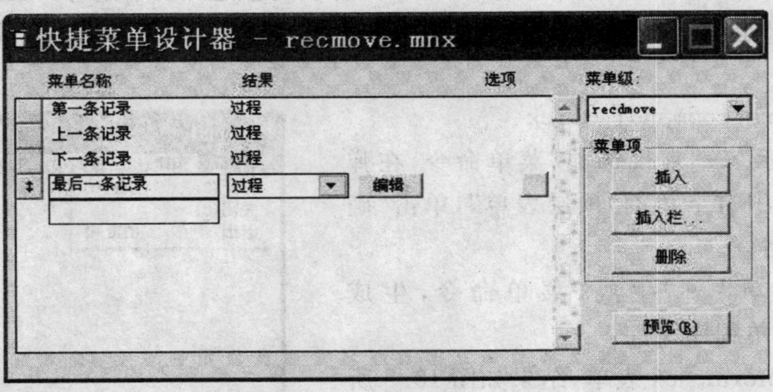

图 10.9 快捷菜单结构

④为每个菜单项的过程编写代码。

"第一条记录"菜单项的过程为

```
test8_24.commandgroup1.value=1
test8_24.commandgroup1.click
```

"上一条记录"菜单项的过程为

```
test8_24.commandgroup1.value=2
test8_24.commandgroup1.click
```

"下一条记录"菜单项的过程为

```
test8_24.commandgroup1.value=3
test8_24.commandgroup1.click
```

"最后一条记录"菜单项的过程为

```
test8_24.commandgroup1.value=4
test8_24.commandgroup1.click
```

⑤执行主窗口的"显示"→"常规选项"菜单命令，在"常规选项"对话框中输入"清理"代码

```
RELEASE POPUPS recmove
```

⑥执行主窗口的"显示"→"菜单选项"菜单命令，输入快捷菜单内部名字"recmove"。

⑦执行主窗口的"文件"→"保存"菜单命令，以文件名 remove. mnx 保存菜单。

⑧执行主窗口的"菜单"→"生成"菜单命令，生成 recmove. mpr 菜单程序文件。

⑨在 test8_24. scx 表单的 RightClick 事件中输入命令

```
DO recmove.mpr
```

⑩运行 test8_24. scx 表单。在表单上单击鼠标右键就可以看到图 10.10 所示的效果。

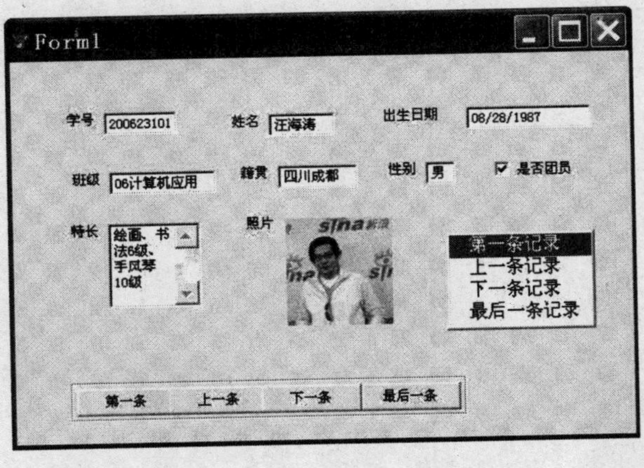

图 10.10　表单的快捷菜单

三、实验练习

创建一个 Forml 表单，在该表单上设置如图 10.11 所示的快捷菜单，完成统计学生成绩的最高分、最低分和平均分的功能。

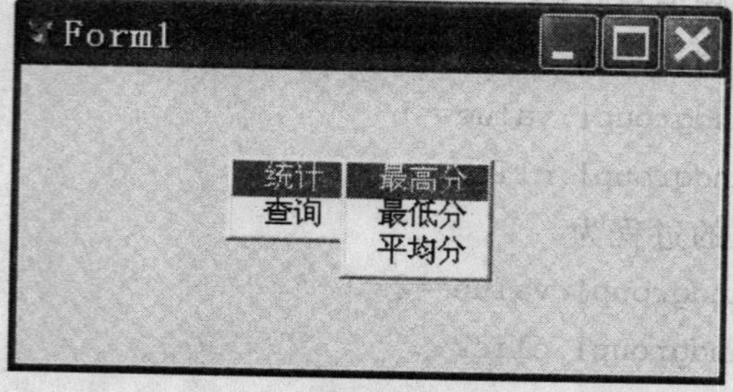

图 10.11　练习结果示意图

第 11 章　应用系统开发

知识要点

1. 项 目

一个项目实际上是一个扩展名为.pjx 的文件，其中包含为完成一项任务所创建的所有表、数据库、查询、程序、表单、菜单等对象的集合。

2. 项目管理器

在 Visual FoxPro 中通过项目管理器来管理项目，利用项目管理器能够对项目中的数据、程序、文档等各种不同类型的文件统一进行管理。用户可以通过可视化的直观的操作在项目中创建、添加、修改、移去和运行指定的文件，也可以将应用系统编译成一个扩展名为.app 的应用文件或.exe 的可执行文件。

3. "项目管理器"窗口的组成

①用于分类显示各种对象的 6 个选项卡

"数据"选项卡：包括一个项目中所有的数据，如数据库(包括表和视图)、自由表、查询。

"文档"选项卡：包括处理数据时所用的全部文档文件，如表单、报表、标签。

"类"选项卡：用于显示和管理包含在项目文件中用户自己创建的类库内容。

"代码"选项卡：用于显示和管理包含在项目文件中的程序、API 库、应用程序三种对象。

"其他"选项卡：用于显示和管理包含在项目文件中的菜单、文本文件、其他文件三种对象。

"全部"选项卡：包含了上述 5 个选项卡中的全部内容。

②项目管理器中的命令按钮

"新建"按钮：用于创建一个新文件或新对象。该新文件或新对象将被自动添加到项目中。

"添加"按钮：用于将一个已有的文件添加到当前项目中。

"修改"按钮：用于打开一个与选定文件类型相对应的设计工具或编辑器，编辑修改所选定的文件。

"关闭"按钮：用于关闭一个已打开的数据库。

"打开"按钮：用于打开被选定的一个对象。

"浏览"按钮：用于打开被选定的数据表或视图的浏览窗口。

"运行"按钮：用于运行所选定的查询、表单、菜单或程序。

"预览"按钮：用于预览所选定的报表或标签的打印效果。

"移去"按钮：用于从项目中移去或删除所选定的文件或对象。

"连编"按钮：用于连编一个项目或应用程序，还可以生成一个扩展名为.exe 的可执行文件。

4. 数据库应用系统开发

学习 Visual FoxPro 的最终目的是开发一个数据库应用系统。根据数据库应用程序的开发特点，数据库应用系统的开发流程可分为以下几步。

①数据库设计：对一个给定的应用环境构造数据模型，根据数据模型建立数据库和数据库的应用系统。

②功能设计：Visual FoxPro 提供了结构化程序设计和面向对象的程序设计的两种方法，通常将两者结合，共同完成系统功能设计。功能设计主要包括创建子类、设计用户界面、设计数据输出和构造主应用程序。

③编译、调试和试运行：通过编译、调试和试运行，找出程序中的错误和不完善处并进行改正，这是非常重要的一个步骤。

④发布：在 Visual FoxPro 中编译生成的 EXE 文件不能直接在另一台电脑上运行，除非该电脑中装有 Visual FoxPro 系统。因为运行 EXE 文件要依赖安装在 Windows 系统中的运行数据库，为此要为该软件制作一套安装盘。

实验 11.1 项目管理器的使用

一、实验目的

(1) 掌握创建项目的方法。
(2) 熟悉使用项目管理器。
(3) 掌握创建和设置主程序的方法。
(4) 掌握连编应用程序和可执行应用程序的方法。

二、实验内容

【例 11.1】 在 c:\ss 文件夹中建立一个名为 studpro 的项目文件。将前面各章所建的菜单及相应的表单添加到项目中，创建主程序，连编生成应用系统。

【操作过程】

①将 c:\ss 文件夹设置为默认目录。

②创建项目：执行“文件”→“新建”菜单命令，打开图 11.1 所示的“新建”对话框；选择“项目”文件类型，单击“新建文件”按钮，打开如图 11.2 所示的“创建”对话框；在“创建”对话框中，选择 c:\ss为文件保存路径，在“项目文件”文本框中输入“studpro. pjx”，单击“保存”按钮，完成创建项目工作。

在创建了项目文件的同时打开如图 11.3 所示的“项目管理器”窗口，并在 c:\ss 文件夹中生成 studpro. pjx 项目文件和 studpro. pjt 项目备注文件。

③将 student 数据库文件添加到项目中：在项目管理器的“全部”选项卡中，展开“数据”项；选择“数据库”项，单击“添加”按钮，在打开的对话框中选取 student 文件。

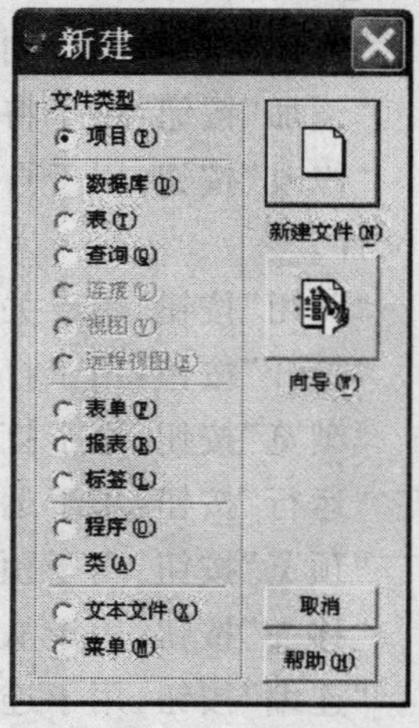

图 11.1 “新建”对话框

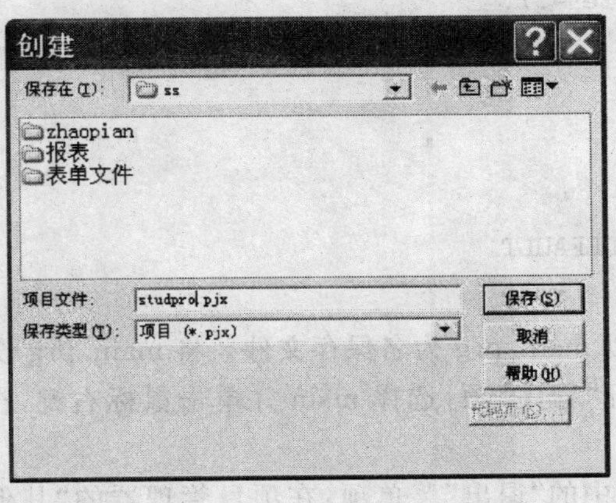

图 11.2　“创建”对话框

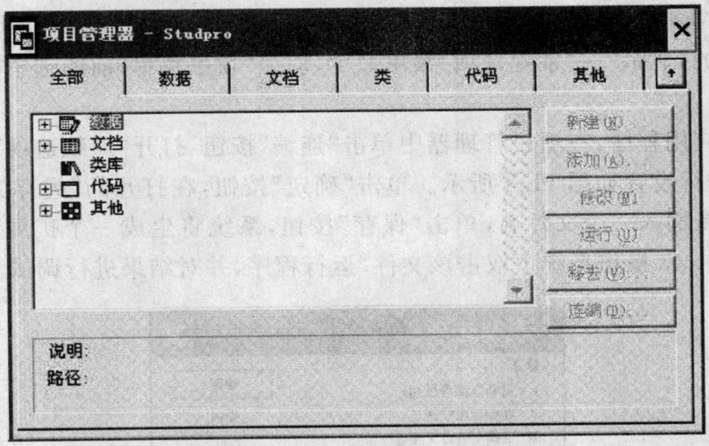

图 11.3　项目管理器

④将 test8_3.scx、test8_24.scx 和 test8_25.scx 表单文件添加到项目中。在项目管理器的“文档”选项卡中，选择“表单”项，单击“添加”按钮，在打开的对话框中选取需添加到项目中的表单文件。

⑤将 myrepo1.frx、myrepo4.frx 报表文件添加到项目中。在项目管理器的“文档”选项卡中，选择“报表”项，单击“添加”按钮，在打开的对话框中选取需添加到项目中的报表文件。

⑥将 mymenu.mnx 和 recmove.mnx 菜单文件添加到项目中。在项目管理器的“其他”选项卡中，选择“菜单”项，单击“添加”按钮，在打开的对话框中选取需添加到项目中的菜单文件。

⑦在项目管理器中新建 main.prg 程序文件

在项目管理器的“代码”选项卡中，选择“程序”项，单击“新建”按钮，打开代码编辑窗口，输入如下代码

```
SET TALK OFF
_SCREEN.WindowState= 2
```

```
_SCREEN.Caption="我的第一个程序"
_SCREEN.Closable=.f.
SET SYSMENU OFF
DO mymenu.mpr
READ EVENTS
SET SYSMENU ON
SET SYSMENU TO DEFAULT
CLEAR ALL
```

关闭代码编辑窗口，以 main.prg 为名保存文件。将 main.prg 设置为主文件：在项目管理器的“代码”选项卡中，展开“程序”项，选择 main 并单击鼠标右键，在打开的快捷菜单中执行“设置主文件”命令。

⑧修改 mymenu 菜单中的“退出”菜单项：在项目管理器的“其他”选项卡中，展开“菜单”项，选择 mymenu，单击“修改”按钮，打开它的菜单设计器。将“退出”菜单项的命令代码修改为

```
CLEAR EVENTS
```

执行主窗口的“显示”→“常规选项”菜单命令，取消“顶层菜单”前的选中标记；然后重新生成菜单程序。

⑨连编生成应用程序：在项目管理器中单击“连编”按钮，打开“连编选项”对话框，在“连编选项”对话框中进行设置如图 11.4 所示。单击“确定”按钮，在打开的“另存为”对话框中确认应用文件名或重新输入一个文件名，单击“保存”按钮，系统将生成一个扩展名为.exe 的可执行文件。在 Windows 操作系统下双击该文件，运行程序，并对结果进行调试。

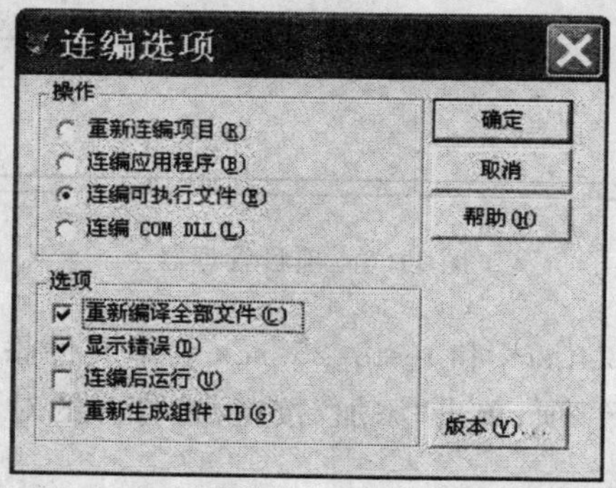

图 11.4 “连编选项”对话框

三、实验练习

1. 打开 studpro 项目的“项目管理器”窗口，进入各选项卡，了解各选项卡包含的对象类型。单击不同类型的对象，观察项目管理器右侧 6 个按钮的显示情况(黑色或灰色)，并试着执行一些操作，了解各个按钮的功能。

2. 将 test8_2.scx 表单添加到 studpro 项目中，运行表单，然后从项目管理器中移除 test8_2.scx表单。

实验 11.2　系统开发案例

一、实验目的

(1) 掌握一个简单应用程序系统的构建方法。

(2) 通过一个简单应用程序系统的完整设计过程，进一步提高综合解决应用问题的能力。

二、实验内容

本实验利用项目管理器组织、设计，并在最后连编形成一个简单完整的人员信息管理应用系统程序。

【实验要求】

①系统由数据库、表单、报表、菜单和程序组成。

②数据库与数据表：系统中包含 rygl.dbc（人员信息管理系统）数据库，数据库中包括"员工"、"工资"和"部门"三个数据表，另外包含一个"操作员"自由表，用来存放登录系统的用户名和密码。

③建立一个 gz 视图，将"员工"表、"工资"表和"部门"表联接起来。

④系统功能

系统管理功能：可完成增加或删除应用系统的操作员，修改当前操作员自身的密码，退出应用系统等操作。

员工管理功能：可完成员工基本情况管理和员工工资管理等操作。包括相关数据的输入、修改、删除和浏览操作。

统计查询功能：根据员工姓名和部门名称查询相应的记录、对各部门工资进行汇总统计。

输出工资报表功能：能编制并输出工资发放明细表并进行计算汇总。

⑤编制 main.prg 程序文件作为项目的主文件，由它调用 login 用户登录表单。用户登录成功，由登录表单调用 mainmenu 系统菜单。在系统菜单中调用各个表单、查询和报表。

【操作过程】

(1) 创建人员信息管理项目文件

①创建 c:\rygl 文件夹作为系统的工作文件夹。

②将 c:\rygl 文件夹设置为默认路径。

③创建项目文件，文件名为 rygl.pjx。

(2) 创建数据库、数据库表和自由表

①打开 rygl 项目的项目管理器，进入"数据"选项卡，创建 rygl 数据库，打开 rygl 数据库。

②在 rygl 数据库中新建 3 个数据表，按表 11.1 所示，建立各个表的结构。

表 11.1 rygl 数据库中各个数据表的结构

表名	字段名	字段类型与长度	默认值	字段说明
员工	编号	C5		
	姓名	C8		
	出生日期	D		年龄不能小于 18 岁
	性别	C2	“男”	性别只能是男或女
	部门编号	C2		
	最后学历	C6		
	职称	C6		
	婚否	L	.T.	
	备注	M		
工资	编号	C5		
	基本工资	N7,2		必须输入大于 0 的值
	岗位津贴	N7,2		必须输入大于 0 的值
	其他工资	N7,2		必须输入大于 0 的值
	应发工资	N8,2		
	扣款小计	N7,2		必须输入大于 0 的值
	实发工资	N8,2		计算得到,不能为负数
部门	部门编号	C2		
	部门名称	C12		
	人数	N3		
	基本工资	N7,2		
	岗位津贴	N7,2		
	其他工资	N7,2		
	应发工资	N8,2		
	扣款小计	N7,2		
	实发工资	N8,2		

③按表 11.2 所示,对各数据表建立索引。

表 11.2 各数据表中的索引

数据表名称	索引名称	索引类型	索引表达式
员工	编号	主索引	编号
	部门编号	普通索引	部门编号
工资	编号	主索引	编号
部门	部门编号	主索引	部门编号

④在“工资”表的“表”选项卡中设置“工资”表的记录属性，如图 11.5 所示。

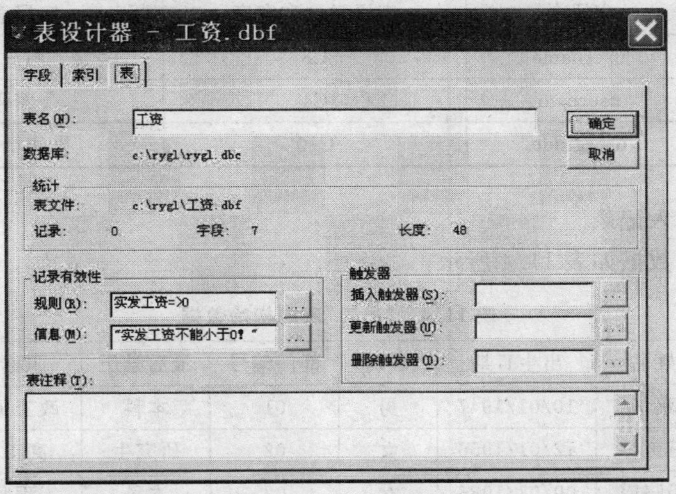

图 11.5　“工资”表的“表”选项卡

⑤创建永久联接关系：在项目管理器中选择 Rygl 数据库，单击“修改”按钮，打开它的数据库设计器；在“员工”表的“编号”主索引和“工资”表的“编号”主索引之间建立关系；在“部门”表的“部门编号”主索引和“员工”表的“部门编号”普通索引之间建立关系。建立永久关系后数据库设计器如图 11.6所示。

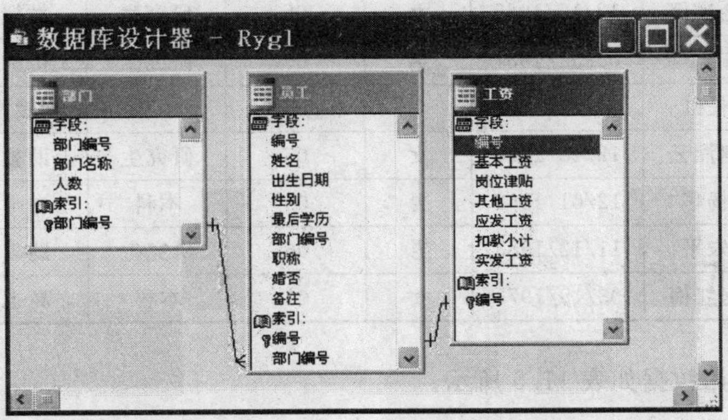

图 11.6　Rygl 数据库中各个表之间的永久关系

设置永久关系的参照完整性：将“员工”表与“工资”表之间的更新规则设置为“级联”，删除规则设置为“级联”，插入规则设置为“限制”。

⑥新建“操作员”自由表，按表 11.3 所示，建立表的结构。

表 11.3 “操作员”表的结构

表名	字段名	字段类型和宽度	字段意义
用户	username	C8	用户名
	userpwd	C4	密码
	usergrade	C10	操作员等级

⑦在各表中输入记录

“员工”表初始数据如表 11.4 所示。

表 11.4 “员工”表的初始数据

编号	姓名	出生日期	性别	部门编号	最后学历	职称	婚否
11001	蔡华	10/01/1947	男	01	本科	政工师	T
12002	王玉德	12/01/1956	女	02	研究生	高工	T
12003	杨晓霞	09/08/1986	女	02	本科	工程师	F
13004	王红	09/01/1950	女	03	大专	助工	T
13005	徐华	03/12/1979	男	03	研究生	高工	T
14006	李卫国	07/09/1964	男	04	研究生	教授	T
14007	王庆秋	08/23/1984	男	04	本科	讲师	F
14008	单新强	03/12/1964	男	04	本科	副教授	T
15009	金娜娜	12/12/1965	女	05	研究生	教授	T
15010	陈邦瑞	05/31/1987	男	05	研究生	讲师	F
15011	任红	07/21/1964	女	05	本科	副教授	T
15012	刘湘云	12/18/1988	女	05	研究生	助教	F
16013	杨华	12/01/1962	男	06	本科	讲师	T
16014	朱平	11/12/1988	男	06	研究生	助教	F
11015	李红梅	03/18/1973	女	01	本科	高工	T

“工资”表的初始数据如表 11.5 所示。

表 11.5 “工资”表的初始数据

编号	基本工资	岗位津贴	其他工资	应发工资	扣款小计	实发工资
11001	876.00	254.00	2200.00		63.00	
12002	974.00	320.00	2500.00		100.00	
12003	876.00	254.00	2300.00		54.00	
13004	567.00	160.00	2000.00		12.00	
13005	974.00	320.00	2500.00		32.00	
14006	974.00	300.00	2700.00		45.00	

续表 11.5

编号	基本工资	岗位津贴	其他工资	应发工资	扣款小计	实发工资
14007	612.00	200.00	2100.00		32.00	
14008	876.00	251.00	2400.00		120.00	
15009	974.00	310.00	2500.00		122.00	
15010	612.00	210.00	2100.00		34.00	
15011	876.00	254.00	2300.00		78.00	
15012	453.00	120.00	1800.00		12.00	
16013	567.00	165.00	2000.00		43.00	
16014	453.00	120.00	1800.00		20.00	
11015	876.00	225.00	2200.00		98.00	

"部门"表初始数据如表 11.6 所示。

表 11.6 "部门"表的初始数据

部门编号	部门名称
01	校长公室
03	财务处
05	计算机学院

"操作员"表的初始数据如表 11.7 所示。

表 11.7 "操作员"表的初始数据

Username	userpwd	usergade
蔡华	9999	系统管理员
王玉德	1111	一般操作员
杨晓霞	2222	一般操作员
王红	3333	一般操作员

(3) 创建应用程序自定义类

按下面叙述的操作步骤，以 Visual FoxPro 中的 CommandGroup 基类为父类，创建 Recmove 记录移动类。类库文件名为 myclass. vcx。

①在 rygl 项目的项目管理器中选择"类"选项卡，单击"新建"按钮，出现"新建类"对话框，在对话框中按图 11.7 所示进行设置。

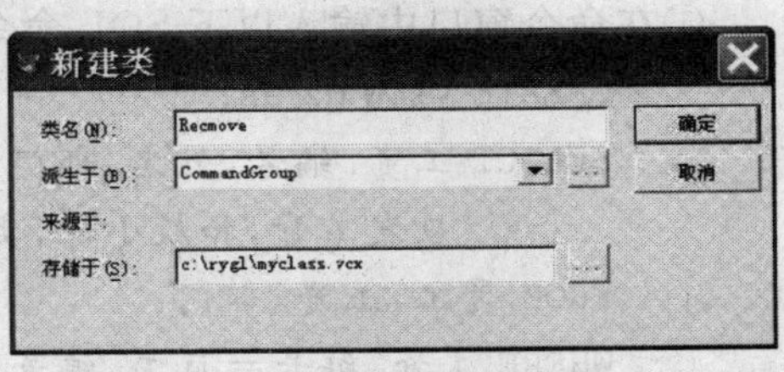

图 11.7 "新建类"对话框

②单击"确定"按钮，系统打开"类设计器"窗口。

③设置 Recmove 类的属性：将 ButtonCount 属性设置为 4，清除所有命令按钮的 Caption 值，按下面的叙述设置各个按钮的 Picture 属性值。

第 1 个命令按钮

Picture＝top.bmp

第 2 个命令按钮

Picture＝last.bmp

第 3 个命令按钮

Picture＝next.bmp

第 4 个命令按钮

Picture＝bottom.bmp

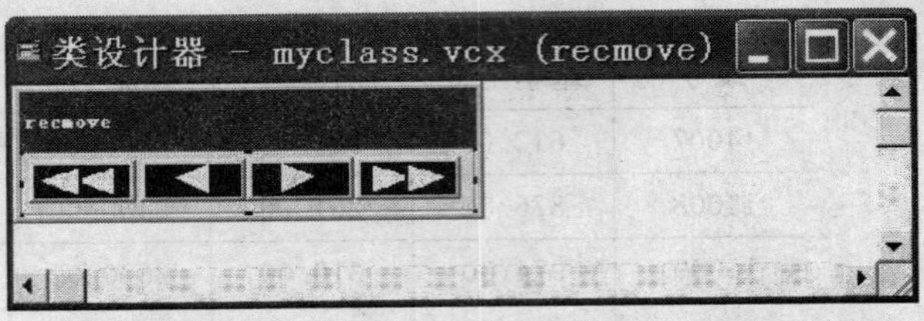

图 11.8　记录移动类的设计结果

设计后的类布局如图 11.8 所示。

④编写各命令按钮的 Click 事件程序代码。

- 按钮的 Click 事件程序代码如下

```
GO TOP
thisform.Refresh
```

- 按钮的 Click 事件程序代码如下

```
SKIP－1
IF BOF()
  GO TOP
ENDIF
thisform.Refresh
```

- 按钮的 Click 事件程序代码如下

```
SKIP
IF EOF()
  GO bottom
ENDIF
thisform.Refresh
```

- 按钮的 Click 事件程序代码如下

```
GO bottom
thisform.Refresh
```

- 关闭类设计器窗口，保存新类的设计结果。

(4) 创建 gz 视图

①在命令窗口中输入以下 SQL 命令

```
CREATE VIEW gz as;
SELECT 工资.编号,姓名,部门名称,基本工资,岗位津贴,其他工资,;
       应发工资,扣款小计,实发工资;
FROM 员工,工资,部门;
WHERE 工资.编号＝员工.编号 AND 员工.部门编号＝部门.部门编号;
ORDER BY 工资.编号
```

②在项目管理器中的“本地视图”项中选择 gz 视图，单击“修改”按钮，打开视图设计器。

③在视图设计器中选择“更新条件”选项卡，设置更新条件。将“工资.编号”字段设置为关

键字段，将“工资”表中除“应发工资”和“实发工资”字段外的所有数字字段设置为更新字段。选中“发送 SQL 更新”选框，如图 11.9 所示。

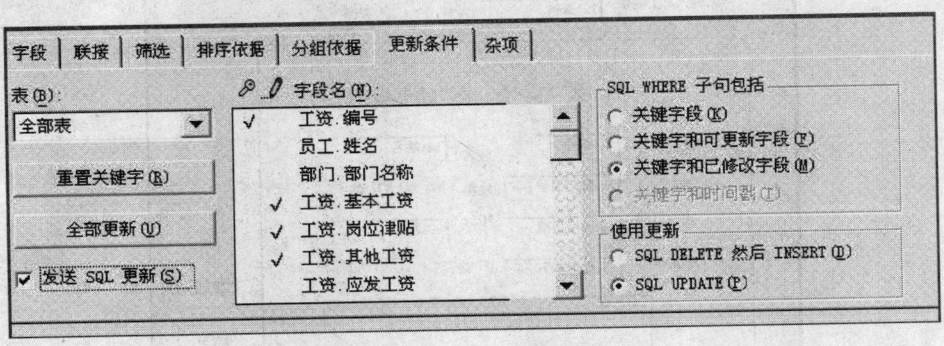

图 11.9　设置视图更新条件

④在项目管理器中选择 Gz 视图，单击“浏览”按钮，观察设计效果，结果如图 11.10 所示。

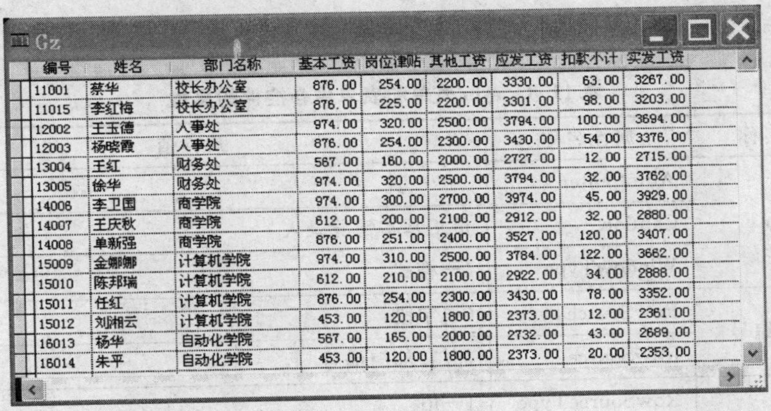

编号	姓名	部门名称	基本工资	岗位津贴	其他工资	应发工资	扣款小计	实发工资
11001	蔡华	校长办公室	876.00	254.00	2200.00	3330.00	63.00	3267.00
11015	李红梅	校长办公室	876.00	225.00	2200.00	3301.00	98.00	3203.00
12002	王玉德	人事处	974.00	320.00	2500.00	3794.00	100.00	3694.00
12003	杨晓霞	人事处	876.00	254.00	2300.00	3430.00	54.00	3376.00
13004	王红	财务处	567.00	160.00	2000.00	2727.00	12.00	2715.00
13005	徐华	财务处	974.00	320.00	2500.00	3794.00	32.00	3762.00
14006	李卫国	商学院	974.00	300.00	2700.00	3974.00	45.00	3929.00
14007	王庆秋	商学院	612.00	200.00	2100.00	2912.00	32.00	2880.00
14008	单新强	商学院	876.00	251.00	2400.00	3527.00	120.00	3407.00
15009	金娜娜	计算机学院	974.00	310.00	2500.00	3784.00	122.00	3662.00
15010	陈邦瑞	计算机学院	612.00	210.00	2100.00	2922.00	34.00	2888.00
15011	任红	计算机学院	876.00	254.00	2300.00	3430.00	78.00	3352.00
15012	刘湘云	计算机学院	453.00	120.00	1800.00	2373.00	12.00	2361.00
16013	杨华	自动化学院	567.00	165.00	2000.00	2732.00	43.00	2689.00
16014	朱平	自动化学院	453.00	120.00	1800.00	2373.00	20.00	2353.00

图 11.10　视图浏览结果

(5) 设计用来输入员工基本信息的表单

创建 ygin.scx 表单用来完成录入员工基本情况的功能，设计界面如图 11.11 所示。要求该表单完成的功能是：在“Txt 查找”处输入员工的编号值后单击“查询”命令按钮，能在表单中显示对应的记录内容；单击“增加”命令按钮，能清空表单，根据用户输入的内容向“员工”表添加记录；单击“删除”命令按钮，则能删除当前显示的记录，并显示下一条记录。表单下方的四个命令按钮用来浏览“员工”表中记录的数据。

①设计表单界面：使用项目管理器新建一个表单；将“员工”表和“部门”表加入到表单的数据环境中，删除表之间的联接关系；将“员工”表的 order 属性设置为“编号”；以 ryin.scx 为名保存表单；使用“表单控件”中的“形状”按钮，在表单中添加形状控件，从数据环境中将“员工”表的各字段分别拖到表单上，形成控件；按表 11.8 所示，设置各控件属性。

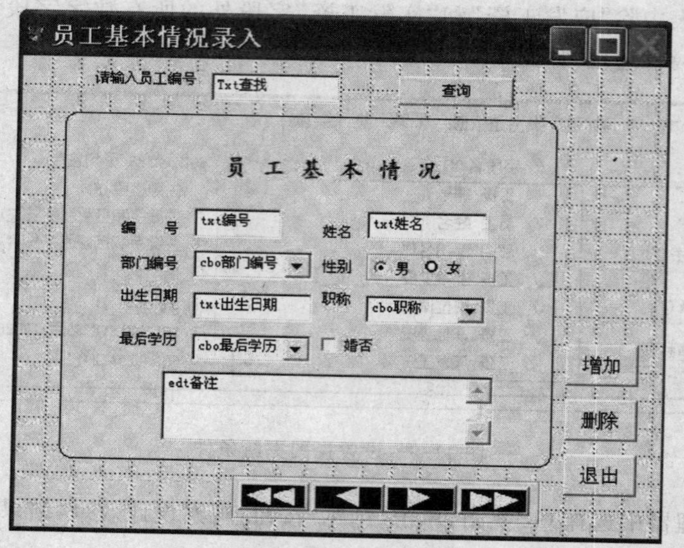

图 11.11　员工基本情况录入表单

表 11.8　ryin 表单和表单中各控件的属性

对象名称	属性名称	属性值
表单 Form1	AutoCenter	.T.—真
	Caption	员工基本情况录入
	WindowType	1—模式
Cbo 部门编号	RowSourceType	6—字段
	RowSource	部门.部门编号
Cbo 职称	RowSourceType	1—值
	RowSource	政工师、高工、工程师、助工、教授、讲师、副教授、助教
Cbo 最后学历	RowSourceType	1—值
	RowSource	研究生、本科、专科
Option1	Caption	男
Option2	Caption	女
Txt 查找	Maxlength	5

在表单下部设置 Recmove 记录移动类对象：单击“表单控件”工具栏的“查看类”按钮，在弹出的菜单中执行“添加”命令。在出现的“打开”对话框中选定类库文件名 myclass.vcx，单击“打开”按钮。在“表单控件”工具栏中出现我们在前面创建的 Recmove 类按钮对象，如图 11.12 所示。

图 11.12　“表单控件”工具栏

使用“表单控件”工具栏中的命令按钮组对象按钮，在表单中设置该对象对应的控件。

说明：单击图 11.12 中的按钮，在弹出的菜单中执行“常用”命令，可以将“表单控件”工具栏恢复成原来的形状。

②为表单控件编写代码，实现录入员工基本情况的功能。

为“增加”命令按钮的 Click 事件编写下述程序代码

```
SELECT 员工
currrec＝STR(RECNO())
bh＝LEFT(ALLTRIM(INPUTBOX("请输入新员工编号")),5)
SEEK bh
IF FOUND()
  ＝MESSAGEBOX("编号重复，请重新输入！")
  GO &currrec
ELSE
  APPEND BLANK
  REPLACE 编号 with (bh)
  INSERT into 工资(编号) values('&bh')
  SELECT 员工
  thisform.Refresh
ENDIF
```

为“删除”命令按钮的 Click 事件编写下述程序代码

```
SELECT 员工
yes＝MESSAGEBOX("确定是否删除？",1＋32)
IF yes＝1
  DELETE
  PACK
  SELECT 工资
  PACK
  SELECT 员工
  thisform.Refresh
ENDIF
```

为“查找”命令按钮的 Click 事件编写下述程序代码

```
SELECT 员工
currrec＝STR(RECNO())
SEEK thisform.txt 查找.Value
IF EOF()
  ＝MESSAGEBOX("查无此人！")
  GO &currrec
ENDIF
thisform.Refresh
```

为“退出”命令按钮的 Click 事件编写下述程序代码

```
thisform.Release
```

③设计结束后，单击工具栏上的“保存”按钮，保存设计结果。

注意：以下叙述中，各项操作结束后，不再说明保存操作。

(6) 设计用来输入员工工资信息的表单

创建 gzin.scx 表单用来完成录入员工工资情况的功能，设计界面如图 11.13 所示。

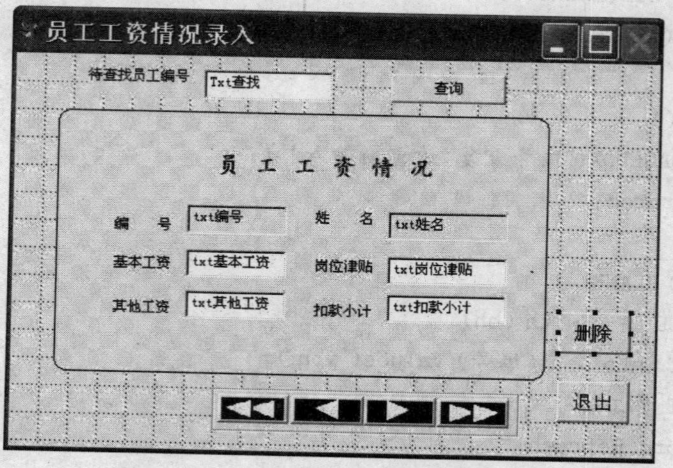

图 11.13　员工工资情况录入表单

①设计表单界面：新建一个表单；将“员工”表和“工资”表添加到表单数据环境中，将“工资”表 order 属性设置为“编号”主索引；以 gzin.scx 为名保存表单；在表单上添加形状控件，从数据环境中将“工资”表的各字段拖到表单上，再将“员工”表中的“姓名”字段拖到表单上。按表 11.9 所示，设置各控件的属性。在表单下部添加 Recmove 记录移动类对象。

表 11.9　gzin 表单和表单中各控件的属性

对象名称	属性名称	属性值
Form1(表单)	AutoCenter	.T.一真
	Caption	员工工资情况录入
	WindowType	1—模式
txt 编号	ReadOnly	.T.一真
txt 姓名	ReadOnly	.T.一真
txt 查找	Maxlength	5

②为表单控件编写代码，实现录入员工工资情况的功能。

为“查找”命令按钮的 Click 事件编写下述程序代码

```
SELECT 工资
currrec=STR(RECNO())
SEEK thisform.txt 查找.Value
```

```
IF EOF()
  =MESSAGEBOX("查无此人!")
  GO &currrec
ENDIF
SELECT 员工
SEEK thisform.txt 编号.Value
SELECT 工资
thisform.Refresh
```

"退出"命令按钮的程序代码可参照 ryin 表单相关控件的代码进行设计。

(7) 设计用来查找员工基本情况的表单

创建 rycx.scx 表单，在输入了部门名称或员工姓名后，能查找并显示指定部门或指定姓名的员工的基本情况，表单设计界面如图 11.14 所示。

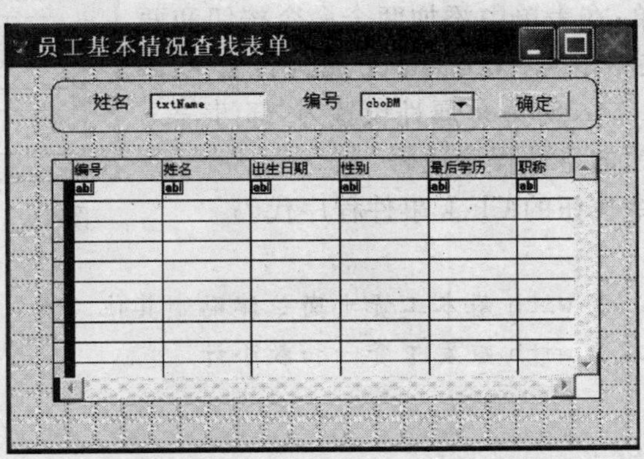

图 11.14 基本情况查询表单

①设计表单界面：新建一个表单；将"员工"表和"部门"表添加到表单的数据环境中，并删除两表之间的关系；以 rycx.scx 为名保存表单；在表单中设置 txtName 文本框，用来输入待查找的职工姓名；设置 cboBM 组合框，用来选择部门名称；设置 Grid1 表格控件，用来显示"员工"表数据；将 cboBM 组合框的 RowSource 属性设置为"部门"表的"部门名称"字段；将 Grid1 表格控件的 RecordSource 属性设置为"员工"表，再将其设置为只读。

②编写"确定"命令按钮的 Click 事件程序代码

```
IF ! EMPTY(thisform.txtName.Value)
  SET FILTER TO 员工.姓名=TRIM(Thisform.txtName.Value)
  thisform.grid1.Refresh
  RETURN
ENDIF
IF ! EMPTY(thisform.cboBM.Value)
  bm=TRIM(thisform.cboBM.Value)
  SELECT 部门
  LOCATE FOR 部门名称=bm
```

```
        bmbh=部门编号
        SELECT 员工
        SET FILTER TO 员工.部门编号=bmbh
        thisform.grid1.Refresh
        RETURN
    ENDIF
```

(8) 设计用来计算实发工资的表单

创建 calugz.scx 表单，表单布局如图 11.15 所示。在表单中用一个表格控件显示工资情况；用另一个表格控件显示部门工资汇总情况。

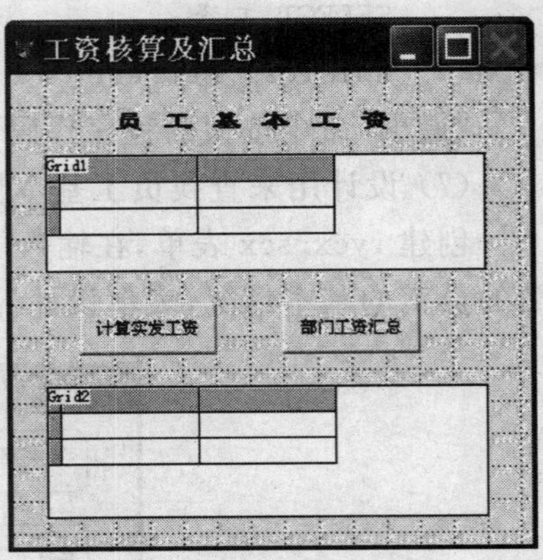

图 11.15 工资核算及汇总表单

①设计表单界面：新建一个表单；将“工资”表和“部门”表以及前面创建的 gz 视图添加到表单的数据环境中；以 calugz.scx 为名保存表单；在表单中添加两个命令按钮和两个表格控件；将 Gridl 表格的 RecordSource 属性设置为 gz 视图；将 Grid2 表格的 RecordSource 属性设置为“部门”表。

②编写两个命令按钮的事件程序代码

“计算实发工资”命令按钮的 Click 事件程序代码

```
SELECT gz
REPL ALL 应发工资 with 基本工资+岗位津贴+其他工资
REPL ALL 实发工资 with 应发工资-扣款小计
GO TOP
Thisform.Refresh
```

“部门工资汇总”命令按钮的 Click 事件程序代码

```
SELECT 部门
GO TOP
DO WHILE ! EOF()
    bh=部门编号
    SELECT 工资
    COUNT FOR LEFT(编号,2)=bh TO rs
    SUM 基本工资,岗位津贴,其他工资,应发工资,扣款小计,实发工资 ;
        TO a1,a2,a3,a4,a5,a6 FOR LEFT(编号,2)=bh
    SELECT 部门
    REPLACE 人数 WITH rs
    REPLACE 基本工资 WITH a1,岗位津贴 WITH a2,其他工资 WITH a3,;
        应发工资 WITH a4,扣款小计 WITH a5,实发工资 WITH a6
    SKIP
ENDDO
Thisform.Refresh
```

(9) 设计用来管理操作员的表单

创建“操作员.scx”表单，该表单的基本功能是向“操作员”表中添加新记录和删除记录，表单的设计界面如图 11.16所示。

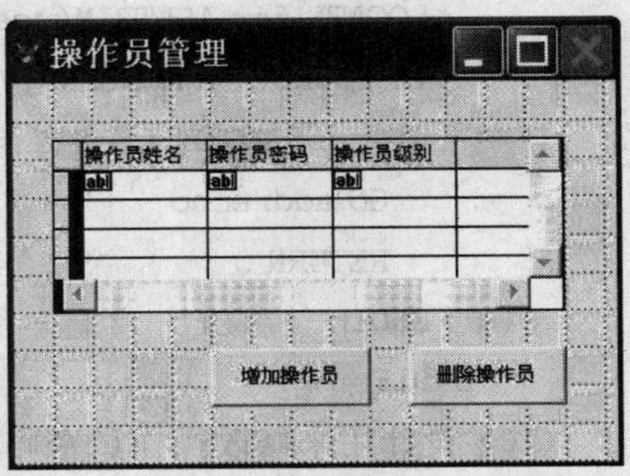

图 11.16　操作员管理表单

①设计表单界面：新建一个表单；将“操作员”表添加到表单环境中；以“操作员.scx”为名保存表单；从数据环境中将“操作员”表拖到表单中，形成表格控件；按照表 11.10所示，设置表单的属性，并在表单中设置两个命令按钮。

表 11.10　操作员管理表单的属性设置

对象名称	属性名称	属性值
Form1(表单)	AutoCenter	.T.一真
	Caption	操作员管理
	WindowType	1一模式

②编写表单和相关控件的事件程序代码

表单的 Init 事件程序代码

```
SET DELETED on
PUBLIC addrecno
addrecno＝0
```

“增加操作员”按钮的 Click 事件程序代码

```
APPEND BLANK
addrecno＝RECNO()
thisform.grd操作员.column1.text1.SetFocus
```

“删除操作员”按钮的 Click 事件程序代码

```
yes＝MESSAGEBOX("确实要删除该操作员的信息吗",1＋48)
IF yes＝1
  DELETE
  SKIP－1
  thisform.Refresh
ENDIF
```

表格控件的 Column1 列中的 Text1 文本框对象的 Valid 事件程序代码

```
IF RECNO()＝addrecno
  IF EMPTY(username)
  ＝MESSAGEBOX("操作员姓名不能为空!")
  RETURN 0
  ENDIF
```

```
    LOCATE for ALLTRIM(username)==ALLTRIM(this.Value)
    IF FOUND() and RECNO()<>addrecno
      =MESSAGEBOX("该姓名已存在，请重新输入!")
      GO addrecno
      RETURN 0
    ENDIF
  ENDIF
```

(10) 设计用来修改操作员密码的表单

创建“修改密码.scx”表单，该表单的基本功能是修改“操作员”表中指定纪录(当前操作员)的 userpwd 字段的值，表单的设计界面如图 11.17 所示。

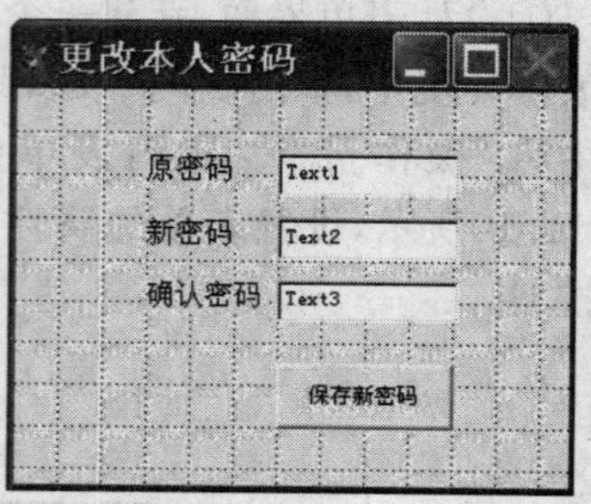

图 11.17 修改本人密码表单界面

①设计表单界面：新建一个表单，以“修改密码.scx”为名保存表单；在表单中添加相应的控件，如图 11.17 所示；按表 11.11 所示，设置表单及控件的必要属性。

表 11.11 更改本人密码表单及控件的有关属性设置

对象名称	属性名称	属性值
Form1(表单)	AutoCenter	.T.—真
	Caption	更改本人密码
	WindowType	1—模式
Text1	PasswordChar	*
Text2	PasswordChar	*
Text3	PasswordChar	*

②编写“保存新密码”按钮的 Click 事件程序，程序代码如下

```
LOCATE for username=curruser  && curruser是一个全局变量
                              && 在系统登录时保存了当前操作员的姓名
IF not ALLTRIM(userpwd)==ALLTRIM(thisform.text1.value)
  =MESSAGEBOX("原密码输入错误，请重新输入!")
  thisform.text1.SelStart=0
  thisform.text1.SelLength=LEN(thisform.text1.value)
  thisform.text1.SetFocus
  RETURN
ELSE
  IF not ALLTRIM(thisform.text2.value)==ALLTRIM(thisform.text3.value)
  =MESSAGEBOX("新密码的两次输入不一致，请重新输入!")
  thisform.text2.Value=""
  thisform.text3.Value=""
  thisform.text2.SetFocus
```

```
    RETURN
    ELSE
      REPLACE userpwd WITH ALLTRIM(thisform.text2.value)
      =MESSAGEBOX("密码修改成功!")
      thisform.Release
    ENDIF
  ENDIF
```

(11) 设计用来输出工资发放明细情况的报表

创建"工资清单.frx"报表，用来输出员工的工资明细情况，报表的设计界面如图 11.18 所示。

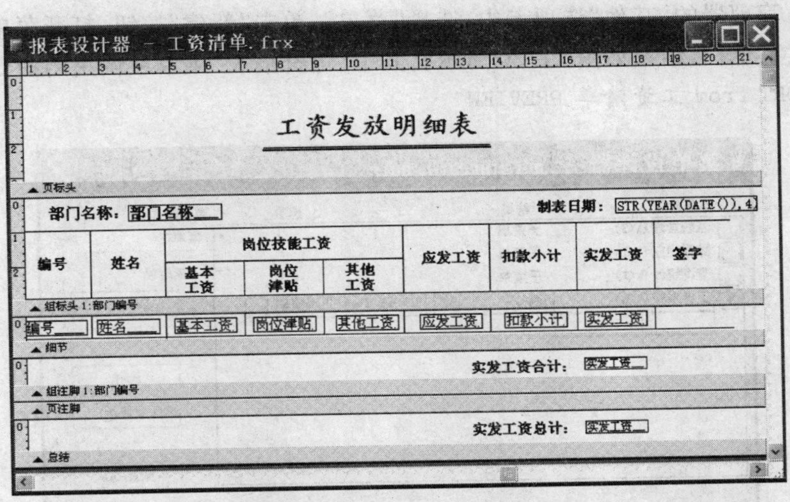

图 11.18　工资清单报表布局

①在项目管理器的"文档"选项卡中选择"报表"，单击"新建"按钮。打开报表设计器。

②按图 11.19 所示，设置报表的数据环境，在"工资"表的"编号"字段与"员工"表的"编号"索引间建立临时关系；在"员工"表的"部门编号"字段与"部门"表的"部门编号"索引间建立临

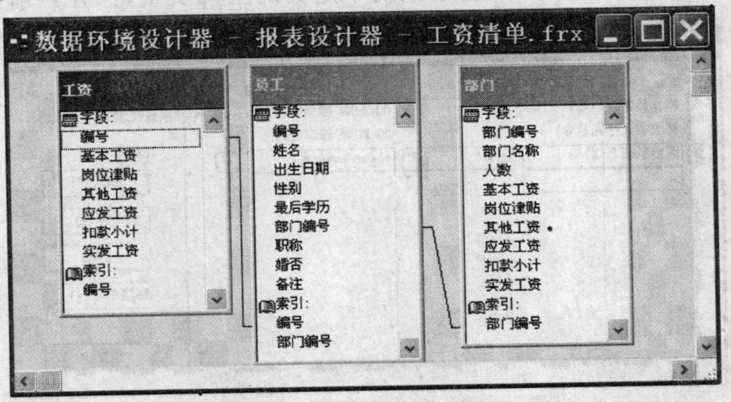

图 11.19　设置报表的数据环境

时关系；将“工资”表的 order 属性设置为“编号”。

③以“工资清单.frx”为名，保存报表文件。

④使用报表控件工具栏和数据环境，按图 11.18 所示设计报表中的标签、域控件。

⑤对报表按“部门.部门编号”字段分组。制表日期为一个域控件，它的表达式为

```
STR(YEAR(DATE()),4)+"年"+ STR(MONTH(DATE()),2)+"月"
```

⑥“实发工资合计:”与“实发工资总计:”这两个标签后面的域控件都是针对“实发工资”的计算字段，计算方式为求和。

⑦用线条控件等美化报表。

(12) 设计菜单

设计一个包含两级菜单的应用系统菜单，以 mainmenu.mnx 为名保存设计的菜单文件。

①在项目管理器的“其他”选项卡中，选择“菜单”，单击“新建”按钮，打开菜单设计器。

②设计主菜单栏，结果如图 11.20 所示。其中“工资报表”菜单项调用的命令为

```
REPORT from 工资清单 PREVIEW
```

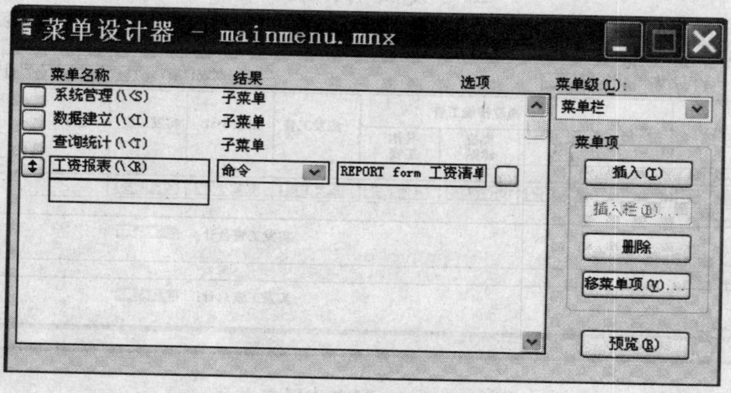

图 11.20 设计系统主菜单栏

③设计“系统管理”子菜单，结果如图 11.21 所示。除了图中显示的内容外，在“提示选项”对话框中分别为每个菜单项指定一个菜单图片文件。设置“操作员管理”菜单项的“跳过”条件为“userjb〈〉"系统操作员"”，userjb 是登录系统中定义的全局变量，保存当前操作员的操作员

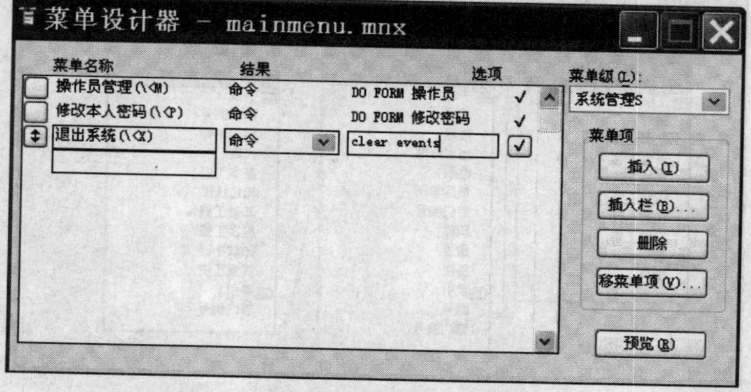

图 11.21 “系统管理”子菜单

级别 usergrade 字段的值。设置“退出系统”菜单项的快捷键为“Ctrl＋X”。

④设计“数据建立”子菜单，结果如图 11.22 所示。除了图中显示的内容外，在“提示选项”对话框中分别为每个菜单项指定一个菜单图片文件。

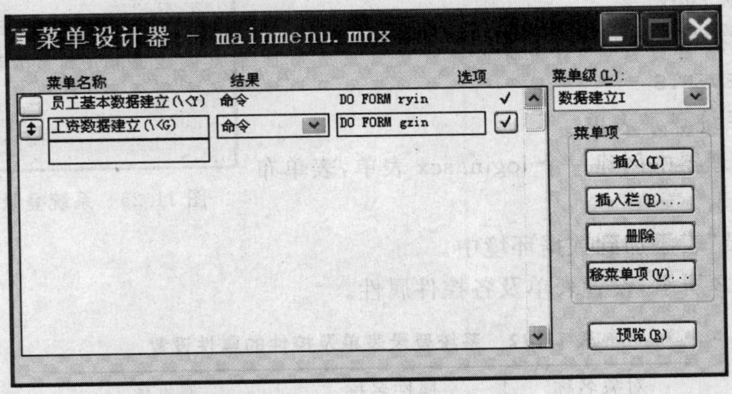

图 11.22　“数据建立”子菜单

⑤设计“查询统计”子菜单，结果如图 11.23 所示。除了图中显示的内容外，在“提示选项”对话框中分别为每个菜单项指定一个菜单图片文件。

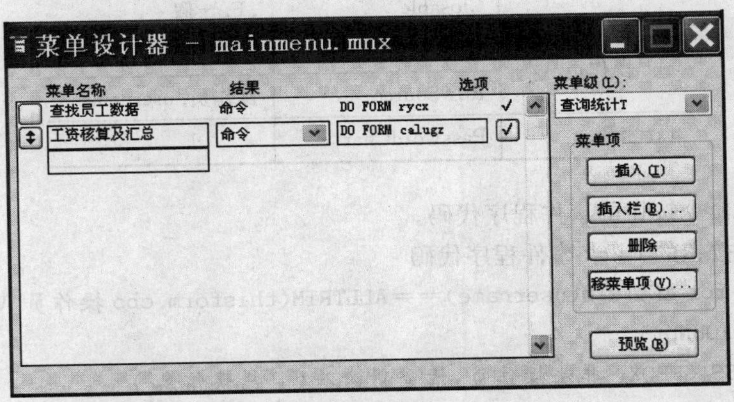

图 11.23　“查询统计”子菜单

⑥生成 mainmenu.mpr 菜单程序。

(13) 创建用户工具栏类

①在项目管理器中创建一个新类，类名为 mytoolbar，父类为 Container 类，存储在 myclass.vcx 类库中。

②在项目管理器的“类”选项卡中，单击“新建”按钮。打开类设计器，设计用户工具栏类。

③向容器中添加 3 个命令按钮控件，并分别设置 3 个按钮的 Caption 和 Picture 属性，调整按钮的布局和容器的大小，结果如图 11.24 所示。

图 11.24　定义用户工具栏类

④编写各命令按钮的 Click 事件程序代码。

"员工基本数据建立"按钮的 Click 事件程序代码

```
DO FORM ryin
```

"查找员工数据"按钮的 Click 事件程序代码

```
DO FORM rycx
```

"退出系统"按钮的 Click 事件程序代码

```
CLEAR EVENTS
```

(14) 设计系统登录表单

①在项目管理器中创建一个 login.scx 表单，表单布局如图 11.25 所示。

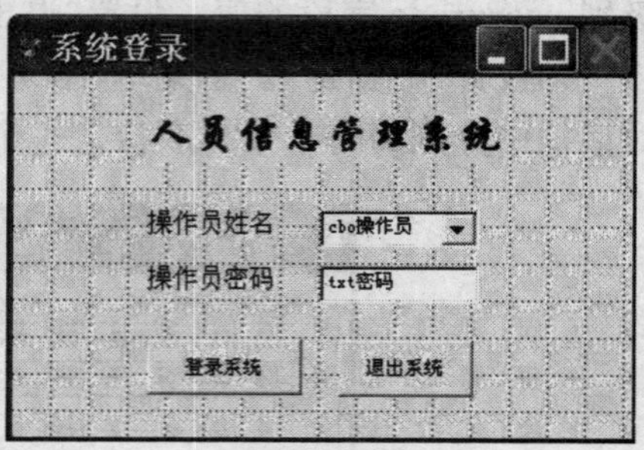

图 11.25 系统登录表单设计界面

②将"操作员"表添加到数据环境中。

③如表 11.12 所示，设置表单及各控件属性。

表 11.12 系统登录表单及控件的属性设置

对象名称	属性名称	属性值
Form1(表单)	AutoCenter	.T.一真
	Caption	系统登录
	WindowType	1一模式
	Closable	.F.一假
cbo 操作员	RowSourceType	6一字段
	RowSource	操作员.username
txt 密码	PasswordChar	*

④编写两个命令按钮的事件程序代码。

"登录系统"按钮的 Click 事件程序代码

```
LOCATE for ALLTRIM(username)==ALLTRIM(thisform.cbo操作员.Value)
IF not FOUND()
   =MESSAGEBOX("非法操作员,请重新输入!","错误信息")
   RETURN 0
ELSE
   IF ALLTRIM(userpwd)==ALLTRIM(thisform.txt密码.Value)
      PUBLIC curruser,userjb
      curruser=username
      userjb=ALLTRIM(usergrade)
      thisform.Release
      DO mainmenu.mpr
      SET CLASSLIB TO myclass
      _screen.AddObject("toolbar1","mytoolbar")
      _screen.toolbar1.visible=.t.
   ELSE
```

```
    =MESSAGEBOX("密码错,请重新输入!","错误信息")
    thisform.txt密码.Value=""
    thisform.txt密码.SetFocus
    RETURN 0
  ENDIF
ENDIF
```

"退出系统"按钮的 Click 事件程序代码

```
thisform.Release
CLEAR EVENTS
```

(15) 创建程序文件

①在项目管理器的"代码"选项卡中,选择"程序"项。单击"新建"按钮,打开代码编辑窗口,输入以下代码

```
SET TALK OFF
SET DATE TO YMD
SET CENTURY ON
SET DELETED ON
SET STATUS BAR OFF
_screen.WindowState= 2
_screen.Caption="员工信息管理"
_screen.MaxButton=.f.
_screen.MinButton=.f.
_screen.Closable=.f.
SET SYSMENU OFF
DO FORM login
READ EVENTS
SET SYSMENU ON
SET SYSMENU TO DEFAULT
CLEAR ALL
```

②以 yugl.prg 为文件名,保存程序。

(16) 设置主文件

在项目管理器中选择 yugl.prg 程序,单击右键,在弹出的快捷菜单中选择"设置主文件"命令。

(17) 连编生成应用程序

①在项目管理器中单击"连编"按钮,打开"连编选项"对话框。

②使用"连编选项"对话框生成可执行程序。

③在 Windows 下双击生成的可执行程序,运行程序,调试结果。

附录 A　全国计算机等级考试

二级 Visual FoxPro 笔试试题

2006 年 4 月全国计算机等级考试二级 Visual FoxPro 笔试试卷

（考试时间 90 分钟，满分 100 分）

一、选择题（每小题 2 分，共 70 分）

下列各题 A、B、C、D 四个选项中，只有一个选项是正确的，请将正确选项涂写在答题卡相应位置上，答在试卷上不得分。

1. 下列选项中不属于结构化程序设计方法的是（　）。

A. 自顶向下　　B. 逐步求精　　C. 模块化　　D. 可复用

2. 两个或两个以上模块之间关联的紧密程度称为（　）。

A. 耦合度　　B. 内聚度　　C. 复杂度　　D. 数据传输特性

3. 下列叙述中正确的是（　）。

A. 软件测试应该由程序开发者来完成　　B. 程序经调试后一般不需要再测试

C. 软件维护只包括对程序代码的维护　　D. 以上三种说法都不对

4. 按照“后进先出”原则组织数据的数据结构是（　）。

A. 队列　　B. 栈　　C. 双向链表　　D. 二叉树

5. 下列叙述中正确的是（　）。

A. 线性链表是线性表的链式存储结构　　B. 栈与队列是非线性结构

C. 双向链表是非线性结构　　D. 只有根结点的二叉树是线性结构

6. 对如图 A.1 所示的二叉树进行后序遍历的结果为（　）。

A. ABCDEF　　B. DBEAFC

C. ABDECF　　D. DEBFCA

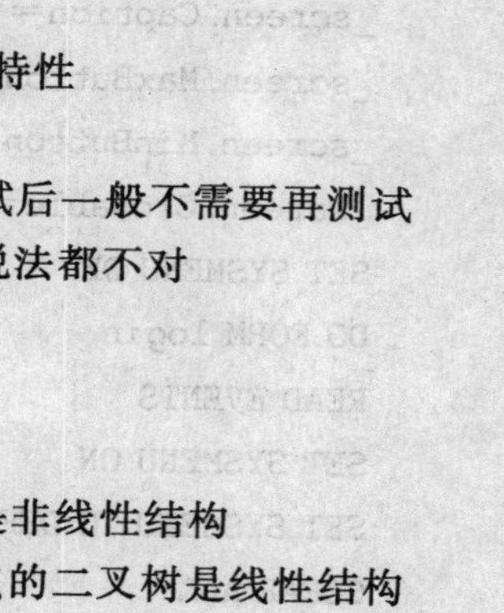

图 A.1　二叉树

7. 在深度为 7 的满二叉树中，叶子结点的个数为（　）。

A. 32　　B. 31　　C. 64　　D. 63

8. “商品”与“顾客”两个实体集之间的联系一般是（　）。

A. 一对一　　B. 一对多　　C. 多对一　　D. 多对多

9. 在 E－R 图中，用来表示实体的图形是（　）。

A. 矩形　　B. 椭圆形　　C. 菱形　　D. 三角形

10. 数据库 DB、数据库系统 DBS、数据库管理系统 DBMS 之间的关系是（　）。

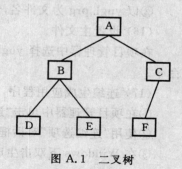

A. DB包含DBS和DBMS　　B. DBMS包含DB和DBS

C. DBS包含DB和DBMS　　D. 没有任何关系

11. 在 Visual FoxPro 中以下叙述错误的是（ ）。

A. 关系也被称作表　　B. 数据库文件不存储用户数据

C. 表文件的扩展名是.DBF　　D. 多个表存储在一个物理文件中

12. 扩展名为.SCX的文件是（ ）。

A. 备注文件　B. 项目文件　C. 表单文件　D. 菜单文件

13. 表格控件的数据源可以是（ ）。

A. 视图　B. 表　C. SQL SELECT 语句　D. 以上三种都可以

14. 在 Visual FoxPro 中以下叙述正确的是（ ）。

A. 利用视图可以修改数据　　B. 利用查询可以修改数据

C. 查询和视图具有相同的作用　　D. 视图可以定义输出去向

15. 在 Visual FoxPro 中可以用DO命令执行的文件不包括（ ）。

A. PRG文件　B. MPR文件　C. FRX文件　D. QPR文件

16. 不允许出现重复字段值的索引是（ ）。

A. 侯选索引和主索引　　B. 普通索引和唯一索引

C. 唯一索引和主索引　　D. 唯一索引

17. 在 Visual FoxPro 中，宏替换可以从变量中替换出（ ）。

A. 字符串　B. 数值　C. 命令　D. 以上三种都可能

18. 以下关于“查询”的描述正确的是（ ）。

A. 查询保存在项目文件中　　B. 查询保存在数据库文件中

C. 查询保存在表文件中　　D. 查询保存在查询文件中

19. 设 X="11"，Y="1122"，下列表达式结果为假的是（ ）。

A. NOT(X==y)AND(X$Y)　　B. NOT(X$Y)OR(X<>Y)

C. NOT()(>=Y)　　D. NOT(X$Y)

20. 以下是与设置系统菜单有关的命令，其中错误的是（ ）。

A. SET SYSMENU DEFAULT　　B. SET SYSMENU TO DEFAULT

C. SET SYSMENU NOSAVE　　D. SET SYSMENU SAVE

21. 在下面的 Visual FoxPro 表达式中，运算结果不为逻辑真的是（ ）。

A. EMPTY(SPACE(0))　　B. LIKE('xy*','xyz')

C. AT('xy','abcxyz')　　D. ISNULL(.NUILL.)

22. SQL 的数据操作语句不包括（ ）。

A. INSERT　B. UPDATE　C. DELETE　D. CHANGE

23. 假设表单上有一选项组：●男 ○女，其中第一个选项按钮“男”被选中。请问该选项组的 Value 属性值为（ ）。

A. .T.　B. “男”　C. 1　D. “男”或1

24. 打开数据库的命令是（ ）。

A. USE　　B. USE DATABASE

C. OPEN　　D. OPEN DATABASE

25."图书"表中有字符型字段"图书号"。要求用SQL DELETE命令将图书号以字母A开头的图书记录全部打上删除标记,正确的命令是(D)。

A. DELETE FROM 图书 FOR 图书号 LIKE"A%"

B. DELETE FROM 图书 WHILE 图书号 LIKE"A%"

C. DELETE FROM 图书 WHERE 图书号="A*"

D. DELETE FROM 图书 WHERE 图书号 LIKE"A%"

26. 在Visual FoxPro中,要运行菜单文件menu1.mpr,可以使用命令( )。

A. DO menu1　　B. DO menu1.mpr

C. DO MENU menu1　　D. RUN menu1

27. 以下所列各项属于命令按钮事件的是( )。

A. Parent　B. This　C. ThisForm　D. Click

28. 如果在命令窗口执行命令:LIST 名称,主窗口中显示:

记录号	名称
1	电视机
2	计算机
3	电话线
4	电冰箱
5	电线

假定名称字段为字符型、宽度为6,那么下面程序段的输出结果是( )。

```
GO 2
SCAN NEXT 4 FOR LEFT(名称,2)="电"
IF RIGHT(名称,2)="线"
EXIT
ENDIF
ENDSCAN
? 名称
```

A. 电话线　B. 电线　C. 电冰箱　D. 电视机

29. SQL语句中修改表结构的命令是( )。

A. ALTER TABLE　　B. MODIFY TABLE

C. ALTER STRUCTURE　　D. MODIFY STRUCTURE

30. 假设"订单"表中有订单号、职员号、客户号和金额字段,正确的SQL语句只能是( )。

A. SELECT 职员号 FROM 订单 GROUP BY 职员号 HAVING COUNT(*)>3 AND AVG_金额>200

B. SELECT 职员号 FROM 订单 GROUP BY 职员号 HAVING COUNT(*)>3 AND AVG(金额)>200

C. SELECT 职员号 FROM 订单 GROUP BY 职员号 HAVING COUNT(*)>3 WHERE AVG(金额)>200

D. SELECT 职员号 FROM 订单 GROUP BY 职员号 WHERE COUNT(*)>3 AND AVG_金额>200

31. 要使"产品"表中所有产品的单价上浮8%,正确的SQL命令是( )。

A. UPDATE 产品 SET 单价=单价+单价*8% FOR ALL

B. UPDATE 产品 SET 单价＝单价 * 1.08 FOR ALL

C. UPDATE 产品 SET 单价＝单价＋单价 * 8%

D. UPDATE 产品 SET 单价＝单价 * 1.08

32. 假设同一名称的产品有不同的型号和产地，则计算每种产品平均单价的 SQL 语句是（　）。

A. SELECT 产品名称，AVG(单价)FROM 产品 GROUP BY 单价

B. SELECT 产品名称，AVG(单价)FROM 产品 ORDER BY 单价

C. SELECT 产品名称，AVG(单价)FROM 产品 ORDER BY 产品名称

D. SELECT 产品名称，AVG(单价)FROM 产品 GROUP BY 产品名称

33. 执行如下命令序列后，最后一条命令的显示结果是（　）。

```
DIMENSION M(2,2)
M(1,1)＝10
M(1,2)＝20
M(2,1)＝30
M(2,2)＝40
? M(2)
```

A. 变量未定义的提示　　B. 10　　C. 20　　D. .F.

34. 设有 S(学号，姓名，性别)和 SC(学号，课程号，成绩)两个表，如下 SQL 语句检索选修的每门课程的成绩都高于或等于 85 分的学生的学号、姓名和性别，正确的是（　）。

A. SELECT 学号，姓名，性别 FROM S WHERE EXISTS；
(SELECT * FROM SC WHERE SC. 学号＝S. 学号 AND 成绩＜＝85)

B. SELECT 学号，姓名，性别 FROM S WHERENOT EXISTS；
(SELECT * FROM SC WHERE SC. 学号＝S. 学号 AND 成绩＜＝85)

C. SELECT 学号，姓名，性别 FROM S WHERE EXISTS；
(SELECT * FROM SC WHERE SC. 学号＝S. 学号 AND 成绩＞85)

D. SELECT 学号，姓名，性别 FROM S WHERENOT EXISTS；
(SELECT * FROM SC WHERE SC. 学号＝S. 学号 AND 成绩＜85)

35. 从"订单"表中删除签订日期为 2004 年 1 月 10 日之前(含)的订单记录，正确的 SQL 语句是（　）。

A. DROP FROM 订单 WHERE 签订日期＜＝{^2004－1－10}

B. DROP FROM 订单 FOR 签订日期＜＝{^2004－1－10}

C. DELETE FROM 订单 WHERE 签订日期＜＝{^2004－1－10}

D. DELETE FROM 订单 FOR 签订日期＜＝{^2004－1－10}

二、填空题(每空 2 分，共 30 分)

请将每一个空的正确答案写在答题卡【1】～【15】序号的横线上，答在试卷上不得分。

注意：以命令关键字填空的必须拼写完整。

1. 对长度为 10 的线性表进行冒泡排序，最坏情况下需要比较的次数为【1】。

2. 在面向对象方法中，【2】描述的是具有相似属性与操作的一组对象。

3. 在关系模型中，把数据看成是二维表，每一个二维表称为一个【3】。

4. 程序测试分为静态分析和动态测试。其中【4】是指不执行程序，而只是对程序文本进行检查，通过阅读和讨论，分析和发现程序中的错误。

5. 数据独立性分为逻辑独立性与物理独立性。当数据的存储结构改变时，其逻辑结构可以不变，因此，基于逻辑结构的应用程序不必修改，称为【5】。

6. 表达式{^2005－1－3 10:0:0}－{^2005－10－3 9:0:0}的数据类型是【6】。

7. 在 Visual FoxPro 中，将只能在建立它的模块中使用的内存变量称为【7】。

8. 查询设计器的“排序依据”选项卡对应于 SQL SELECT 语句的【8】短语。

9. 在定义字段有效性规则时，在规则框中输入的表达式类型是【9】。

10. 在 Visual FoxPro 中，主索引可以保证数据的【10】完整性。

11. SQL 支持集合的并运算，运算符是【11】。

12. SQL SELECT 语句的功能是【12】。

13. “职工”表有工资字段，计算工资合计的 SQL 语句是 SELECT 【13】FROM 职工

14. 要在“成绩”表中插入一条记录，应该使用的 SQL 语句是：

【14】成绩(学号，英语，数学，语文)VALuEs("2001100111",91,78,86)

15. 要将一个弹出式菜单作为某个控件的快捷菜单，通常是在该控件的【15】事件代码中添加调用弹出式菜单程序的命令。

2006 年 9 月全国计算机等级考试二级 Visual FoxPro 笔试试卷

（考试时间 90 分钟，满分 100 分）

一、选择题(每小题 2 分，共 70 分)

下列各题 A、B、C、D 四个选项中，只有一个选项是正确的，请将正确选项涂写在答题卡相应位置上，答在试卷上不得分。

1. 下列选项不符合良好程序设计风格的是(　)。

A. 源程序要文档化　　B. 数据说明的次序要规范化

C. 避免滥用 goto 语句　　D. 模块设主地要保证高耦合、高内聚

2. 从工程管理角度，软件设计一般分为两步完成，它们是(　)。

A. 概要设计与详细设计　　B. 数据设计与接口设计

C. 软件结构设计与数据设计　　D. 过程设计与数据设计

3. 下列选项中不属于软件生命周期开发阶段任务的是(　)。

A. 软件测试　B. 概要设计　C. 软件维护　D. 详细设计

4. 在数据库系统中，用户所见的数据模式为(　)。

A. 概念模式　B. 外模式　C. 内模式　D. 物理模式

5. 数据库设计的四个阶段是：需求分析、概念设计、逻辑设计和(　)。

A. 编码设计　B. 测试阶段　C. 运行阶段　D. 物理设计

6. 设有如下三个关系表

R

A
m
n

S

B	C
1	3

T

A	B	C
m	1	3
n	1	3

下列操作中正确的是(　)。

A. T＝R∩S　B. T＝R∪S　C. T＝R×S　D. T＝R/S

7. 下列叙述中正确的是(　)。

A. 一个算法的空间复杂度大,则其时间复杂度也必定大

B. 一个算法的空间复杂度大,则其时间复杂度必定小

C. 一个算法的时间复杂度大,则其空间可复杂度必定小

D. 上述三种说法都不对

8. 在长度为 64 的有序线性表中进行顺序查找,最坏情况下需要比较的次数为(　)。

A. 63　B. 64　C. 6　D. 7

9. 数据库技术的根本目标是要解决数据的(　)。

A. 存储问题　B. 共享问题　C. 安全问题　D. 保护问题

10. 对图 A.2 所示二叉树进行中序遍历的结果是(　)。

A. ACBDFEG　B. ACBDFGE

C. ABDCGEF　D. FCADBEG

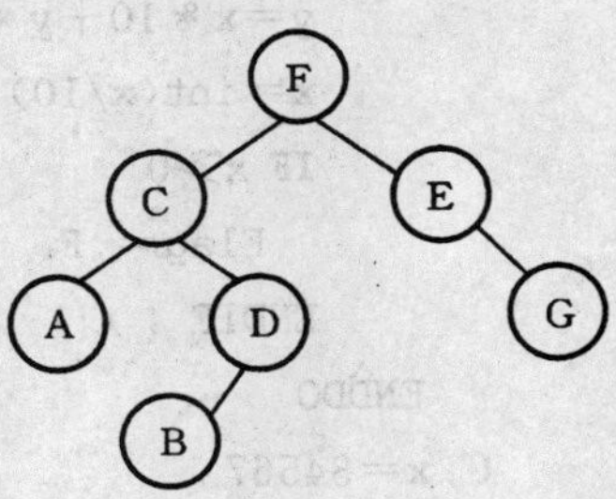

图 A.2　二叉树

11. 下列程序段执行以后,内存变量 A 和 B 的值是(　)。

```
CLEAR
A=10
B=20
SET UDFPARMS TO REFERENCE
DO SQ WITH(A),B   && 参数 A 是值传送,B 是引用传送
? A,B
PROCEDURE SQ
PARAMETERSX1,Y1
X1=X1 * X1
Y1=2 * X1
ENDPROC
```

A. 10 200　B. 100 200　C. 10 020　D. 1 020

12. 从内存中清除内存变量的命令是(　)。

A. Release　B. Delete　C. Erase　D. Destroy

13. 操作对象只能是一个表的关系运算是(　)。

A. 联接和选择　B. 联接和投影　C. 选择和投影　D. 自然连接和选择

14. 在"项目管理器"下为项目建立一个新报表,应该使用的选项卡是(　)。

A. 数据　B. 文档　C. 类　D. 代码

15. 如果有定义 LOCAL data ,data 的初值是(　)。

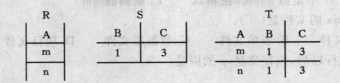

A. 整数 0　　B. 不定值　　C. 逻辑真　　D. 逻辑假

16. 扩展名为.pjx 的文件是(　)。

A. 数据库表文件　　B. 表单文件　　C. 数据库文件　　D. 项目文件

17. 下列程序执行以后,内存变量 y 的值是(　)。

```
x=34357
y=0
DO WHILEx>0
y=x%10+y*10
x=int(x/10)
ENDDO
```

A. 3456　　B. 34567　　C. 7654　　D. 75343

18. 下列的程序与上题的程序段对 y 的计算结果相同的是(　)。

A.
```
x=34567
y=0
flag=.T.
DO WHILE flag
    y=x%10+y*10
    x=int(x/10)
    IF x>0
      Flag=.F.
    ENDIF
ENDDO
```

B.
```
x=34567
y=0
flag=.T.
DO WHILE flag
    y=x%10+y*10
    x=int(x/10)
    IF x=0
      Flag=.F.
    ENDIF
ENDDO
```

C.
```
x=34567
y=0
flag=.T.
DO WHILE flag
    y=x%10+y*10
    x=int(x/10)
    IF x>0
      Flag=.T.
    ENDIF
ENDDO
```

D.
```
x=34567
y=0
flag=.T.
DO WHILE flag
    y=x%10+y*10
    x=int(x/10)
    IF x=0
      Flag=.T.
    ENDIF
ENDDO
```

19. 在 SQL SELECT 语句的 ORDER BY 短语中如果指定了多个字段,则(　)。

A. 无法进行排序　　B. 只按第一个字段排序

C. 按从左至右优先依次排序　　D. 按字段排序优先级依次排序

20. 如果运行一个表单,以下事件首先被触发的是(　)。

A. Load　　B. Error　　C. Init　　D. Click

21. 在 Visual FoxPro 中,以下叙述正确的是(　)。

A. 关系也被称作表单　　B. 数据库文件不存储用户数据

C. 表文件的扩展名是. DBC　　D. 多个表存储在一个物理文件中

22. 设 X=6<5，则命令？VARTYPE(X)的输出是(　)。

A. N　B. C　C. L　D. 出错

23. 假设表单上有一选项组：●男○女，如果选择第二个按钮“女”，则该项组 Value 属性的值为(　)。

A. .F.　　B. 女　　C. 2　D. 女 或 2

24. 假设表单 My Form 隐藏着，让该表单在屏幕上显示的命令是(　)。

A. MyForm. List　　B. MyForm. Display

C. MyForm. Show　　D. MyForm. ShowForm

25～33 题使用的数据表如下：

当前盘当前目录下有数据库：大奖赛 dbc，其中有数据库表“歌手. dbf”、“评分. dbf”。

“歌手”表

歌手号	姓名
1001	王蓉
2001	许巍
3001	周杰论
4001	林俊杰
…	…

“评分”表

歌手号	分数	评委号
1001	9.8	101
2001	9.6	102
3001	9.7	103
4001	9.8	104
…	…	…

25. 为“歌手”表增加一个字段“最后得分”的 SQL 语句是(　)。

A. ALTER TABLE 歌手 ADD 最后得分 F(6,2)

B. ALTER DBF 歌手 ADD 最后得分 F 6,2

C. CHANGE TABLE 歌手 ADD 最后得分 F(6,2)

D. CHANGE TABLE 学院 INSERT 最后得分 F 6,2

26. 插入一条记录到“评分”表中，歌手号、分数和评委号分别是“1001”、9.9 和“105”，正确的 SQL 语句是(　)。

A. INSERT VALUES("1001",9,"105") INTO 评分(歌手号,分数,评委号)

B. INSERT TO 评分(歌手号,分数,评委号) VALUES("1001",9.9,"105")

C. INSERT INTO 评分(歌手号,分数,评委号) VALUES("1001",9.9,"105")

D. INSERT VALUES("100",9.9,"105") TO 评分(歌手号,分数,评委号)

27. 假设每个歌手的“最后得分”的计算方法是，去掉一个最高分和一个最低分，取剩下分数的平均分。根据“评分”表求每个歌手的“最后得分”并存储于表 TEMP 中。表 TEMP 中有两个字段：“歌手号”和“最后得分”，并且按最后得分降序排列，生成表 TEMP 的 SQL 语句是(　)。

A. SELECT 歌手号,(COUNT(分数)－MAX(分数)－MIN(分数))/(SUM(＊)－2) 最后得分；

FROM 评分 INTO DBF TEMP GROUP BY 歌手号 ORDER BY 最后得分 DESC

B. SELECT 歌手号,(COUNT(分数)－MAX(分数)－MIN(分数))/(SUM(＊)－2) 最后得分；

FROM 评分 INTO DBF TEMP GROUP BY 评委号 ORDER BY 最后得分 DESC

C. SELECT 歌手号,(SUM(分数)－MAX(分数)－MIN(分数))/(COUNT(＊)－2) 最后得分；

FROM 评分 INTO DBF TEMP GROUP BY 评委号 ORDER BY 最后得分 DESC

D. SELECT 歌手号,(SUM(分数)－MAX(分数)－MIN(分数))/(COUNT(＊)－2) 最后得分;

FROM 评分 INTO DBF TEMP GROUP BY 歌手号 ORDER BY 最后得分 DESC

28. 与"SELECT ＊ FROM 歌手 WHERE NOT(最后得分＞9.00 OR 最后得分＜＝8.00"等价的语句是(　)。

A. SELECT ＊ FROM 歌手 WHERE 最后得分 BETWEEN 9.00 AND 8.00

B. SELECT ＊ FROM 歌手 WHERE 最后得分＞＝8.00 AND 最后得分＜＝9.00

C. SELECT ＊ FROM 歌手 WHERE 最后得分＞9.00 OR 最后得分＜8.00

D. SELECT ＊ FROM 歌手 WHERE 最后得分＜＝8.00 AND 最后得分＞＝9.00

29. 为"评分"表的"分数"字段添加有效性规则:"分数必须大于等于 0 并且小于等于 10",正确的 SQL 语句是(　)。

A. CHANGE TABLE 评分 ALTER 分数 SET CHECK 分数＞＝0 AND 分数＜＝10

B. ALTER TABLE 评分 ALTER 分数 SET CHECK 分数＞＝0 AND 分数＜＝10

C. ALTER TABLE 评分 ALTER 分数 CHECK 分数＞＝0 AND 分数＜＝10

D. CHANGE TABLE 评分 ALTER 分数 SET CHECK 分数＞＝0 OR 分数＜＝10

30. 根据"歌手"表建立视图 myview,视图中含有包括了"歌手号"左边第一位是"1"的所有记录,正确的 SQL 语句是(　)。

A. CREATE VIEW myview AS SELECT ＊ FROM 歌手 WHERE LEFT(歌手号,1)＝"1"

B. CREATE VIEW myview AS SELECT ＊ FROM 歌手 WHERE LIKE("1"歌手号)

C. CREATE VIEW myview SELECT ＊ FROM 歌手 WHERE LEFT(歌手号,1)＝"1"

D. CREATE VIEW myview SELECT ＊ FROM 歌手 WHERE LIKE("1"歌手号)

31. 删除视图 myview 的命令是(　)。

A. DELETE myview VIEW　　B. DELETE myview

C. DROP myview VIEW　　D. DROP VIEW myview

32. 假设 temp. dbf 数据表中有两个字段"歌手号"和"最后得分"下面程序的功能是:将 temp. dbf 中歌手的"最后得分"填入"歌手"表对应歌手的"最后得分"字段中(假设已增加了该字段)在下划线处应该填写的 SQL 语句是(　)。

```
USE 歌手
DO WHILE . NOT. EOF()
    ____________________
    REPLACE 歌手.最后得分 WITH a(2)
    SKIP
ENDDO
```

A. SELECT ＊ FROM temp WHERE temp.歌手号＝歌手.歌手号 TO ARRAY a

B. SELECT ＊ FROM temp WHERE temp.歌手号＝歌手.歌手号 INTO ARRAY a

C. SELECT ＊ FROM temp WHERE temp.歌手号＝歌手.歌手号 TO FILE a

D. SELECT ＊ FROM temp WHERE temp.歌手号＝歌手.歌手号 INTO FILE a

33. 与"SELECT DISTINCT 歌手号 FROM 歌手 WHERE 最后得分＞ALL(SELECT;最后得分 FROM 歌手 WHERE SUBSTR(歌手号,1,1)＝"2")"等价的 SQL 语句是(　)。

A. SELECT DISTINCT 歌手号 FROM 歌手 WHERE 最后得分＞＝(SELECT MAX(最后得分) FROM 歌手 WHERE SUBSTR(歌手号,1,1)="2")

B. SELECT DISTINCT 歌手号 FROM 歌手 WHERE 最后得分＞＝(SELECT MIN(最后得分) FROM 歌手 WHERE SUBSTR(歌手号,1,1)="2")

C. SELECT DISTINCT 歌手号 FROM 歌手 WHERE 最后得分＞＝ANY(SELECT MAX(最后得分) FROM 歌手 WHERE SUBSTR(歌手号,1,1)="2")

D. SELECT DISTINCT 歌手号 FROM 歌手 WHERE 最后得分＞＝SOME(SELECT MAX(最后得分) FROM 歌手 WHERE SUBSTR(歌手号,1,1)="2")

34. 以下关于"视图"的描述正确的是( )。

A. 视图保存在项目文件中　B. 视图保存在数据库中

C. 视图保存在表文件中　D. 视图保存在视图文件中

35. 关闭表单的程序代码是 ThisForm. Release,Release 是( )。

A. 表单对象的标题　B. 表单对象的属性

C. 表单对象的事件　D. 表单对象的方法

二、填空题(每空 2 分,共 30 分)

请将每一个空的正确答案写在答题卡【1】～【15】序号的横线上,答在试卷上不得分。

注意:以命令关键字填空的必须拼写完整。

1. 图 A.3 为软件系统结构图的宽度为【1】。

2. 【2】的任务是诊断和改正程序中的错误。

3. 一个关系表的行称为【3】。

4. 按"先进后出"原则组织数据的数据结构是【4】。

5. 数据结构分为线性结构和非线性结构,带链的队列属于【5】。

6. 可以在项目管理器的【6】选项卡下建立命令文件(程序)。

7. 在 Visual FoxPro 中所谓自由表就是那些不属于任何【7】的表。

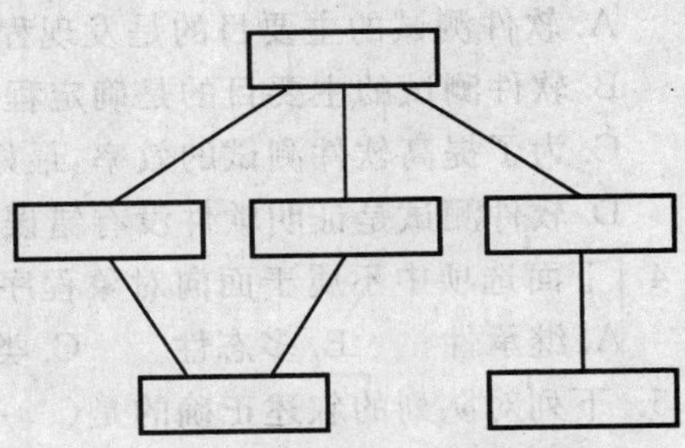

图 A.3　软件结构系统图

8. 不带条件的 DELETE 命令(非 SQL 命令)将删除指定表的【8】记录。

9. 在 SQL SELECT 语句中为了将查询结果存储到永久表应该使用【9】短语。

10. 在 SQL 语句中空值用【10】表示。

11. 在 Visual FoxPro 中视图可以分为本地视图和【11】视图。

12. 在 Visual FoxPro 中为了通过视图修改基本表中的数据,需要在视图设计器的【12】选项卡设置有关属性。

13. 在表单设计器中可以通过【13】工具栏中的工具快速对齐表单中的控件。

14. 为了在报表中插入一个文字说明,应该插入一个【14】控件。

15. 如下命令将"产品"表的"名称"字段名修改为"产品名称":

ALTER TABLE 产品 RENAME【15】名称 TO 产品名称。

2007 年 4 月全国计算机等级考试二级 Visual FoxPro 笔试试卷

（考试时间 90 分钟，满分 100 分）

一、选择题（每小题 2 分，共 70 分）

下列各题 A、B、C、D 四个选项中，只有一个选项是正确的，请将正确选项涂写在答题卡相应位置上，答在试卷上不得分。

1. 下列叙述中正确的是（　）。

A. 算法的效率只与问题的规模有关，而与数据的存储结构无关

B. 算法的时间复杂度是指执行算法所需要的计算工作量

C. 数据的逻辑结构与存储结构是一一对应的

D. 算法的时间复杂度与空间复杂度一定相关

2. 在结构化程序设计中，模块划分的原则是（　）。

A. 各模块应包括尽量多的功能

B. 各模块的规模应尽量大

C. 各模块之间的联系应尽量紧密

D. 模块内具有高内聚度、模块间具有低耦合度

3. 下列叙述中正确的是（　）。

A. 软件测试的主要目的是发现程序中的错误

B. 软件测试的主要目的是确定程序中错误的位置

C. 为了提高软件测试的效率，最好由程序编制者自己来完成软件测试的工作

D. 软件测试是证明软件没有错误

4. 下面选项中不属于面向对象程序设计特征的是（　）。

A. 继承性　B. 多态性　C. 类比性　D. 封闭性

5. 下列对队列的叙述正确的是（　）。

A. 队列属于非线性表

B. 队列按“先进后出”原则组织数据

C. 队列在队尾删除数据

D. 队列按“先进先出”原则组织数据

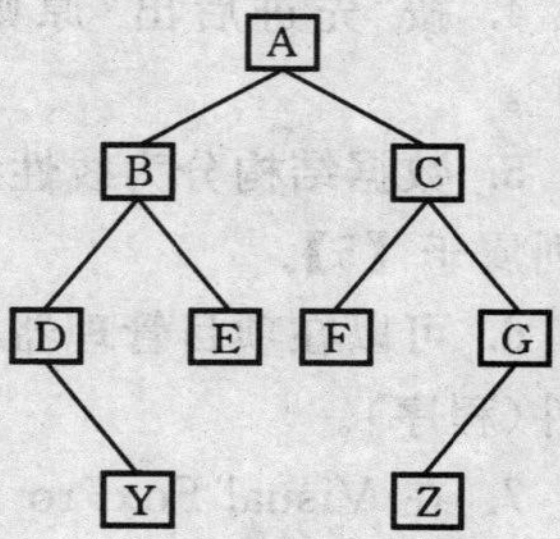

图 A.4　二叉树

6. 对下列二叉树进行前序遍历的结果为（　）。

A. DYBEAFCZX　B. YDEBFZXCA　C. ABDYECFXZ　D. ABCDEFXYZ

7. 某二叉树中有 n 个度为 2 的结点，则该二叉树中的叶子结点为（　）。

A. n+1　B. n−1　C. 2n　D. n/2

8. 在下列关系运算中，不改变关系表中的属性个数但能减少元组个数的是（　）。

A. 并　B. 交　C. 投影　D. 笛卡儿乘积

9. 在 E－R 图中，用来表示实体之间联系的图形是（　）。

A. 矩形　B. 椭圆形　C. 菱形　D. 平行四边形

10. 下列叙述中错误的是（　）。

A. 在数据库系统中，数据的物理结构必须与逻辑结构一致

B. 数据库技术的根本目标是要解决数据的共享问题

C. 数据库设计是指在已有数据库管理系统的基础上建立数据库

D. 数据库系统需要操作系统的支持

11. 以下不属于 SQL 数据操作命令的是( )。

A. MODIFY B. INSERT C. UPDATE D. DELETE

12. 在关系模型中,每个关系模式中的关键字( )。

A. 可由多个任意属性组成

B. 最多由一个属性组成

C. 可由一个或多个其值能唯一标识关系中任何元组的属性组成

D. 以上说法都不对

13. Visual FoxPro 是一种( )。

A. 数据库系统 B. 数据库管理系统

C. 数据库 D. 数据库应用系统

14. 在 Visual FoxPro 中调用表单 mf1 的正确命令是( )。

A. DO mf1 B. DO FROM mf1 C. DO FORM mf1 D. RUN mf1

15. SQL 的 SELECT 语句中,"HAVING〈条件表达式〉"用来筛选满足条件的( )。

A. 列 B. 行 C. 关系 D. 分组

16. 设有关系 SC(SNO,CNO,GRADE),其中 SNO、CNO 分别表示学号、课程号(两者均为字符型),GRADE 表示成绩(数值型),若要把学号为"S101"的同学,选修课程号为"C11",成绩为 98 分的记录插到表 SC 中,正确的语句是( )。

A. INSERT INTO SC(SNO,CNO,GRADE)valueS('S101','C11','98')

B. INSERT INTO SC(SNO,CNO,GRADE)valueS(S101, C11, 98)

C. INSERT ('S101','C11','98') INTO SC

D. INSERT INTO SC valueS ('S101','C11',98)

17. 以下有关 SELECT 语句的叙述中错误的是( )。

A. SELECT 语句中可以使用别名

B. SELECT 语句中只能包含表中的列及其构成的表达式

C. SELECT 语句规定了结果集中的顺序

D. 如果 FORM 短语引用的两个表有同名的列,则 SELECT 短语引用它们时必须使用表名前缀加以限定

18. 在 SQL 语句中,与表达式"年龄 BETWEEN 12 AND 46"功能相同的表达式是( )。

A. 年龄>=12 OR<=46 B. 年龄>=12 AND<=46

C. 年龄>=12 OR 年龄<=46 D. 年龄>=12 AND 年龄<=46

19. 在 SELECT 语句中,以下有关 HAVING 语句的正确叙述是( )。

A. HAVING 短语必须与 GROUP BY 短语同时使用

B. 使用 HAVING 短语的同时不能使用 WHERE 短语

C. HAVING 短语可以在任意的一个位置出现

D. HAVING 短语与 WHERE 短语功能相同

20. 在 SQL 的 SELECT 查询的结果中,消除重复记录的方法是( )。

A. 通过指定主索引实现　B. 通过指定唯一索引实现

C. 使用DISTINCT短语实现　D. 使用WHERE短语实现

21. 在Visual FoxPro中，假定数据库表S(学号，姓名，性别，年龄)和SC(学号，课程号，成绩)之间使用学号建立了表之间的永久联系，在参照完整性的更新规则、删除规则和插入规则中选择设置了“限制”，如果表S所有的记录在表SC中都有相关联的记录，则(　)。

A. 允许修改表S中的学号字段值　B. 允许删除表S中的记录

C. 不允许修改表S中的学号字段值　D. 不允许在表S中增加新的记录

22. 在Visual FoxPro中，对于字段值为空值(NULL)叙述正确的是(　)。

A. 空值等同于空字符串　B. 空值表示字段还没有确定值

C. 不支持字段值为空值　D. 空值等同于数值0

23. 在Visual FoxPro中，如果希望内存变量只能在本模块(过程)中使用，不能在上层或下层模块中使用，说明该种内存变量的命令是(　)。

A. PRIVATE　B. LOCAL　C. PUBLIC　D. 不用说明，在过程中直接使用

24. 在Visual FoxPro中下面关于索引的正确描述是(　)。

A. 当数据库表建立索引以后，表中记录的物理顺序将被改变

B. 索引的数据将与表的数据存储在一个物理文件中

C. 建立索引是创建一个索引文件，该文件包含有指向表记录的指针

D. 使用索引可以加快对表的更新操作

25. 在Visual FoxPro中，在数据库中创建表的CREATE TABLE命令中定义主索引、实现实体完整性规则的短语是(　)。

A. FOREIGN KEY　B. DEFAULE　C. PRIMARY KEY　D. CHECK

26. 在Visual FoxPro中，以下关于查询的描述正确的是(　)。

A. 不能用自由表建立查询　B. 只能用自由表建立查询

C. 不能用数据库表建立查询　D. 可以用数据库表和自由表建立查询

27. 在Visual FoxPro中，数据库表的字段或记录的有效性规则的设置可以在(　)。

A. 项目管理器中进行　B. 数据库设计器中进行

C. 表设计器中进行　D. 表单设计器中进行

28. 在Visual FoxPro中，如果要将学生表S(学号，姓名，性别，年龄)中“年龄”属性删除，正确的SQL命令是(　)。

A. ALTER TABLE S DROP COLUMN 年龄　B. DELETE 年龄 FROM S

C. ALTER TABLE S DELETE COLUMN 年龄　D. ALTER TABLE S DELETE 年龄

29. 在Visual FoxPro的数据库表中只能有一个(　)。

A. 候选索引　B. 普通索引　C. 主索引　D. 唯一索引

30. 设有学生表S(学号，姓名，性别，年龄)，查询所有年龄小于等于18岁的女同学，并按年龄进行降序生成新的表WS，正确的SQL命令是(　)。

A. SELECT * FROM S WHERE 性别=′女′AND 年龄<=18 ORDER BY 4 DESC INTO TABLE WS

B. SELECT * FROM S WHERE 性别=′女′AND 年龄<=18 ORDER BY 年龄 INTO TABLE WS

C. SELECT * FROM S WHERE 性别=′女′AND 年龄<=18 ORDER BY′年龄′DESC INTO TABLE WS

D. SELECT * FROM S WHERE 性别=´女´OR 年龄<=18 ORDER BY´年龄´ASC INTO TABLE WS

31. 设有学生选课表 SC(学号,课程号,成绩),用 SQL 检索同时选修课程号为“C1”和“C5”的学生的学号的正确命令是( )。

A. SELECT 学号 RORM SC WHERE 课程号=´C1´AND 课程号=´C5´

B. SELECT 学号 RORM SC WHERE 课程号=(SELECT 课程号 FROM SC WHERE 课程号=´C5´)

C. SELECT 学号 RORM SC WHERE 课程号=´C1´AND 学号=(SELECT 学号 FROM SC WHERE 课程号=´C5´)

D. SELECT 学号 RORM SC WHERE 课程号=´C1´AND 学号 IN (SELECT 学号 FROM SC WHERE 课程号=´C5´)

32. 设学生表 S(学号,姓名,性别,年龄),课程表 C(课程号,课程名,学分)和学生选课表 SC(学号,课程号,成绩),检索号,姓名和学生所选课程名和成绩,正确的 SQL 命令是( )。

A. SELECT 学号,姓名,课程名,成绩 FROM S,SC,C WHERE S.学号=SC.学号 AND SC.学号=C.学号

B. SELECT 学号,姓名,课程名,成绩 FROM (S JOIN SC ON S.学号=SC.学号)JOIN C ON SC.课程号=C.课程号

C. SELECT S.学号,姓名,课程名,成绩 FROM S JOIN SC JOIN C ON S.学号=SC.学号 ON SC.课程号=C.课程号

D. SELECT S.学号,姓名,课程名,成绩 FROM S JOIN SC JOIN C ON SC.课程号=C.课程号 ON S.学号=SC.学号

33. 在 Visual FoxPro 中,以下叙述正确的是( )。

A. 表也被称作表单

B. 数据库文件不存储用户数据

C. 数据库文件的扩展名是.DBF

D. 一个数据库中的所有表文件存储在一个物理文件中

34. 在 Visual FoxPro 中,释放表单时会引发的事件是( )。

A. UnLoad 事件　　B. Init 事件　　C. Load 事件　　D. Release 事件

35. 在 Visual FoxPro 中,在屏幕上预览报表的命令是( )。

A. PREVIEW REPORT　　B. REPORT FORM … PREVIEW

C. DO REPORT … PREVIEW　　D. RUN REPORT … PREVIEW

二、填空题(每空 2 分,共 30 分)

请将每一个空的正确答案写在答题纸上【1】~【15】序号的横线上,答在试卷上不得分。

注意:以命令关键字填空的必须写完整。

1. 在深度为 7 的满二叉树中,度为 2 的结点个数为【1】。
2. 软件测试分为白箱(盒)测试和黑箱(盒)测试,等价类划分法属于【2】测试。
3. 在数据库系统中,实现各种数据管理功能的核心软件称为【3】。
4. 软件生命周期可分为多个阶段,一般分为定义阶段、开发阶段和维护阶段。编码和测

试属于【4】阶段。

5. 在结构化分析使用的数据流图(DFD)中,利用【5】对其中的图形元素进行确切解释。

6. 为使表单运行时在主窗口中居中显示,应设置表单的 AutoCenter 属性值为【6】。

7. 命令? AT("EN",RIGHT("STUDENT",4))的执行结果是【7】。

8. 数据库表上字段有效性规则是一个【8】表达式。

9. 在 Visual FoxPro 中,通过建立数据库表的主索引可以实现数据的【9】完整性。

10. 执行下列程序,显示的结果是【10】。

```
one="WORK"
two=""
a=LEN(one)
i=a
DO WHILE i>=1
two=two+SUBSTR(one,i,1)
i=i-1
ENDDO
? two
```

11. "歌手"表中有"歌手号"、"姓名"、和"最后得分"三个字段,"最后得分"越高名次越靠前,查询前 10 名歌手的 SQL 语句是:

SELECT * 【11】 FROM 歌手 ORDER BY 最后得分 【12】

12. 已有"歌手"表,将该表中的"歌手号"字段定义为候选索引、索引名是 temp,正确的 SQL 语句是:【13】 TABLE 歌手 ADD UNIQUE 歌手好 TAG temp。

13. 连编应用程序时,如果选择连编生成可执行程序,则生成的文件的扩展名是【14】。

14. 为修改已建立的报表文件打开报表设计器的命令是【15】。

2007 年 9 月全国计算机等级考试二级 Visual FoxPro 笔试试卷

(考试时间 90 分钟,满分 100 分)

一、选择题(每小题 2 分,共 70 分)

下列各题 A、B、C、D 四个选项中,只有一个选项是正确的,请将正确选项涂写在答题卡相应的位置上,答在试卷上不得分。

1. 软件是指( )。

A. 程序　　B. 程序和文档

C. 算法加数据结构　　D. 程序、数据与相关文档的完整集合

2. 软件调试的目的是( )。

A. 发现错误　　B. 改正错误

C. 改善软件的性能　　D. 验证软件的正确性

3. 在面向对象方法中,实现信息隐蔽是依靠( )。

A. 对象的继承　B. 对象的多态　C. 对象的封装　D. 对象的分类

4. 下列叙述中,不符合良好程序设计风格要求的是( )。

A. 程序的效率第一，清晰第二　　B. 程序的可读性好

C. 程序中要有必要的注释　　D. 输入数据前要有提示信息

5. 下列叙述中正确的是（　）。

A. 程序执行的效率与数据的存储结构密切相关

B. 程序执行的效率只取决于程序的控制结构

C. 程序执行的效率只取决于所处理的数据量

D. 以上三种说法都不对

6. 下列叙述中正确的是（　）。

A. 数据的逻辑结构与存储结构必定是一一对应的

B. 由于计算机存储空间是向量式的存储结构，因此，数据的存储结构一定是线性结构

C. 程序设计语言中的数组一般是顺序存储结构，因此，利用数组只能处理线性结构

D. 以上三种说法都不对

7. 冒泡排序在最坏情况下的比较次数是（　）。

A. n(n＋1)/2　B. nlog2n　C. n(n－1)/2　D. n/2

8. 一棵二叉树中共有 70 个叶子结点与 80 个度为 1 的结点，则该二叉树中的总结点数为（　）。

A. 219　B. 221　C. 229　D. 231

9. 下列叙述中正确的是（　）。

A. 数据库系统是一个独立的系统，不需要操作系统的支持

B. 数据库技术的根本目标是要解决数据的共享问题

C. 数据库管理系统就是数据库系统

D. 以上三种说法都不对

10. 下列叙述中正确的是（　）。

A. 为了建立一个关系，首先要构造数据的逻辑关系

B. 表示关系的二维表中各元组的每一个分量还可以分成若干数据项

C. 一个关系的属性名表称为关系模式

D. 一个关系可以包括多个二维表

11. 在 Visual FoxPro 中，通常以窗口形式出现，用以创建和修改表、表单、数据库等应用程序组件的可视化工具称为（　）。

A. 向导　B. 设计器　C. 生成器　D. 项目管理器

12. 命令？VARTYPE(TIME())的结果是（　）。

A. C　B. D　C. T　D. 出错

13. 命令？LEN(SPACE(3)－SPACE(2))的结果是（　）。

A. 1　B. 2　C. 3　D. 5

14. 在 Visual FoxPro 中，菜单程序文件的默认扩展名是（　）。

A. .MNX　B. .MNT　C. .MPR　D. .PRG

15. 想要将日期型或日期时间型数据中的年份用 4 位数字显示，应当使用设置命令（　）。

A. SET CENTURY ON　B. SET CENTURY OFF

C. SET CENTURY TO 4　D. SET CENTURY OF 4

16. 已知表中有字符型字段职称和姓别，要建立一个索引，要求首先按职称排序、职称相同时再按性别排序，正确的命令是(　)。

A. INDEX ON 职称+性别 TO ttt　　B. INDEX ON 性别+职称 TO ttt

C. INDEX ON 职称，性别 TO tttD　　D. INDEX ON 性别，职称 TO ttt

17. 在 Visual FoxPro 中，Unload 事件的触发时机是(　)。

A. 释放表单　B. 打开表单　C. 创建表单　D. 运行表单

18. 命令 SELECT 0 的功能是(　)。

A. 选择编号最小的未使用工作区　B. 选择 0 号工作区

C. 关闭当前工作区的表　D. 选择当前工作区

19. 下面有关数据库表和自由表的叙述中，错误的是(　)。

A. 数据库表和自由表都可以用表设计器来建立

B. 数据库表和自由表都支持表间联系和参照完整性

C. 自由表可以添加到数据库中成为数据库表

D. 数据库表可以从数据库中移出成为自由表

20. 有关 ZAP 命令的描述，正确的是(　)。

A. ZAP 命令只能删除当前表的当前记录

B. ZAP 命令只能删除当前表的带有删除标记的记录

C. ZAP 命令能删除当前表的全部记录

D. ZAP 命令能删除表的结构和全部记录

21. 在视图设计器中有，而在查询设计器中没有的选项卡是(　)。

A. 排序依据　B. 更新条件　C. 分组依据　D. 杂项

22. 在使用查询设计器创建查询是，为了指定在查询结果中是否包含重复记录(对应于 DISTINCT)，应该使用的选项卡是(　)。

A. 排序依据　B. 联接　C. 筛选　D. 杂项

23. 在 Visual FoxPro 中，过程的返回语句是(　)。

A. GOBACK　B. COMEBACK　C. RETURN　D. BACK

24. 在数据库表上的字段有效性规则是(　)。

A. 逻辑表达式　B. 字符表达式　C. 数字表达式　D. 以上三种都有可能

25. 假设在表单设计器环境下，表单中有一个文本框且已经被选定为当前对象。现在从属性窗口中选择 Value 属性，然后在设置框中输入：={^2001-9-10}-{^2001-8-20}。请问以上操作后，文本框 Value 属性值的数据类型为(　)。

A. 日期型　B. 数值型　C. 字符型　D. 以上操作出错

26. 在 SQL SELECT 语句中为了将查询结果存储到临时表应该使用短语(　)。

A. TO CURSOR　B. INTO CURSOR　C. INTO DBF　D. TO DBF

27. 在表单设计中，经常会用到一些特定的关键字、属性和事件。下列各项中属于属性的是(　)。

A. This　B. ThisForm　C. Caption　D. Click

28. 下面程序计算一个整数的各位数字之和。在下划线处应填写的语句是(　)。

```
SET TALK OFF
INPUT"x="TO x
s=0
DO WHILE x! =0
s=s+MOD(x,10)
________
ENDDO
? s
SET TALK ON
```

A. x=int(x/10)　　B. x=int(x%10)

C. x=x-int(x/10)　　D. x=x-int(x%10)

29. 在 SQL 的 ALTER TABLE 语句中,为了增加一个新的字段应该使用短语( )。

A. CREATE　B. APPEND　C. COLUMN　D. ADD

30～35 题使用如下数据表:

学生.DBF:学号(C,8),姓名(C,6),性别(C,2),出生日期(D)

选课.DBF:学号(C,8),课程号(C,3),成绩(N,5,1)

30. 查询所有 1982 年 3 月 20 日以后(含)出生、性别为男的学生,正确的SQL语句是( )。

A. SELECT * FROM 学生 WHERE 出生日期>={^1982-03-20} AND 性别="男"

B. SELECT * FROM 学生 WHERE 出生日期<={^1982-03-20} AND 性别="男"

C. SELECT * FROM 学生 WHERE 出生日期>={^1982-03-20} OR 性别="男"

D. SELECT * FROM 学生 WHERE 出生日期<={^1982-03-20} OR 性别="男"

31. 计算刘明同学选修的所有课程的平均成绩,正确的 SQL 语句是( )。

A. SELECT AVG(成绩) FROM 选课 WHERE 姓名="刘明"

B. SELECT AVG(成绩) FROM 学生,选课 WHERE 姓名="刘明"

C. SELECT AVG(成绩) FROM 学生,选课 WHERE 学生.姓名="刘明"

D. SELECT AVG(成绩) FROM 学生,选课 WHERE 学生.学号=选课.学号 AND 姓名="刘明"

32. 假定学号的第 3、4 位为专业代码。要计算各专业学生选修课程号为"101"课程的平均成绩,正确的 SQL 语句是( )。

A. SELECT 专业 AS SUBS(学号,3,2),平均分 AS AVG(成绩) FROM 选课 WHERE 课程号="101" GROUP BY 专业

B. SELECT SUBS(学号,3,2) AS 专业, AVG(成绩) AS 平均分 FROM 选课 WHERE 课程号="101" GROUP BY 1

C. SELECT SUBS(学号,3,2) AS 专业, AVG(成绩) AS 平均分 FROM 选课 WHERE 课程号="101" ORDER BY 专业

D. SELECT 专业 AS SUBS(学号,3,2),平均分 AS AVG(成绩) FROM 选课 WHERE 课程号="101" ORDER BY 1

33. 查询选修课程号为"101"课程得分最高的同学,正确的 SQL 语句是( )。

A. SELECT 学生.学号,姓名 FROM 学生,选课 WHERE 学生.学号=选课.学号 AND 课程号="101" AND 成绩>=ALL(SELECT 成绩 FROM 选课)

B. SELECT 学生.学号,姓名 FROM 学生,选课 WHERE 学生.学号＝选课.学号 AND 成绩＞＝ALL(SELECT 成绩 FROM 选课 WHERE 课程号＝"101")

C. SELECT 学生.学号,姓名 FROM 学生,选课 WHERE 学生.学号＝选课.学号 AND 成绩＞＝ANY(SELECT 成绩 FROM 选课 WHERE 课程号＝"101")

D. SELECT 学生.学号,姓名 FROM 学生,选课 WHERE 学生.学号＝选课.学号 AND 课程号＝"101" AND 成绩＞＝ALL(SELECT 成绩 FROM 选课 WHERE 课程号＝"101")

34. 插入一条记录到"选课"表中,学号、课程号和成绩分别是"02080111"、"103"和 80,正确的 SQL 语句是(　)。

A. INSERT INTO 选课 VALUES("02080111","103",80)

B. INSERT VALUES("02080111","103",80)TO 选课(学号,课程号,成绩)

C. INSERT VALUES("02080111","103",80)INTO 选课(学号,课程号,成绩)

D. INSERT INTO 选课(学号,课程号,成绩) FORM VALUES("02080111","103",80)

35. 将学号为"02080110"、课程号为"102"的选课记录的成绩改为 92,正确的 SQL 语句是(　)。

A. UPDATE 选课 SET 成绩 WITH 92 WHERE 学号＝"02080110" AND 课程号＝"102"

B. UPDATE 选课 SET 成绩＝92 WHERE 学号＝"02080110" AND 课程号＝"102"

C. UPDATE FROM 选课 SET 成绩 WITH 92 WHERE 学号＝"02080110" AND 课程号＝"102"

D. UPDATE FROM 选课 SET 成绩＝92 WHERE 学号＝"02080110" AND 课程号＝"102"

二、填空题(每空 2 分,共 30 分)

请将每一个空的正确答案写在答题卡【1】～【15】序号的横线上,答在试卷上不得分。

注意:以命令关键字填空的必须拼写完整。

1. 软件需求规格说明书应具有完整性、无歧义性、正确性、可验证性、可修改性等特征,其中最重要的是【1】。

2. 在两种基本测试方法中,【2】测试的原则之一是保证所测模块中每一个独立路径至少执行一次。

3. 线性表的存储结构主要分为顺序存储结构和链式存储结构。队列是一种特殊的线性表,循环队列是队列的【3】存储结构。

4. 对图 A.5 中二叉树进行中序遍历的结果为【4】。

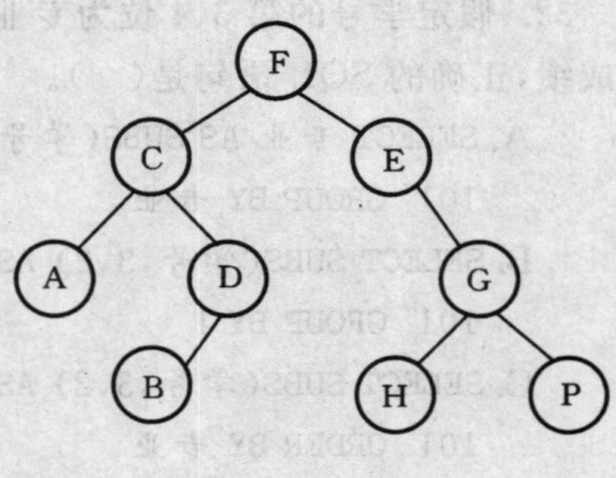

图 A.5　二叉树

5. 在 E－R 图中,矩形表示【5】。

6. 如下命令查询雇员表中"部门号"字段为空值的记录

SELECT * FROM 雇员 WHERE 部门号【6】

7. 在 SQL 的 SELECT 查询中,HAVING 字句不可以单独使用,总是跟在【7】子句之后一起使用。

8. 在 SQL 的 SELECT 查询时,使用【8】子句实现消除查询结果中的重复记录。

9. 在 Visual FoxPro 中，修改表结构的非 SQL 命令是【9】。

10. 在 Visual FoxPro 中，在运行表单时最先引发的表单事件是【10】事件。

11. 在 Visual FoxPro 中，使用 LOCATE ALL 命令按条件对表中的记录进行查找，若查不到记录，函数 EOF()的返回值应是【11】。

12. 在 Visual FoxPro 表单中，当用户使用鼠标单击命令按钮时，会触发命令按钮的【12】事件。

13. 在 Visual FoxPro 中，假设表单上有一选项组：●男 ○女，该选项组的 Value 属性值赋为 0。当其中的第一个选项按钮"男"被选中，该选项组的 Value 属性值为【13】。

14. 在 Visual FoxPro 表单中，用来确定复选框是否被选中的属性是【14】。

15. 在 SQL 中，插入、删除、更新命令依次是 INSERT、DELETE 和【15】。

2008 年 4 月全国计算机等级考试二级 Visual FoxPro 笔试试卷

（考试时间 90 分钟，满分 100 分）

一、选择题（每小题 2 分，共 70 分）

下列各题 A、B、C、D 四个选项中，只有一个选项是正确的。请将正确选项涂写在答题卡相应位置上，答在试卷上不得分。

1. 程序流程图中带有箭头的线段表示的是(　)。

A. 图元关系　B. 数据流　C. 控制流　D. 调用关系

2. 结构化程序设计的基本原则不包括(　)。

A. 多态性　B. 自顶向下　C. 模块化　D. 逐步求精

3. 软件设计中模块划分应遵循的准则是(　)。

A. 低内聚低耦合　B. 高内聚低耦合

C. 低内聚高耦合　D. 高内聚高耦合

4. 在软件开发中，需求分析阶段产生的主要文档是(　)。

A. 可行性分析报告　B. 软件需求规格说明书

C. 概要设计说明书　D. 集成测试计划

5. 算法的有穷性是指(　)。

A. 算法程序的运行时间是有限的　B. 算法程序所处理的数据量是有限的

C. 算法程序的长度是有限的　D. 算法只能被有限的用户使用

6. 对长度为 n 的线性表排序，在最坏情况下，比较次数不是 n(n－1)/2 的排序方法是(　)。

A. 快速排序　B. 冒泡排序　C. 直线插入排序　D. 堆排序

7. 下列关于栈的叙述正确的是(　)。

A. 栈按"先进先出"组织数据　B. 栈按"先进后出"组织数据

C. 只能在栈底插入数据　D. 不能删除数据

8. 在数据库设计中，将 E－R 图转换成关系数据模型的过程属于(　)。

A. 需求分析阶段　B. 概念设计阶段　C. 逻辑设计阶段　D. 物理设计阶段

9. 有三个关系 R、S 和 T 如下

R

B	C	D
a	0	k1
b	1	n1

S

B	C	D
f	3	h2
a	0	k1
n	2	x1

T

B	C	D
a	0	k1

由关系 R 和 S 通过运算得到关系 T，则所使用的运算为（ ）。

A. 并　B. 自然连接　C. 笛卡尔积　D. 交

10. 设有表示学生选课的三张表，学生 S(学号，姓名，性别，年龄，身份证号)，课程 C(课号，课名)，选课 SC(学号，课号，成绩)，则表 SC 的关键字(键或码)为（ ）。

A. 课号，成绩　B. 学号，成绩　C. 学号，课号　D. 学号，姓名，成绩

11. 在超市营业过程中，每个时段要安排一个班组上岗值班，每个收款口要配备两名收款员配合工作，共同使用一套收款设备为顾客服务，在超市数据库中，实体之间属于一对一关系的是（ ）。

A. "顾客"与"收款口"的关系　B. "收款口"与"收款员"的关系
C. "班组"与"收款口"的关系　D. "收款口"与"设备"的关系

12. 在教师表中，如果要找出职称为"教授"的教师，所采用的关系运算是（ ）。

A. 选择　B. 投影　C. 联接　D. 自然联接

13. 在 SELECT 语句中使用 ORDERBY 是为了指定（ ）。

A. 查询的表　B. 查询结果的顺序
C. 查询的条件　D. 查询的字段

14. 有如下程序，请选择最后在屏幕显示的结果（ ）。

```
SET EXACT ON
s="ni"+SPACE(2)
IF s=="ni"
   IF s="ni"
      ?"one"
   ELSE
      ?"two"
   ENDIF
ELSE
   IF s="ni"
      ?"three"
   ELSE
      ?"four"
   ENDIF
ENDIF
RETURN
```

A. one　B. two　C. three　D. four

15. 如果内存变量和字段变量均有变量名"姓名",那么引用内存的正确方法是(　)。

A. M.姓名　B. M_>姓名　C. 姓名　D. A和B都可以

16. 要为当前表所有性别为"女"的职工增加100元工资,应使用命令(　)。

A. REPLACE ALL 工资 WITH 工资+100

B. REPLACE 工资 WITH 工资+100 FOR 性别="女"

C. REPLACE ALL 工资 WITH 工资+100

D. REPLACE ALL 工资 WITH 工资+100 FOR 性别="女"

17. MODIFY STRUCTURE 命令的功能是(　)。

A. 修改记录值　B. 修改表结构

C. 修改数据库结构　D. 修改数据库或表结构

18. 可以运行查询文件的命令是(　)。

A. DO　B. BROWSE　C. DO QUERY　D. CREATE QUERY

19. SQL 语句中删除视图的命令是(　)。

A. DROP TABLE　B. DROP VIEW

C. ERASE TABLE　D. ERASE VIEW

20. 设有订单表order(其中包括字段:订单号,客户号,职员号,签订日期,金额),查询2007年所签订单的信息,并按金额降序排序,正确的SQL命令是(　)。

A. SELECT * FROM order WHERE YEAR(签订日期)=2007 ORDER BY 金额 DESC

B. SELECT * FROM order WHILE YEAR(签订日期)=2007 ORDER BY 金额 ASC

C. SELECT * FROM order WHERE YEAR(签订日期)=2007 ORDER BY 金额 ASC

D. SELECT * FROM order WHILE YEAR(签订日期)=2007 ORDER BY 金额 DESC

21. 设有订单表order(其中包括字段:订单号,客户号,职员号,签订日期,金额),删除2002年1月1日以前签订的订单记录,正确的SQL命令是(　)。

A. DELETE TABLE order WHERE 签订日期<{^2002-1-1}

B. DELETE TABLE order WHILE 签订日期>{^2002-1-1}

C. DELETE FROM order WHERE 签订日期<{^2002-1-1}

D. DELETE FROM order WHILE 签订日期>{^2002-1-1}

22. 下面属于表单方法名(非事件名)的是(　)。

A. Init　B. Release　C. Destroy　D. Caption

23. 下列表单的哪个属性设置为真时,表单运行时将自动居中(　)。

A. AutoCenter　B. AlwaysOnTop　C. ShowCenter　D. FormCenter

24. 下面关于命令DO FORM XX NAME YY LINKED的陈述中,正确的是(　)。

A. 产生表单对象引用变量XX,在释放变量XX时自动关闭表单

B. 产生表单对象引用变量XX,在释放变量XX时并不关闭表单

C. 产生表单对象引用变量YY,在释放变量YY时自动关闭表单

D. 产生表单对象引用变量YY,在释放变量YY时并不关闭表单

25. 表单里有一个选项按钮组,包含两个选项按钮Option1和Option2,假设Option2没有设置Click事件代码,而Option1以及选项按钮和表单都设置了Click事件代码,那么当表

单运行时，如果用户单击 Option2，系统将（　）。

A. 执行表单的 Click 事件代码　　B. 执行选项按组组的 Click 事件代码

C. 执行 Option1 的 Click 事件代码　　D. 不会有反应

26. 下列程序段执行以后，内存变量 X 和 Y 的值是（　）。

```
CLEAR
STORE 3 TO X
STORE 5 TO Y
PLUS((X),Y)
? X,Y
PROCEDURE PLUS
PARAMETERS A1,A2
A1＝A1＋A2
A2＝A1＋A2
ENDPROC
```

A. 8　13　　B. 3　13　　C. 3　5　　D. 8　5

27. 下列程序段执行以后，内存标量 y 的值是（　）。

```
CLEAR
X＝12345
Y＝0
DO WHILE X>0
y＝y＋x＋
x＝int(x/10)
ENDDO
? y
```

A. 54321　　B. 12345　　C. 51　　D. 15

28. 下列程序段执行后，内存变量 s1 的值是（　）。

```
s1＝"network"
s1＝stuff(s1,4,4,"BIOS")
```

A. network　　B. netBIOS　　C. net　　D. BIOS

29. 参照完整性规则的更新规则中"级联"的含义是（　）。

A. 更新父表中连接字段值时，用新的连接字段自动修改子表中的所有相关记录

B. 若子表中有与父表相关的记录，则禁止修改父表中连接字段值

C. 父表中的连接字段值可以随意更新，不会影响子表中的记录

D. 父表中的连接字段值在任何情况下都不允许更新

30. 在查询设计器环境中，"查询"菜单下的"查询去向"命令指定了查询结果的输出去向，输出去向不包括（　）。

A. 临时表　　B. 表　　C. 文本文件　　D. 屏幕

31. 表单名为 myForm 的表单中有一个页框 myPageFrame，将该页框的第 3 页（Page3）的标题设置为"修改"，可以使用代码（　）。

A. myForm.Page3.myPageFrame.Caption="修改"

B. myForm.myPageFrame.Caption.Page3="修改"

C. Thisform.myPageFrame.Page3.Caption="修改"

D. Thisform.myPageFrame.Caption.Page3="修改"

32. 向一个项目中添加一个数据库,应该使用项目管理器的( )。

A. "代码"选项卡 B. "类"选项卡

C. "文档"选项卡 D. "数据"选项卡

下表是用 list 命令显示的"运动员"表的内容和结构,33~35 题使用该表。

记录号	运动员号	投中 2 分球	投中 3 分球	罚球
1	1	3	4	5
2	2	2	1	3
3	3	0	0	0
4	4	5	6	7

33. 为"运动员"表增加一个字段"得分"的 SQL 语句是( )。

A. CHANGE TABLE 运动员 ADD 得分 I

B. ALTER DATA 运动员 ADD 得分 I

C. ALTER TABLE 运动员 ADD 得分 I

D. CHANGE TABLE 运动员 INSERT 得分 I

34. 计算每名运动员的"得分"(33 题增加的字段)的正确 SQL 语句是( )。

A. UPDATE 运动员 FIELD 得分=2*投中 2 分球+3*投中 3 分球-罚球

B. UPDATE 运动员 FIELD 得分 WITH 2*投中 2 分球+3*投中 3 分球-罚球

C. UPDATE 运动员 SET 得分 WITH 2*投中 2 分球+3*投中 3 分球-罚球

D. UPDATE 运动员 SET 得分=2*投中 2 分球+3*投中 3 分球-罚球

35. 检索"投中 3 分球"小于等于 5 个的运动员中"得分"最高的运动员的"得分",正确的 SQL 语句是( )。

A. SELECT MAX(得分) 得分 FROM 运动员 WHERE 投中 3 分球<=5

B. SELECT MAX(得分) 得分 FROM 运动员 WHEN 投中 3 分球<=5

C. SELECT 得分=MAX(得分) FROM 运动员 WHERE 投中 3 分球<=5

D. SELECT 得分=MAX(得分) FROM 运动员 WHEN 投中 3 分球<=5

二、填空题(每空 2 分,共 30 分)

请将每一个空的正确答案写在答题卡 1~15 序号的横线上,答在试卷上不得分。

注意:以命令关键字填空的必须拼写完整。

1. 测试用例包括输入值集和【1】值集。

2. 深度为 5 的满二叉树有【2】个叶子结点。

3. 设某循环队列的容量为 50,头指针 front=5(指向队头元素的前一位置),尾指针 rear=29(指向队尾元素),则该循环队列中共有【3】个元素。

4. 在关系数据库中，用来表示实体之间联系的是【4】。

5. 在数据库管理系统提供的数据定义语言、数据操纵语言和数据控制语言中，【5】负责数据的模式定义与数据的物理存取构建。

6. 在基本表中，要求字段名【6】重复。

7. SQL 的 SELECT 语句中，使用【7】子句可以消除结果中的重复记录。

8. 在 SQL 的 WHERE 子句的条件表达式中，字符串匹配（模糊查询）的运算符是【8】。

9. 数据库系统中对数据库进行管理的核心软件是【9】。

10. 使用 SQL 的 CREATE TABLE 语句定义表结构时，用【10】短语说明关键字主索引。

11. 在 SQL 语句中要查询表 S 在 AGE 字段上取空值的记录，正确的 SQL 语句为：

```
SELECT * FROM S WHERE 【11】
```

12. 在 Visual FoxPro 中，使用 LOCATE ALL 命令按条件对表中的记录进行查找，若查不到记录，函数 EOF()的返回值应是【12】。

13. 在 Visual FoxPro 中，假设当前文件夹中有菜单程序文件 MYMENU. MPR，运行该菜单程序的命令是【13】。

14. 在 Visual FoxPro 中，如果要在子程序中创建一个只在本程序中使用的变量 XL（不影响上级或下级的程序），应该使用【14】说明变量。

15. 在 Visual FoxPro 中，在当前打开的表中物理删除带有删除标记记录的命令是【15】。

附录B　全国计算机等级考试

二级 Visual FoxPro 笔试试题答案

2006 年 4 月全国计算机等级考试二级 VFP 笔试试卷答案

一、选择题

1－ 5 DADBA　　6－10 DCDAC　　11－15 DCDAC　　16－20AADDA

21－25 CDCDD　　26－30 BDAAB　　31－35 DDCDC

二、填空题

【1】45

【2】类

【3】关系

【4】静态分析

【5】物理独立性

【6】数值型

【7】局部变量

【8】ORDER BY

【9】逻辑型

【10】实体

【11】UNION

【12】数据查询

【13】SUM(工资)

【14】INSERT INTO

【15】RIGHTCLICK

2006 年 9 月全国计算机等级考试二级 VFP 笔试试卷答案

一、选择题

1－ 5 DACBD　　6－10 CDBBA　　11－15 AACBD　　16－20 DDBDA

21－25 BCDCA　　26－30 CDBBA　　31－35 DBABD

二、填空题

【1】3

【2】程序调试

【3】元组

【4】栈

【5】线形结构

【6】代码

【7】数据库

【8】逻辑

【9】INTO TABLE(或 DBF)

【10】NULL

【11】远程

【12】更新条件

【13】布局

【14】LABEL

【15】COLUMN

2007年4月全国计算机等级考试二级VFP笔试试卷答案

一、选择题

1—5 BDACD　6—10 CABCA　11—15 ACBCD　16—20 DBDAC
21—25 CBBCC　26—30 DCACA　31—35 DABAB

二、填空题

【1】63
【2】黑盒
【3】数据库管理系统
【4】开发
【5】数据字典
【6】.T.
【7】2
【8】逻辑
【9】实体
【10】KROW
【11】top 10
【12】desc
【13】alter
【14】EXE
【15】MODIFY

2007年9月全国计算机等级考试二级VFP笔试试卷答案

一、选择题

1—5 DBCAA　6—10 CCABA　11—15 BADCA　16—20 AAABC
21—25 BDCAA　26—30 BCADA　31—35 DBDAB

二、填空题

【1】无歧义性
【2】白盒测试
【3】顺序
【4】ACBDFEHGP
【5】实体集
【6】IS NULL
【7】GROUP BY
【8】DISTINCT
【9】MODIFY STRUCTURE
【10】LOAD
【11】.T.
【12】CLICK
【13】1或“男”
【14】value
【15】Update

2008年4月全国计算机等级考试二级VFP笔试试卷答案

一、选择题

1—5 CABBA　6—10 DBCDC　11—15 DABCD　16—20 BBABA
21—25 CBACB　26—30 CDBAC　31—35 CDCDA

二、填空题

【1】输出

【2】16

【3】24

【4】关系

【5】数据定义语言

【6】不能

【7】DISTINCT

【8】LIKE

【9】数据库管理系统

【10】Primary Key

【11】AGE IS NULL

【12】.T.

【13】DO mymenu.mpr

【14】LOCAL

【15】PACK

附录C 全国计算机等级考试

二级 Visual FoxPro 上机试题

试题1

一、基本操作(共4小题,第1和2题各7分、第3和4题各8分,共计30分)

1. 创建一个新的项目 sdb_p,并在该项目中创建数据库 sdb。

2. 将考生文件夹下的自由表 student 和 sc 添加到 sdb 数据库中。

3. 在 sdb 数据库中建立表 course,表结构如下。

字段名	类型	宽度
课程号	字符型	2
课程名	字符型	20
学时	数值型	2

随后向表中输入6条记录,记录内容如下(注意大小写)。

课程号	课程名	学时
c1	C++	60
c2	Visual Fox Pro	80
c3	数据结构	50
c4	JAVA	40
c5	Visual BASIC	40
c6	OS	60

4. 为 course 表创建一个主索引,索引名为 cno,索引表达式为“课程号”。

二、简单应用(共2小题,每题20分,共计40分)

1. 根据 sdb 数据库中的表用 SQL SELECT 命令查询学生的学号、姓名、课程名和成绩,结果按“课程名”升序排序,“课程名”相同时按“成绩”降序排序,并将查询结果存储到 sclist 表中。

2. 使用表单向导选择 student 表生成一个名为“form1”的表单。要求选择 student 表中所有字段,表单样式为“阴影式”;按钮类型为“图片按钮”;排序字段选择“学号”(升序);表单标题为“学生基本数据输入维护”。

三、综合应用(共2小题,每题15分)

1. 打开基本操作中建立的数据库 sdb,使用 SQL 的 CREATE VIEW 命令定义一个名称为 sview 的视图,该视图的 SELECT 语句完成查询。选课门数是3门以上(不包含3门)的学生学号、姓名、平均成绩、最低分和选课门数,并按“平均成绩”降序排序。最后将定义视图的命令代码存放到命令文件 t1. prg 中,并执行该文件。接着利用报表向导制作一个报表。要求选择 sview 视图中所有字段；记录不分组；报表样式为“随意式”，排序字段为“学号”（升序）；报表标题为“学生成绩统计一览表”；报表文件名为 pstudent。

2. 设计一个名为 form2 的表单，表单上有“浏览”（名称为 command1）和“打印”（名称为 command2）两个命令按钮。鼠标单击“浏览”命令按钮时，先打开数据库 sdb，然后执行 SELECT 语句查询前面定义的 sview 视图中的记录（两条命令不可以有多余命令），鼠标单击“打印”命令按钮时，调用报表文件 pstudent 浏览报表的内容（一条命令，不可以有多余命令）。

试题 2

一、基本操作（共 4 小题，第 1 和 2 题各 7 分、第 3 和 4 题各 8 分，共计 30 分）

1. 打开数据库 score_manager，该数据库中含有三个有联系的表 student、score1 和 course，根据已经建立好的索引，建立表之间的联系。

2. course 表增加字段：开课学期（n，2，0）。

3. 为 score1 表“成绩”字段设置有效性规则：成绩＞＝0，出错提示信息是：“成绩必须大于或等于零”。

4. score1 表“成绩”字段的默认值设置为空值（NULL）。

二、简单应用（共 2 小题，每题 20 分，共计 40 分）

1. 在 score_manager 数据库查询学生的姓名和年龄（计算年龄的公式是：2003－year（出生日期），年龄作为字段名），结果保存在一个新表 new_table1 中。使用报表向导建立报表 new_report1，用报表显示 new_table1 的内容。报表中数据按年龄升序排列，报表的标题是“姓名一年龄”，其余参数使用缺省参数。

2. 在 score_manager 数据库中查询没有选修任何课程的学生信息，查询结果包括“学号”、“姓名”和“系部”字段，查询结果按学号升序保存在一个新表 new_table2 中。

三、综合应用（共 30 分）

score_manager 数据库中含有三个数据库表 student、score1 和 course。

为了对 score_manager 数据库进行查询，设计一个如图 C.1 所示的表单 myform1（控件名为 form1，表单文件名为 myform.scx）。表单的标题为“成绩查询”。表单左侧有文本“输入学号”（名称为 label1 的标签）和用于输入学号的文本框（名称为 text1）以及“查询”（command1）和“退出”（command2）两个命令按钮以及 1 个表格控件。

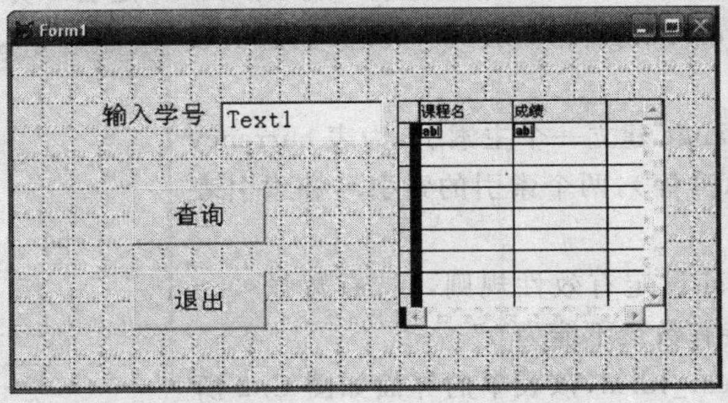

图 C.1 设计的表单界面

运行表单时，用户首先在文本框中输入学号，然后单击“查询”按钮，如果输入学号正确，在表单右侧以表格（名称为 grid1）形式显示该生所选课程名和成绩，否则提示“学号不存在，请重新输入学号”。

试题 3

一、基本操作（共 4 小题，第 1 和 2 题各 7 分、第 3 和 4 题各 8 分，共计 30 分）

1. 依据 score_manager 数据库，使用查询向导建立一个含有学生“姓名”和“出生日期”的标准查询 query3_1. qpr。

2. score_manager 数据库中删除视图 new_view3。

3. 用 SQL 命令向 score1 表插入一条记录：学号为“993503433”，课程号为“0001”，成绩是 99。

4. 打开表单 myform3_4，向其中添加一个“关闭”（command1）按钮，单击此按钮，关闭表单。

二、简单应用（共 2 小题，每题 20 分，共计 40 分）

1. 建立视图 new_view，该视图含有选修了课程但没有参加考试（成绩字段值为 NULL）的学生信息（包括“学号”、“姓名”和“系部”3 个字段）。

2. 建立表单 myform3，在表单上添加表格控件（grdcourse），并通过该控件显示表 course 的内容（要求 RecordSourceType 属性必须为 0）。

三、综合应用（共 30 分）

利用菜单设计器建立一个菜单 tj_menu3，要求如下：

①主菜单（条形菜单）的菜单项包括“统计”和“退出”两项；

②“统计”菜单下只有一个菜单项“平均”，该菜单项的功能是统计各门课程的平均成绩，统计结果包含“课程名”和“平均成绩”两个字段，并将统计结果按课程名升序保存在表 new_table32 中；

③“退出”菜单项的功能是返回 VFP 系统菜单。

菜单建立后，生成菜单运行该菜单中各个菜单项。

试题 4

一、基本操作（共 4 小题，第 1 和 2 题各 7 分、第 3 和 4 题各 8 分，共计 30 分）

1. 将自由表 rate_exchange 和 currency_sl 添加到 rate 数据库中。

2. 为表 rate_exchange 建立一个主索引，为表 currency_sl 建立一个普通索引（升序），两个索引的索引名和索引表达式均为“外币代码”。

3. 为表 currency_sl 设定有效性规则，“持有数量<>0”，错误提示信息是“持有数量不能为 0”。

4. 打开表单文件 test_form，该表单的界面如图 C. 2 所示，请修改“登陆”命令按钮的有关属性，使其在运行时可用。

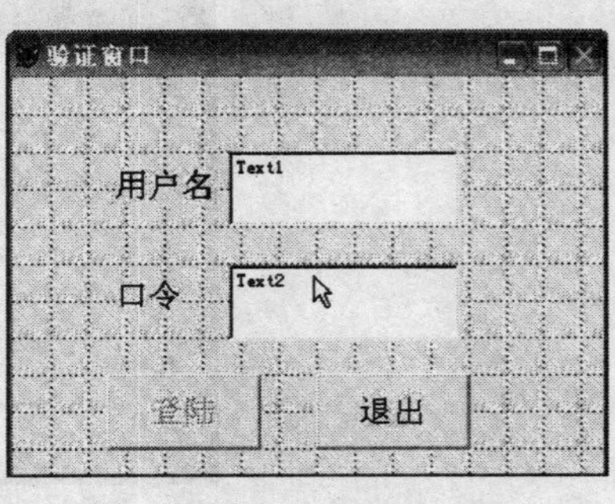

图 C. 2 表单界面

二、简单应用(共 2 小题,每题 20 分,共计 40 分)

1. 用 SQL 语句完成下列操作:列出“林诗因”持有的所有外币名称(取自 rate_exchange 表)和持有数量(取自 currency_sl 表),并将检索结果按持有数量升序排序存储于表 rate_temp 中,同时将你所使用的 SQL 语句存储于新建的文本文件 rate.txt 中。

2. 使用一对多报表向导建立报表。要求父表为 rate_exchange,子表为 currency_sl,从父表中选择字段:“外币名称”;从子表中选择全部字段;两个表通过“外币代码”建立联系;按“外币代码”降序排序;报表样式为“经营式”,方向为“横向”,报表标题“外币持有情况”,生成的报表文件名为 currency_report。

三、综合应用(共 30 分)

设计一个表单名和文件名均为 currency_form 的表单,所有控件的属性必须在表单设计器中的属性窗口中设置。表单的标题为“外币市值情况”。表单中有两个文本框(text1 和 text2)以及两个命令按钮“查询”(command1)和“退出”(command2)。

运行表单时,在文本框 text1 中输入某人姓名,然后单击“查询”。则在 text2 中会显示出他所持有的全部外币相当于人民币的价值数量。某种外币相当于人民币数量的计算公式为:人民币价值数量=该种外币的“现钞买入价”*该种外币“持有数量”。

单击“退出”按钮关闭表单。

试题 5

一、基本操作(共 4 小题,第 1 和 2 题各 7 分、第 3 和 4 题各 8 分,共计 30 分)

1. 新建一个名称为“外汇数据”的数据库。

2. 将自由表 rate_exchange 和 currency_sl 添加到数据库中。

3. 通过“外币代码”字段为 rate_exchange 和 currency_sl 建立永久性联系。(如果必要请建立相关索引)。

4. 打开表单文件 test_form,该表单的界面如图 C.3 所示,请将标签“用户名”和“口令”的字体都改为“黑体”。

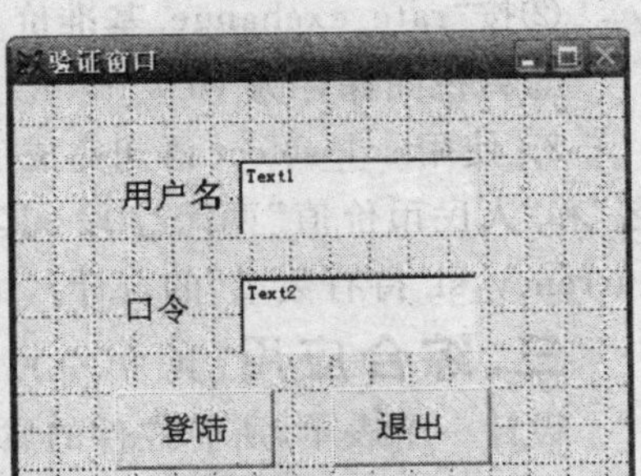

图 C.3 表单界面

二、简单应用(共 2 小题,每题 20 分,共计 40 分)

1. rate_pro.prg 中的程序功能是计算出“林诗因”所持有的全部外币相当于人民币的价值数量,summ 中存放的是结果。注意,某种外币相当于人民币数量的计算公式:人民币价值数量=该种外币的“现钞买入价”*该种外币“持有数量”。请在指定位置修改程序的语句,不得增加或删除程序行,请保存所做的修改。

2. 建立一个名为 menu_rate 的菜单,菜单中有两个菜单项“查询”和“退出”。“查询”项下还有一个子菜单,子菜单中有“日元”、“欧元”和“美元”三个选项。在“退出”菜单项下创建过程,该过程负责返回系统菜单。

三、综合应用(共 30 分)

设计一个文件名和表单名均为 myrate 的表单,所有控件的属性必须在表单设计器的属性窗口中设置。表单标题为“外汇持有情况”。表单中有一个选项组控件(名称为 myoption)以及两个命令按钮"统计"(command1)和"退出"(command2)。其中,选项组控件有三个按钮"日元"、"美元"和"欧元"。

运行表单时,首选在选项组控件中选择"日元"、"美元"或"欧元"。单击"统计"命令按钮后,根据选项组控件的选择将持有相应外币的人的姓名和持有数量分别存入 rate_ry. dbf(日元)或 rate_my. dbf(美元)或 rate_oy(欧元)中。

单击"退出"按钮时关闭表单。

表单建成后,要求运行表单,并分别统计"日元"、"美元"和"欧元"的持有数量。

试题 6

一、基本操作(共 4 小题,第 1 和 2 题各 7 分、第 3 和 4 题各 8 分,共计 30 分)

1. 建立一个名称为"外汇管理"的数据库。

2. 将表 currency_sl. dbf 和 rate_exchange. dbf 添加到新建立的数据库中。

3. 将表 rate_exchange. dbf 中"卖出价"字段的名称改为"现钞卖出价"。

4. 通过"外币代码"字段建立表 rate_exchange. dbf 和 currency_sl. dbf 之间的一对多永久联系(需要首先建立相关索引)。

二、简单应用(共 2 小题,每题 20 分,共计 40 分)

1. 在建立的"外汇管理"数据库中利用视图设计器建立满足如下要求的视图:

①视图按顺序包含列 currency_sl. 姓名、rate_exchange. 外币名称、currency_sl. 持有数量和表达式 rate_exchange. 基准价 * currency_sl. 持有数量;

②按"rate_exchange. 基准价 * currency_sl. 持有数量"降序排列;

③将视图保存为 view_rate。

2. 使用 sql_select 语句完成一个汇总查询,结果保存在 results. dbf 表中,该表中含有"姓名"和"人民币价值"两个字段(其中"人民币价值"为持有外币的"rate_exchange. 基准价 * currency_sl. 持有数量"的合计),结果按"人民币价值"降序排序。

三、综合应用(共 30 分)

设计一个表单,所有控件的属性必须在表单设计器的属性窗口中设置。表单文件名为"外汇浏览"。表单界面如图 C. 4 所示。

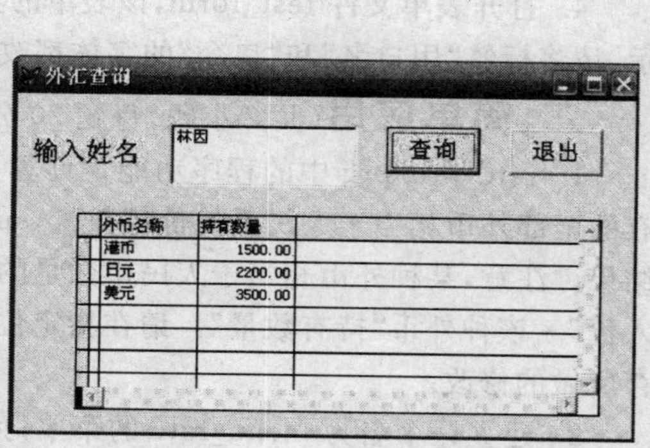

图 C. 4 运行的表单界面样式

其中

①"输入姓名"为标签控件 label1;

②表单标题为"外汇查询";

③文本框的名称为 text1,用于输入要查询的姓名,如张三丰;

④表格控件的名称为 grid1,用于显示所查询人持有的外币名称和持有数量,RecordSourceType 的属性设置为 4(SQL 说明);

⑤查询命令按钮的名称 command1,单击该按钮时在表格控件 grid1 按持有数量升序显示所查询人持有的外币名称和数量(如上图所示),并将结果存储在以姓名命名的 dbf 表文件中,

如张三丰.dbf；

⑥退出命令按钮的名称 command2，单击该按钮时关闭表单。

完成以上表单设计后，运行该表单，并分别查询"林因"、"张丰"和"李欢"所持有的外币名称和持有数量。

试题 7

一、基本操作(共 4 小题，第 1 和 2 题各 7 分、第 3 和 4 题各 8 分，共计 30 分)

1. 用 SQL 语句从 rate_exchange.dbf 表中提取外币名称、现钞买入价和卖出价三个字段的值并将结果存入 rate_ex.dbf 表(字段顺序为外币名称、现钞买入价和卖出价，字段类型和宽度与原表相同，记录顺序与原表相同)，并将相应的 SQL 语句保存为文本文件 one.txt。

2. 用 SQL 语句将 rate_exchange.dbf 表中外币名称为"美元"的卖出价修改为 829.01。

3. 利用报表向导根据 rate_exchange.dbf 表生成一个外汇汇率报表，报表按顺序包含外币名称、现钞买入价和卖出价三个数据，报表的标题为"外汇汇率"(其他使用默认设置)，生成的报表文件保存为 rate_exchange。

4. 打开生成的报表文件 rate_exchange.进行修改，使显示在标题区域的日期改在每页的注脚区显示。

二、简单应用(共 2 小题，每题 20 分，共计 40 分)

1. 设计一个如图 C.5 所示的时钟应用程序，具体描述如下：

表单名和文件名均为 timer，表单标题为"时钟"，表单运行时自动显示系统的当前时间。

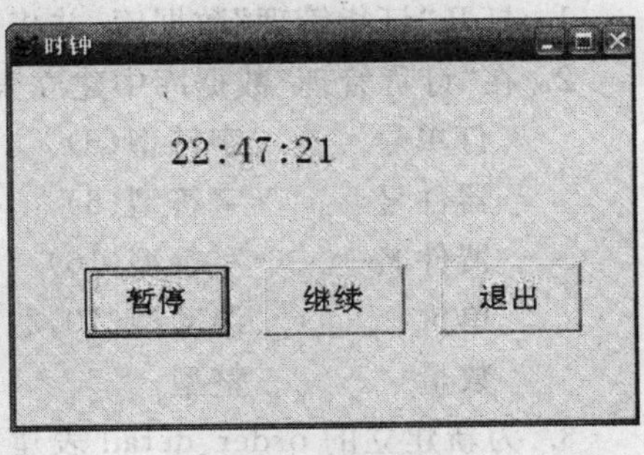

图 C.5 计时界面

timer1.Timer 事件的代码

```
Thisform.label1.Caption=TIME()
```

①显示时间的为标签控件 label1(要求在表单中居中，标签文本对齐方式为居中)。

②单击"暂停"命令按钮(command1)时，时钟停止。

```
Thisform.Timer1.Enabled=.f.。
```

③单击"继续"命令按钮(command2)时，时钟继续显示系统的当前时间。

```
Thisform.timer1.Enabled=.t.。
```

④单击"退出"按钮(command3)时关闭表单。

提示：使用计时器控件，将该控件的 Interval 属性设置为 500，即每 500 毫秒触发一次计时器控件的 Timer 事件(显示一次系统时间)；将计时器控件的 Interval 属性设置为 500。

2. 使用查询设计器设计一个查询，要求如下：

①数据来源于自由表 currency_sl.dbf 和 rate_exchange.dbf；

②按顺序含有字段"姓名"、"外币名称"、"持有数量"、"现钞买入价"以及表达式"现钞买入价 * 持有数量"；

③先按"姓名"升序排序，再按"持有数量"降序排列；

④查询去向为表 results.dbf；

⑤完成设计后将查询保存为 query 文件,并运行该查询。

三、综合应用(共 30 分)

设计一个满足如下要求的应用程序,所有控件的属性必须在表单设计器的属性窗口中设置。

1. 建立一个表单,表单名和文件名均为 form1,表单标题为"外汇"。

2. 表单中含有一个页框控件(Pageframe1)和一个"退出"命令按钮(Command1)。

3. 页框控件(Pageframe1)中含有三个页面,每个页面都通过一个表格控件显示有关信息。

①第一个页面 page1 上的标题为"持有人",其上的表格名为 grdcurrency_sl,记录源的类型(RecordSource)为表,显示自由表 currency_sl 的内容。

②第二个页面 page2 上的标题为"外汇汇率",其上的表格名为 grdrate_exchange,记录源的类型(RecordSource)为表,显示自由表 rate_exchange 的内容。

③第三个页面 page3 上的标题为"持有量及价值",其上的表格名为 grade1,记录源的类型(RecordSource)为查询,记录源(RecordSource)为"简单应用"题目中建立的查询文件 query。

试题 8

一、基本操作(共 4 小题,第 1 和 2 题各 7 分、第 3 和 4 题各 8 分,共计 30 分)

1. 打开"订货管理"数据库,并将表 order_list 添加到该数据库中。

2. 在"订货管理"数据库中建立表 order_detail,表结构描述如下。

订单号	字符型(6)
器件号	字符型(6)
器件名	字符型(16)
单价	浮动型(10,2)
数量	整型

3. 为新建立的 order_detail 表建立一个普通索引,索引名和索引表达式均是"订单号"。

4. 建立表 order_list 和表 order_detail 间的永久联系(通过"订单号"字段)。

二、简单应用(共 2 小题,每题 20 分,共计 40 分)

1. 将 order_detail1 表中的全部记录追加到 order_detail 表中,然后用 SQL SELECT 语句完成查询。列出所有订购单的订单号、订购日期、器件号、器件名和总金额(按订单号升序,订单号相同再按总金额降序),并将结果存储到 results 表中(其中订单号、订购日期、总金额取自 order_list 表,器件号、器件名取自 order_detail 表)。

2. 打开 modi1.prg 命令文件,该命令文件包含 3 条 SQL 语句,每条 SQL 语句中都有一个错误,请改正之(注意:在出现错误的地方直接改正,不可以改变 SQL 语句的结构和 SQL 短语的顺序)。

三、综合应用(共 30 分)

在做本题前首先确认在基础操作中已经正确地建立了 order_detail 表,在简单应用中已经成功地将记录追加到 order_detail 表。

当 order_detail 表中的单价修改后,应该根据该表的"单价"和"数量"字段修改 order_list

表的总金额字段，现在有部分 order_list 记录的总金额字段值不正确，请编写程序挑出这些记录，并将这些记录存放到一个名为 od_mod 的表中（与 order_list 表结构相同，自己建立），然后根据 order_detail 表的“单价”和“数量”字段修改 od_mod 表的总金额字段（注意一个 od_mod 记录可能对应几条 order_detail 记录），最后 od_mod 表的结果要求按总金额升序排序，编写的程序最后保存为 prog1. prg。

试题 9

一、基本操作（共 4 小题，第 1 和 2 题各 7 分、第 3 和 4 题各 8 分，共计 30 分）

1. 打开“订货管理”数据库，并将表 order_list 添加到该数据库中。

2. 在“订货管理”数据库中建立表 customer，表结构描述如下。

客户号	字符型(6)
客户名	字符型(16)
地址	字符型(20)
电话	字符型(14)

3. 建立的 customer 表创建一个主索引，索引名和索引表达式均是“客户号”。

4. 将表 order_detail 从数据库中移出，并永久删除。

二、简单应用（共 2 小题，每题 20 分，共计 40 分）

在考生文件夹下完成如下简单应用。

1. 将 customer1 表中的全部记录追加到 customer 表中，然后用 SQL SELECT 语句完成查询。列出目前有订购单的客户信息（即有对应的 order_list 记录的 customer 表中的记录），同时要求按客户号升序排序，并将结果存储到 results 表中（表结构与 customer 表结构相同）。

2. 并按如下要求修改 form1 表单文件（最后保存所做的修改）：

①在“确定”命令按钮的 Click 事件（过程）下的程序有两处错误，请改正之；

②设置 Text2 控件的有关属性，使用户在输入口令时显示“*”（星号）。

三、综合应用（共 30 分）

使用报表设计器建立一个报表，具体要求如下。

1. 表的内容（细节带区）是 order_list 表的订单号、订购日期和总金额。

2. 加数据分组，分组表达式是“order_list. 客户号”，组标头带区的内容是“客户号”，组注脚带区的内容是该组订单的“总金额”合计。

3. 加标题带区，标题是“订单分组汇总表（按客户）”，要求是 3 号字、黑体，括号是全角符号。

4. 加总结带区，该带区的内容是所有订单的总金额合计。最后将建立的报表文件保存为 report1. frx 文件。

提示：在考试的过程中可以使用“显示→预览”菜单查看报表的效果。

试题 10

一、基本操作（共 4 小题，第 1 和 2 题各 7 分、第 3 和 4 题各 8 分，共计 30 分）

1. 打开“订货管理”数据库，并将表 order_detail 添加到该数据库中。

2. 为表 order_detail 的"单价"字段定义默认值为 NULL。

3. 为表 order_detail 的"单价"字段定义约束规则：单价＞0，违背规则时的提示信息是"单价必须大于零"。

4. 关闭"订货管理"数据库，然后建立自由表 customer，表结构如下。

客户号	字符型(6)
客户名	字符型(16)
地址	字符型(20)
电话	字符型(14)

二、简单应用(共 2 小题，每题 20 分，共计 40 分)

1. 列出总金额大于所有订购单总金额平均值的订购单(order_list)清单(按客户号升序排列)，并将结果存储到 results 表中(表结构与 order_list 表结构相同)。

2. 利用 Visual FoxPro 的"快速报表"功能建立一个满足如下要求的简单报表：

①报表的内容是 order_detail 表的记录(全部记录，横向)；

②增加"标题带区"，然后在该带区中放置一个标签控件，该标签控件显示报表的标题"器件清单"；

③将页注脚区默认显示的当前日期改为显示当前的时间；

④最后将建立的报表保存为 reportl. frx。

三、综合应用(共 30 分)

首先将 order_detail 表全部内容复制到 od_bak 表，然后对 od_bak 表编写完成如下功能的程序。

1. 把"订单号"尾部字母相同并且订货相同("器件号"相同)的订单合并为一张订单，新的"订单号"就取原来的尾部字母，"单价"取最低价，"数量"取合计。

2. 结果先按新的"订单号"升序排序，再按"器件号"升序排序。

3. 最终记录的处理结果保存在 od_new 表中。

4. 最后将程序保存为 progl. prg，并执行该程序。

试题 11

一、基本操作(共 4 小题，第 1 和 2 题各 7 分、第 3 和 4 题各 8 分，共计 30 分)

1. 为"雇员"表增加一个字段名为"EMAIL"、类型为"字符型"、宽度为"20"的字段。

2. 设置"雇员"表中"性别"字段的有效性规则，性别取"男"或"女"，默认值为"女"。

3. 在"雇员"表中，将所有记录的 EMAIL 字段值使用"部门号"的字段值加上"雇员号"的字段值再加上"@xxx. com. cn"进行替换。

4. 通过"部门号"字段建立"雇员"表和"部门"表间的永久联系。

二、简单应用(共 2 小题，每题 20 分，共计 40 分)

1. 请修改并执行名称为 form1 的表单，要求如下。

①为表单建立数据环境，并将"雇员"表添加到数据环境中。

②将表单标题修改为"XXX 公司雇员信息维护"。

③修改命令按钮"刷新日期"的 Click 事件下的语句，使用 SQL 的更新命令，将"雇员"表

中“日期”字段值更换成当前计算机的日期值。注意:只能在原语句上进行修改,不能增加语句行。

2. 建立一个名称为 menu 的菜单,菜单栏有“文件”和“编辑浏览”两个菜单。“文件”菜单下有“打开”、“关闭退出”两个子菜单;“浏览”菜单下有“雇员编辑”、“部门编辑”和“雇员浏览”三个子菜单。

三、综合应用(共 30 分)

1. 建立一个名为 view1 的视图,查询每个雇员的部门号、部门名、雇员号、姓名、性别、年龄和 EMAIL。

2. 设计一个名为 form2 的表单,表单上设计一个页框,页框有“部门”和“雇员”两个选项卡,在表单的右下脚有一个“退出”命令按钮。要求如下:

①表单的标题名称为“商品销售数据输入”;

②单击选项卡“雇员”时,在选项卡“雇员”中使用“表格”方式显示 VIEW1 视图中的记录(表格名称为 grdview1);

③单击选项卡“部门”时,在选项卡“部门”中使用“表格”方式显示“部门”表中的记录(表格名称为 grd 部门);

④单击“退出”命令按钮,关闭表单。

试题 12

一、基本操作(共 4 小题,第 1 和 2 题各 7 分、第 3 和 4 题各 8 分,共计 30 分)

1. 新建一个名为“供应”的项目文件。

2. 将数据库“供应零件”加入到新建的“供应”的项目文件。

3. 通过“零件号”字段为“零件”表和“供应”表建立永久联系(“零件”表是父表,“供应”表是子表)。

4. 为“供应”表的数量字段设置有效性:数量必须大于 0 并且小于 9999;错误提示信息是“数量超范围”。(注意:公式必须为数量>0. and. 数量<9999。)

二、简单应用(共 2 小题,每题 20 分,共计 40 分)

1. 用 SQL 语句完成下列操作:列出所有与“红”颜色零件相关的信息(供应商号,工程号和数量),并将检索结果按数量降序排序存放于表 sup_temp 中。

2. 建立一个名为 menu_quick 的快捷菜单,菜单中有两个菜单项“查询”和“修改”。然后在表单 myform 中的 RightClick 事件中调用快捷菜单 menu_quick。

三、综合应用(共 30 分)

设计一个名为 mysupply 的表单(表单的控件名和文件名均为 mysupply)。表单的标题为“零件供应情况”。表单中有一个表格控件以及两个命令按钮“查询”(command1)和“退出”(command2)。

运行表单时,单击“查询”命令按钮后,表格控件(名称为 grid1)中显示了工程号“J4”所使用的零件名、颜色和重量。

单击“退出”按钮关闭表单。

试题 13

一、基本操作(共 4 小题,第 1 和 2 题各 7 分、第 3 和 4 题各 8 分,共计 30 分)

1. 新建一个名为“饭店管理”的项目。

2. 在新建的项目中建立一个名为“使用零件情况”的数据库,并将考生文件夹下的所有自由表添加到该数据库中。

3. 修改“零件信息”表的结构,增加一个字段,字段名为“规格”,类型为“字符型”,长度为“8”。

4. 打开并修改 mymenu 菜单文件,为菜单项“查找”设置快捷键“Ctrl+T”。

二、简单应用(共 2 小题,每题 20 分,共计 40 分)

在考生文件夹下完成如下简单应用。

1. 用 SQL 语句完成下列操作:查询与项目号“s1”的项目所使用的任意一个零件相同的项目号、项目名、零件号和零件名称(包括项目号 s1 自身),结果按项目号降序排序,并存放于 item_temp. dbf 中,同时将你所使用的 SQL 语句存储于新建的文本文件 item. txt 中。

2. 根据零件信息、使用零件和项目信息 3 个表,利用视图设计器建立一个视图 view_item,该视图的属性列由项目号、项目名、零件名称、单价、数量组成,记录按项目号升序排序,筛选条件是:项目号为“s2”。

三、综合应用(共 30 分)

1. 设计一个文件名和表单名均为 form_item 的表单,所有控件的属性必须在表单设计器的属性窗口中设置。表单的标题设为“使用零件情况统计”。表单中有一个组合框(combo1)、一个文本框(text1)和两个命令按钮“统计”(command1)和“退出”(command2)。

2. 运行表单时,组合框中有 3 个条目“s1”、“s2”、“s3”(只有 3 个,不能输入新的,RowSourceType 的属性为“数组”,Style 的属性为“下拉列表框”)可供选择,单击“统计”命令按钮以后,则文本框显示出该项目所用零件的金额(某种零件的金额=单价 * 数量)。

3. 单击“退出”按钮关闭表单。

试题 14

一、基本操作(共 4 小题,第 1 和 2 题各 7 分、第 3 和 4 题各 8 分,共计 30 分)

1. 打开 ecommerce 数据库,并将考生文件夹下的自由表 orderitem 添加到该数据库。

2. 为 orderitem 表创建一个主索引,索引名为 pk,索引表达式为“会员号+商品号”;再为 orderitem 表创建两个普通索引(升序),其中一个索引名和索引表达式均是“会员号”;另一个索引名和索引表达式均是“商品号”。

3. 通过“会员号”字段建立客户表 customer 和订单表 orderitem 之间的永久联系(注意不要建立多余的联系)。

4. 为以上建立的联系设置参照完整性约束:更新规则为“级联”;删除规则为“限制”;插入规则为“限制”。

二、简单应用(共 2 小题,每题 20 分,共计 40 分)

在考生文件夹下完成如下简单应用。

1. 建立查询 qq，查询会员的会员号（来自 customer 表）、姓名（来自 customer 表）、会员所购买的商品名（来自 article 表）、单价（来自 orderitem 表）、数量（来自 orderitem 表）和金额（orderitem. 单价 * orderitem. 数量），结果不要进行排序，查询去向是表 ss。查询保存为 qq. qpr，并运行该查询。

2. 使用表单向导选择客户表 customer 生成一个文件名为 myform 的表单。要求选择客户表 customer 中的所有字段，表单样式为“阴影式”；按钮类型为“图片按钮”；排序字段选择会员号（升序）；表单标题为“客户基本数据输入维护”。

三、综合应用（共 30 分）

在考生文件夹下，打开 ecommerce 数据库，完成如下综合应用（所有控件的属性必须在表单设计器的属性窗口中设置）。

设计一个名称为 myforma 的表单（文件名和表单名均为 myforma），表单的标题为“客户商品订单基本信息浏览”。表单上设计一个包含 3 个选项卡的页框（pageframe1）和 1 个“退出”命令按钮（command1），要求如下：

①为表单建立数据环境，按顺序向数据环境添加 article 表、customer 表和 orderitem 表；

②按从左至右的顺序，3 个选项卡的标签（标题）的名称分别为“客户表”、“商品表”和“订单表”，每个选项卡上均有一个表格控件，分别显示对应表的内容（从数据环境中添加，客户表为 customer、商品表为 article、订单表为 orderitem）；

③单击“退出”按钮关闭表单。

试题 15

一、基本操作（共 4 小题，第 1 和 2 题各 7 分、第 3 和 4 题各 8 分，共计 30 分）

1. 建立数据库 bookauth. dbc，把表 books. dbf 和 authors. dbf 添加到该数据库。

2. 为 authors 表建立主索引，索引名“pk”，索引表达式“作者编号”。

3. 为 books 表分别建立两个普通索引，其一索引名为“rk”，索引表达式为“图书编号”；其二索引名和索引表达式均为“作者编号”。

4. 建立 authors 表和 books 表之间的联系。

二、简单应用（共 2 小题，每题 20 分，共计 40 分）

在考生文件夹下完成如下简单应用。

1. 打开表单 myform44，把表（form1）的标题改为“欢迎您”，将文本“欢迎您访问系统”（label1）的字号改为 25，字体改为隶书，再在表单上添加“关闭”（command1）命令按钮，单击此按钮关闭表单，最后保存并运行表单。

2. 设计一个表单 myform4，表单中有两个命令按钮“查询”（command1）和“退出”（command2）。

①单击“查询”按钮，查询 bookauth 数据库中出版过 3 本以上（含 3 本）图书的作者信息，查询信息包括作者姓名和所在城市；查询结果按作者姓名升序保存在表 newview 中。

②单击“退出”按钮关闭表单。

③最后保存并运行表单。

三、综合应用（共 30 分）

在考生文件夹下完成如下综合应用。

1. 首先将 books. dbf 中所有书名中含有“计算机”3 个字的图书复制到表 booksbak 中，以下操作均在 booksbak 表中完成。

2. 复制后的图书价格在原价格基础上降价 5%。

3. 从图书均价高于 25 元(含 25 元)的出版社中，查询并显示图书均价最低的出版社名称以及均价，查询结果保存在表 newtable 中(字段名为出版单位和均价)。

试题 16

一、基本操作(共 4 小题，第 1 和 2 题各 7 分、第 3 和 4 题各 8 分，共计 30 分)

在考生文件夹下完成如下操作。

1. 新建一个名为“图书管理”的项目。

2. 在项目中建立一个名为“图书”的数据库。

3. 将考生文件夹下的所有自由表添加到“图书”数据库中。

4. 在项目中建立查询 book_qu，查询价格大于等于 10 元的图书(book 表)的所有信息，查询结果按价格降序排序。

二、简单应用(共 2 小题，每题 20 分，共计 40 分)

在考生文件夹下完成如下简单应用。

1. 用 SQL 语句完成以下操作：检索“田亮”所借图书的书名、作者和价格，结果按价格降序存入 booktemp 表中。

2. 在考生文件夹下有一个名为 menu_lin 的下拉式菜单，请设计顶层表单 frmmenu，将菜单 menu_lin 加入到该表单中，使得运行表单时菜单显示在本表单中，并在表单退出时释放菜单。

三、综合应用(共 30 分)

1. 设计名为 formbook 的表单(控件名为 form1，文件名为 formbook)。表单的标题设为“图书情况统计”。表单中有一个组合框(combo1)、一个文本框(text1)以及两个命令按钮“统计”(command1)和“退出”(command2)。

2. 运行表单时，组合框中有 3 个条目“清华”、“北航”、“科学”(只有 3 个出版社名称，不能输入新的)可供选择，在组合框中选择出版社名称后，如果单击“统计”命令按钮，则文本框显示出“图书”表中该出版社图书的总数。

3. 单击“退出”按钮关闭表单。

试题 17

一、基本操作(共 4 小题，第 1 和 2 题各 7 分、第 3 和 4 题各 8 分，共计 30 分)

在考生文件夹下，打开一个公司销售数据库 selldb，完成如下操作。

1. 为各部门分年度、季度销售金额和利润表 s_t 创建一个主索引和普通索引(升序)，主索引的索引名为 no，索引表达式为“部门号＋年度”，普通索引的索引名和索引表达式均为部门号。

2. 使用 sql 的 alter table 语句将表 s_t 的年度字段的默认值修改为“2004”，并将该 sql 语句存储到命令文件 one. prg 中。

3. 在表 s_t 中增加一个名为“备注”的字段，字段数据类型为“字符”，宽度为 30。

4. 通过“部门号”字段建立表 s_t 和 dept 表的永久联系，并为该联系设立参照完整性约束：更新规则为“级联”，删除规则为“限制”，插入规则为“忽略”。

二、简单应用(共 2 小题，每题 20 分，共计 40 分)

在考生文件夹下，打开一个公司销售数据库 selldb，完成如下操作。

1. 使用一对多表单向导生成一个名为 sd_edit 的表单。要求从父表 dept 中选择所有字段，从字表 s_t 中选择所有字段，使用“部门号”建立两表之间的关系，样式为阴影式，按钮类型为图片按钮，排序字段为“部门号”(升序)，表单标题为“数据输入维护”。

2. 在考生文件夹下，打开命令文件 two.prg，该命令文件用来各部门的分年度的部门号、年度、全年销售额、全年利润和利润率(全年利润/全年销售额)，查询结果现按年度升序、再按利润率降序排序，并存储到 s_sum 表中。

注意：程序在第 5 行、第 6 行、第 8 行、第 9 行有错误，请直接在错误处修改，不可改变 SQL 语句的结构和短语的顺序，不允许增加或合并行。

三、综合应用(共 30 分)

在考生文件夹下，打开一个公司销售数据库 selldb，完成如下操作。

设计一个表单名为 form_1，表单文件名为 sd_select，表单标题为“部门年度数据查询”的表单。

1. 在表单建立一个数据环境，向数据环境添加 s_t 表(cursor1)。

2. 当在“年度”标签右边的微调控件(spinner1)中选择年度并单击“查询”按钮(command1)时，则会在下边的表格(grid1)控件内显示该年度各部门的四个季度的销售额和利润。指定微调控件的上箭头按钮(SpinnerHighValue 属性)与下箭头按钮(SpinnerLowValue 属性)值范围在 2010～1999，缺省值(Value 属性)为 2003，增量(Increment 属性)为 1。

3. 单击“退出”按钮(command2)时，关闭表单。

要求：表格控件的 RecordSourceType 属性设置为“4－SQL 说明”。

试题 18

一、基本操作(共 4 小题，第 1 和 2 题各 7 分、第 3 和 4 题各 8 分，共计 30 分)

1. 在考生文件夹下建立数据库 cust_m。

2. 把考生文件夹下的自由表 cust 和 order1 加入到刚建立的数据库中。

3. 为 cust 表建立主索引，索引名为 primarykey，索引表达式为客户编号。

4. 为 order1 表建立候选索引，索引名为 candi_key，索引表达式为订单编号。为 order1 表建立普通索引，索引名为 regularkey，索引表达式为客户编号。

二、简单应用(共 2 小题，每题 20 分，共计 40 分)

1. 根据 order1 表建立一个视图 view_order，视图中包含的字段及顺序与 order1 表相同，但视图中只能查询到金额小于 1000 的信息。然后利用新建立的视图查询视图中的全部信息，并将结果按订单编号升序存入表 cx1。

2. 建立一个菜单 my_menu，包括两个菜单项“文件”和“帮助”，“文件”将激活子菜单，该子菜单包括“打开”、“存为”和“关闭”3 个菜单项；“关闭”子菜单项用 SET SYSMENU TO DEFAULT 命令返回到系统菜单，其他菜单项的功能不做要求。

三、综合应用(共 30 分)

在考生文件夹下有学生管理数据库 books，数据库中有 score 表(学号、物理、高数、英语和学分查询表结构)，其中前 4 项已有数据。

请编写符合下列要求的程序并运行程序。

设计一个名为 myform 的表单，表单中有两个命令按钮，按钮的名称分别为 cmdyes 和 cmdno，标题分别为“计算”和“关闭”。程序运行时，单击“计算”按钮应完成下列操作。

1. 计算每一个学生的总学分并存入对应的学分字段。学分的计算方法是：物理 60 分以上(包括 60 分)2 学分，否则 0 分；高数 60 分以上(包括 60 分)3 学分，否则 0 分；英语 60 分以上(包括 60 分)4 学分，否则 0 分。

2. 根据上面的计算结果，生成一个新的表 xf(要求表结构的字段类型与 score 表对应字段的类型一致)，并且按学分升序排序，如果学分相等，则按学号降序排序。单击“退出”菜单项，程序终止运行。

试题 19

一、基本操作(共 4 小题，第 1 和 2 题各 7 分、第 3 和 4 题各 8 分，共计 30 分)

1. 建立项目“超市管理”，并把“商品管理”数据库加入到该项目中。

2. 为商品表增加字段：销售价格 N(6,2)，该字段允许出现“空”值，默认值为.NULL.。

3. 为“销售价格”字段，设置有效性规则：销售价格＞0；出错提示信息：“销售价格必须大于零”。

4. 用报表向导为商品表创建报表，报表中包括商品表中全部字段，报表样式用“经营式”，报表中数据按商品编码升序排列，报表文件名 report_a. frx，其余按缺省设置。

二、简单应用(共 2 小题，每题 20 分，共计 40 分)

1. 使用 SQL 命令查询 2001 年(不含)以前进货的商品，列出其分类名称、商品名称、进货日期，查询结果按进货日期升序排序，并存入文本文件 infor_a. txt 中，所有命令存入文本文件 cmd_ aa. txt 中。

2. 用 SQL UPDATE 命令为所有商品编码首字符是“3”的商品计算销售价格：销售价格为在进货价格基础上加 22.68%，并把所有命令存入文本文件 cmd_ab. txt 中。

三、综合应用(共 30 分)

建立表单，表单文件名和表单名均为 myform_a，表单标题为“商品浏览”，表单样式如图 C. 6左图所示，其他功能要求如下。

1. 用选项按钮组(optiongroup1)控件选择商品分类，饮料(option1)，调味品(option2)，酒类(option3)，小家电(option4)。

2. 单击“确定”按钮(command2)命令按钮，显示选中分类的商品，要求使用 DO CASE 语句判断选择的商品分类(如图 C. 6 所示)。

3. 在右图所示界面按 Esc 键返回左图所示界面。

4. 单击“退出”按钮，关闭并释放表单。

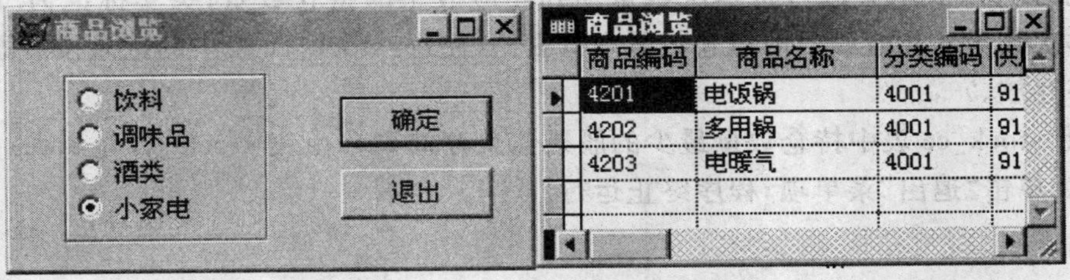

图 C.6　运行的结果界面

注:选择选项按钮组控件的 value 属性必须为数值型。

试题 20

一、基本操作(共 4 小题,第 1 和 2 题各 7 分、第 3 和 4 题各 8 分,共计 30 分)

1. 在考生文件夹下建立项目 sales_m。
2. 把考生文件夹中的数据库 cust_m 加入 sales_m 项目中。
3. 为 cust_m 数据库中 cust 表增加字段:联系电话 C(12),字段值允许“空”。
4. 为 cust_m 数据库中 order1 表“送货方式”字段设计默认值为“铁路”。

二、简单应用(共 2 小题,每题 20 分,共计 40 分)

1. 在考生文件夹下,有一个数据库 sdb,其中有数据库表 student、sc 和 course。表结构如下。

student(学号,姓名,年龄,性别,院系号)

sc(学号,课程号,成绩,备注)

course(课程号,课程名,选修课程号,学分)

在表单向导中选取一对多表单向导创建一个表单。要求:从父表 student 中选取字段学号和姓名,从子表 sc 中选取字段课程号和成绩,表单样式选“浮雕式”,按钮类型使用“文本按钮”,按学号降序排序,表单标题为“学生成绩”,最后将表单存放在考生文件夹中,表单文件名是 form_stu。

2. 在考生文件夹中有一数据库 sdb,其中有数据库表 student、sc 和 course。建立成绩大于等于 60 分,按学号升序排序的本地视图 gradelist_vw,该视图按顺序包含字段学号、姓名、成绩和课程名,然后使用新建立的视图查询视图中的全部信息,并将结果存入表 grade_cj。

三、综合应用(共 30 分)

在考生文件夹下有股票管理数据库 stock_4,数据库中有 stock_mm 表和 stock_cc 表,stock_mm的表结构是股票代码 C(6)、买卖标记 L(.T.表示买进,.F.表示卖出)、单价 N(7,2)和本次数量 N(6)。stock_cc 的表结构是股票代码 C(6)和持仓数量 N(8)。stock_mm 表中一支股票对应多个记录,stock_cc 表中一支股票对应一个记录(stock_cc 表开始时记录个数为 0)。

请编写并运行符合下列要求的程序:

设计一个名为 menu_lin 的菜单,菜单中有两个菜单项“统计”和“退出”。

程序运行时,单击“统计”菜单项应完成下列操作。

1. 根据 stock_mm 统计每支股票的持仓数量,并将结果存放到 stock_cc 表。计算方法:

买卖标记为.T.（表示买进），将本次数量加到相应股票的持仓数量；买卖标记为.F.（表示卖出），将本次数量从相应股票的持仓数量中减去。（注意：stock_cc 表中的记录按股票代码从小到大顺序存放。）

2. 将 stock_cc 表中持仓数量最少的股票信息存储到自由表 stock_x（与 stock_cc 表结构相同）中。单击“退出”菜单项，程序终止运行。

附录 D　全国计算机等级考试

二级 Visual FoxPro 上机试题答案解析

试题 1

一、基本操作

【解析】

本题考查的是通过项目管理器来完成一些数据库及数据库表的基本操作。项目的建立可以直接在命令窗口输入命令建立，数据库和数据库表的建立，可以通过项目管理器中的命令按钮，打开相应的设计器进行管理。

【答案】

1. 在命令窗口输入命令：CREATE PROJECT sdb_p，建立一个新的项目管理器，如图 D.1 所示。单击“数据”选项卡，然后选中列表框中的“数据库”，单击选项卡右边的“新建”命令按钮，系统弹出“新建数据库”对话框，在对话框中单击“新建数据库”图标按钮，系统接着弹出“创建”对话框，在数据库名文本框内输入新的数据库名称“sdb”，单击“保存”命令按钮。

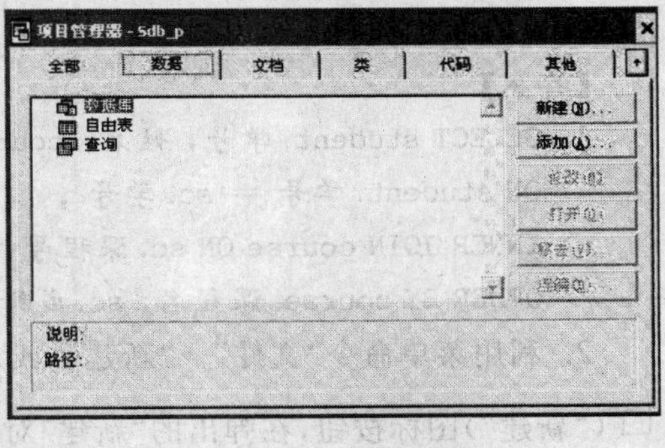

图 D.1　项目管理器窗口

2. 新建数据库后，系统弹出数据库设计器，在设计器中右击鼠标，选择“添加表”快捷菜单命令，系统弹出“打开”对话框，将 student 和 sc 两个数据表依次添加到数据库中。

3. 创建新表的步骤如下所述。

右击数据库设计器，选择“新建表”快捷菜单命令，在弹出的对话框中单击“新建表”图标按钮，系统弹出“创建”对话框，在对话框的“输入表名”文本框中输入 course 文件名，保存在考生文件夹下，进入表设计器。根据题意，在表设计器的“字段”选项卡中，依次输入每个字段的字段名、类型和宽度，保存表结构设计，并自动退出数据表设计器。

输入新记录的步骤：选择“显示”菜单的“浏览”菜单项，进入表的浏览状态，再从“显示”菜单中选择“追加模式”，才能在表中依次添加 6 条记录。

4. 在 course 的表设计器“索引”选项卡中，在“索引”列的文本框中输入索引名为“cno”，在“类型”下拉框中选择索引类型为“主索引”，在“表达式”列中输入“课程号”作为索引表达式，内容设置如图 D.2 所示。

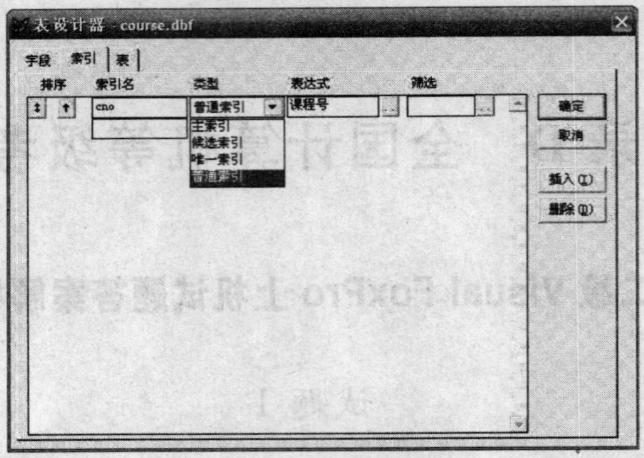

图 D.2　数据表设计器

二、简单应用

【解析】

本题第 1 小题考查的是多表查询的建立以及查询去向，在设置查询去向的时候，应该注意表的选择；第 2 小题主要考查的是利用表单向导建立一个表单，注意根据每个向导界面，完成相应的设置即可。

【答案】

1.
```
SELECT student.学号, 姓名, course.课程名, sc.成绩 FROM student INNER JOIN sc
ON student.学号 = sc.学号 ;
INNER JOIN course ON sc.课程号 = course.课程号;
ORDER BY course.课程名, sc.成绩 DESC INTO TABLE sclist.dbf
```

2. 利用菜单命令“文件”→“新建”，或从常用工具栏中单击（“新建”）图标按钮，在弹出的“新建”对话框中选择“表单”单选项，再单击“向导”图标按钮，系统弹出“向导选取”对话框，如图 D.3 所示。

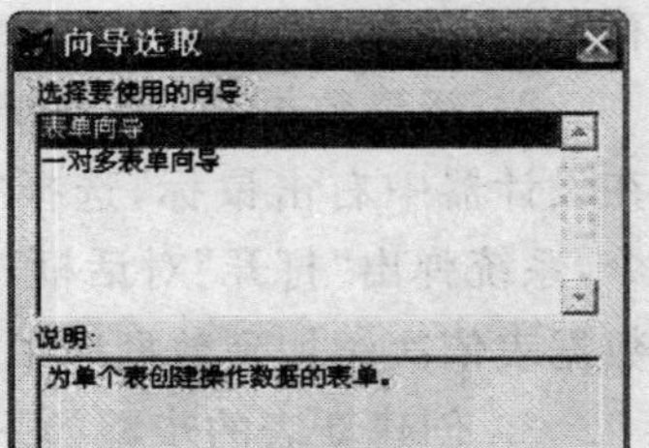

图 D.3　向导类型选择对话框

在列表框中选择“表单向导”，单击“确定”按钮，进到“字段选取”界面，如图 D.4 所示。从“数据库和表”下拉列表框中选择数据库 sdb 和 student 数据表，student 表的字段将显示在“可用字段”列表框中，从中选择所需的字段。根据题意，单击选项卡中的“（全部添加）”图标按钮，将所有字段全部添加到“选定字段”列表框中，如图 D.5 所示。

单击“下一步”进入“选择表单样式”的界面，在“样式”列表框中选择“阴影式”，在“按钮类型”选项组中选择“图片按钮”选项。

再单击“下一步”进入“排序次序”方式的设计界面，将“可用字段或索引标识”列表框中的“学号”字段添加到右边的“选定字段”列表框中，并选择“升序”单选项。

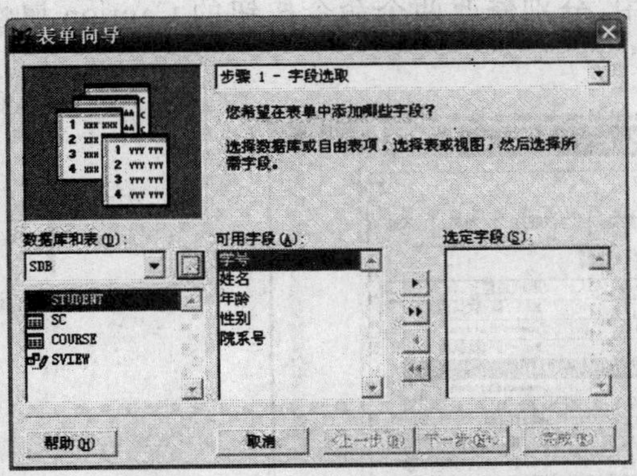

图 D.4　字段选取对话框(1)

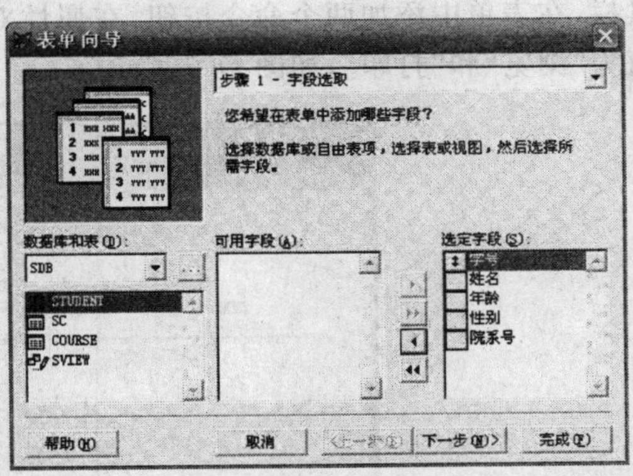

图 D.5　字段选取对话框(2)

再单击“下一步”，进入最后的“完成”设计界面，在“请键入表单标题”文本框中输入“学生基本数据输入维护”做为表单的标题，单击“完成”命令按钮，在系统弹出的“另存为”对话框中，将表单以“forml”保存在考生目录下，并退出表单设计向导。

三、综合应用

【解析】

本题第 1 小题考查了视图的建立，以及视图在报表中的应用，视图可以在视图设计器中建立，也可以直接由 SQL 命令定义(本题应该采用命令完成)。要注意的是在定义视图之前，首先应该打开相应的数据库文件，因为视图文件是保存在数据库中，在磁盘上找不到该文件；报表向导的设计只需注意每个向导界面需要完成的操作即可。第 2 小题的表单设计注意控件属性的修改和事件的编写，注意报表的预览命令格式。该表单设计为一些基本操作。

【答案】

1. 该程序要分两步完成

①先创建视图，将创建视图的命令存放到 t1.prg 程序文件中。在命令窗口输入命令：MODIFY COMMAND t1，打开程序文件编辑窗口，输入如下程序段。

```
OPEN DATABASE sdb
CREATE VIEW sview AS SELECT sc.学号,姓名,AVG(成绩) AS 平均成绩,MIN(成绩) AS 最低分,;
COUNT(课程号) AS 选课数 FROM sc,student WHERE sc.学号=student.学号;
GROUP BY sc.学号,姓名 HAVING COUNT(课程号)>3 ORDER BY 平均成绩 DESC
```

注意：输出结果中要包含的字段只能是分组的字段或汇总结果。

在命令窗口执行命令 DO t1 就可以执行程序，完成所需的操作。

②创建报表。在工具栏中单击“新建”图标按钮，进到“新建”对话框。在“新建”对话框中选择“报表”选项，单击“向导”命令按钮，进到“向导选取”对话框，在“向导选取”对话框中选择“报表向导”，单击“确定”按钮进入报表向导设计界面。根据题意，选中视图文件 sview，后面的操作同表单向导的创建过程相同。最后将报表以“pstudent”名保存在考生文件夹下。

2. 表单的创建

在命令窗口输入命令：CREATE FORM form2，打开表单设计器，根据题意，通过“表单控件”工具栏，在表单中添加两个命令按钮，在属性对话框中，分别修改两个命令按钮的 Caption 属性值为“浏览”和“打印”，如图 D.6 所示。

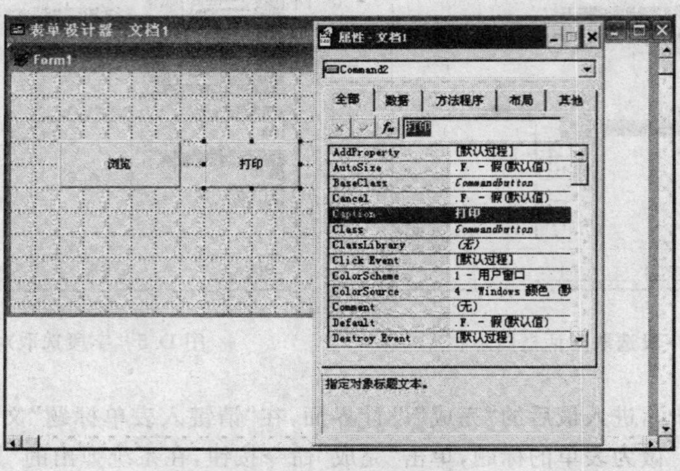

图 D.6 表单界面及属性窗口

双击“浏览”(commandl)命令按钮，进入代码编辑窗口，在 command1 的 Click 事件中编写如下代码

```
OPEN DATABASE sdb
SELECT * FROM sview
```

以同样的方法为“打印”命令按钮编写 Click 事件代码

```
REPORT FORM pstudent.frx PREVIEW
```

最后保存表单完成设计。

试题 2

一、基本操作

【解析】

本题考查的是通过数据库设计器来设置数据库表的关联，以及修改数据库表的结构操作。同时，通过数据表设计器可以设置数据表的字段有效性规则等操作。

【答案】

1. 单击工具栏中的“打开”按钮，弹出“打开对话框”，在对话框中选择“查找范围”为考生文件夹，在“文件类型”中选择“数据库”，然后在当前列表框中列出该路径下的数据库文件，从中选择 score_manager 数据库文件，并打开该文件进到数据库设计器中。在数据库设计器中，选中 student 表的主索引“学号”，通过鼠标拖动的方式将其拖放到 score1 表的普通索引“学号”上，这时，在两个数据表之间就有一条连线，表示两个数据表之间已经建立了联系。按照同样的方法可以创建 course 表和 score1 表之间的联系。结果如图 D.7 所示。

2. 在数据库设计器中选择 course 数据表文件，单击右键，从快捷菜单中选择“修改”，进入数据表设计器中，在设计器中添加一个新字段：开课学期，类型为 N，宽度为 2，小数位数是 0。

3. 按照第 2 小题的操作方法打开 score1 表，进到表设计器中，选好“成绩”字段，在右侧的

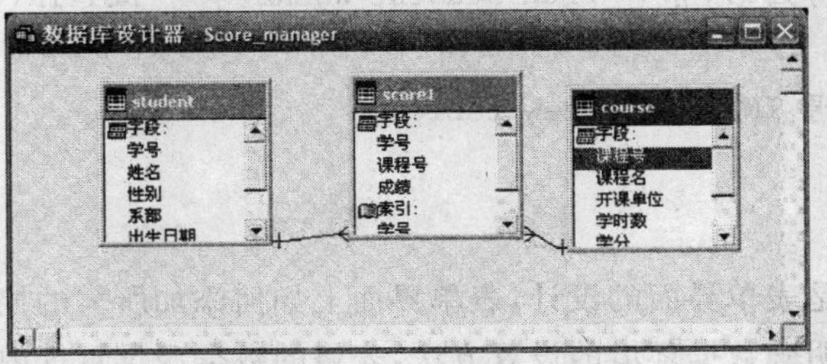

图 D.7　数据表建立关联后的结果

“字段有效性”规则框中输入“成绩>=0”，信息框中输入“成绩必须大于或等于零”，结果如图 D.8 所示。

4. 同样，选中“成绩”字段，并在右侧的“字段有效性”规则栏中选中“默认值”，单击右侧的按钮，进到“表达式生成器”对话框中，如图 D.9 所示。在“逻辑”下拉列表框中选择“.NULL.”，单击“确定”按钮，返回“表设计器”，其结果如图 D.8 所示。再单击“表设计器”的“确定”按钮，保存设置。

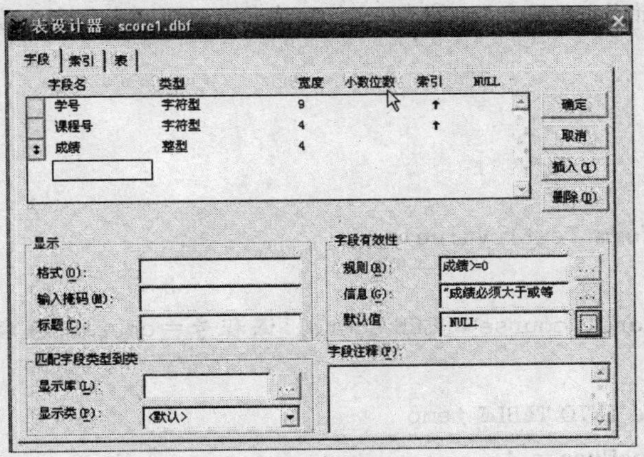

图 D.8　设置字段有效性规则的界面

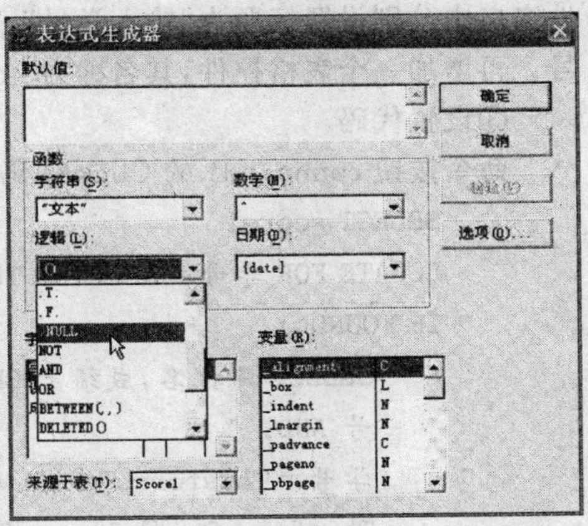

图 D.9　表达式生成器界面

二、简单应用

【解析】

本题考查的是通过查询设计器来查询满足条件的记录，并将查询结果保存到数据表中。另外考察的是通过报表向导创建报表的方法。

【答案】

1. 操作的方法可以采用查询设计器也可以采用 SQL 查询命令完成，关键是将结果传送到所需的数据表中。采用的命令语句如下。

```
SELECT 姓名,2006-YEAR(出生日期) AS 年龄 FROM student INTO TABLE new_table1
```

创建向导的方法参考试题 1 的综合应用题第 1 小题。

2. 该题主要是完成一个查询处理，其命令如下。

```
SELECT 学号,姓名,系部 FROM student WHERE 学号 NOT IN(SELECT DISTINCT 学号 FROM score1) ;
ORDER BY 学号 INTO TABLE new_table2
```

三、综合应用

【解析】

该题主要考察的是表单界面的设计,表单界面上如何添加所需的控件,如何设置各控件的属性。该题主要是要明确数据环境的设置方法,表格的数据源设置等内容。

【答案】

1. 选择"文件"→"新建"→"表单",单击"新建"按钮,进到"表单设计器"中。

①设置数据环境

鼠标指向表单界面,单击鼠标右键,在弹出的快捷菜单中选择"数据环境",进到"数据环境"设计器中。单击鼠标右键,在快捷菜单中选择"添加",从对话框中选择所需的数据表:course、score1,数据表添加到数据环境后,其联系也同时添加到"数据环境中"。

②添加控件

按照表单所需的样式添加一个标签 label1,两个命令按钮 command1 和 command2,在属性窗口中分别设置标题为"输入学号"、"查询"和"退出"。增加一个文本框 text1,用于输入学号。再增加一个表格控件,其名称为 grid1。

③设置代码

命令按钮 command1 的 Click 代码为

```
SELECT score1
LOCATE FOR 学号=ALLTRIM(Thisform.Text1.Value)
IF FOUND()
    SELECT 课程名,成绩 FROM score1,course WHERE score1.课程号=course.课程号 AND;
    学号=Thisform.Text1.Value INTO TABLE temp
    Thisform.Grid1.RecordSourceType= 4
    Thisform.Grid1.RecordSource="SELECT * FROM temp"
ELSE
    MESSAGEBOX("学号不存在,请重新输入学号",0+16)
ENDIF
```

命令按钮 command2 的 Click 代码为

```
Thisform.Release
```

试题 3

一、基本操作

【解析】

本题考查的主要是数据库和数据库表的一些基本操作,为数据表建立索引、增加字段和设置有效性规则都是在数据表设计器中完成的,建立数据表之间的关联则是在数据库设计器中完成的。

【答案】

1. 选择"文件"→"新建"菜单命令，在弹出的"新建"对话框中，选择"查询"，单击"向导"按钮，根据向导的提示，首先选择表 student 作为查询的数据源，然后选择 student 表的姓名、出生日期字段为选定字段，连续单击下一步，直至"完成"界面，单击"完成"命令按钮，输入保存的查询名为"query3_1"。

2. 在命令窗口输入命令：MODIFY DATABASE score_manager，打开数据库设计器，在数据库设计器中的"newview"视图上单击右键，在弹出的菜单中选择"删除"，并在弹出的对话框中选择"移去"。

3. 在命令窗口输入如下命令，为 scorel 表增加一条记录

```
INSERT INTO scorel(学号,课程号,成绩) VALUES ("993503433","0001",99)
```

4. 打开表单后，添加表单控件工具栏中的命令按钮到表单，在属性面板中修改该命令按钮的 Caption 属性值为"关闭"，双击该按钮，在 Click 事件中输入代码：ThisForm. Release。

二、简单应用

【解析】

本题第 1 小题考查了视图的建立，要注意的是在定义视图之前，首先应该打开相应的数据库文件，因为视图文件保存在数据库中，在磁盘上找不到该文件。第 2 小题中，表格数据源类型规定为表，在设计表单的同时，应该将相应的数据表文件添加到表单的数据环境中。

【答案】

1. 在命令窗口输入命令：OPEN DATABASE score_manager，打开考生文件夹下的数据库 score_manager，然后通过菜单命令或工具按钮，打开"新建"对话框，选择"视图"并单击"新建文件"按钮，打开视图设计器。首先将数据库中的 student、score1 表添加到视图设计器中，如图 D. 10 所示。在视图设计器中的"字段"选项卡中，将"可用字段"列表框中的 student. 学号，student. 姓名，student. 系部 3 个字段添加到右边的"选定字段"列表框中。

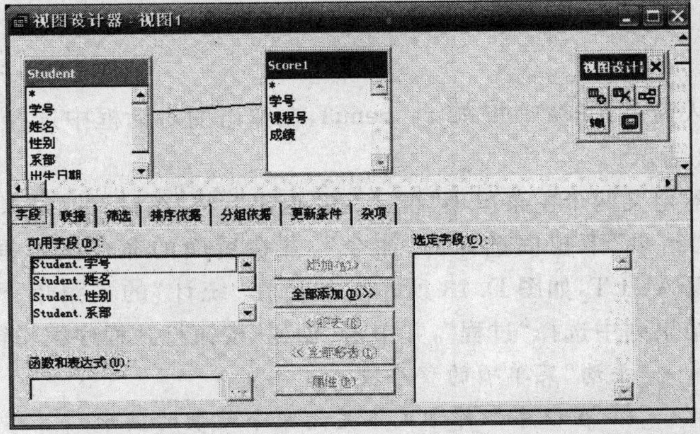

图 D. 10　视图设计器

然后在"筛选"选项卡中，选择字段名 course. 课程号，勾选"否"按钮，在条件下拉框中选择"IS NULL"，逻辑条件选择"AND"，接着设置第二个筛选条件，选择字段 scorel. 成绩，在条件

下拉框中选择“IS NULL”，如图 D.11 所示。完成视图设计，将视图以 new_view 文件名保存在考生文件夹下。

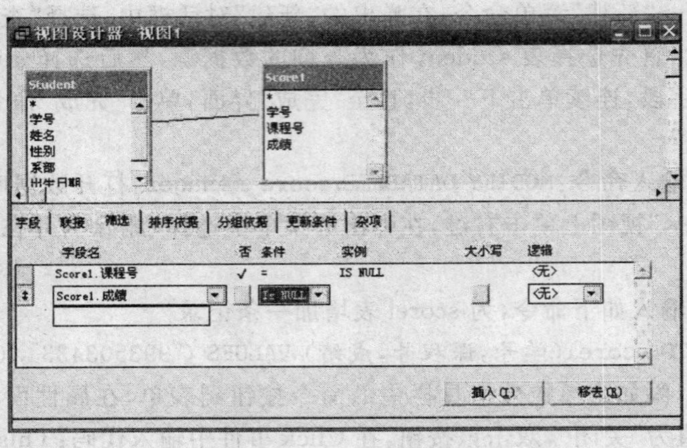

图 D.11　视图设计器的“筛选”条件设置

2. 在命令窗口输入命令：CREATE FORM myform3，弹出“表单设计器”。右击表单空白处，选择“数据环境”快捷菜单命令，在弹出的“添加表或视图”对话框中，选择 score_manager 数据库下的 course 表，添加到数据环境中。将鼠标指针指向 course 表的标题栏，按住鼠标左键，拖动到表单界面上，这时，在表单界面上将产生一个表格控件，该表格控件的 Name 属性自动改为 grdcourse。在表单设计器中对 grdcourse 表格控件的 RecordSourceType 和 RecordSource 属性分别设为 0-表和 course，保存表单在考生文件夹下。

三、综合应用

【解析】

本题主要考查了菜单的设计，主要注意“结果”下拉框中的选项，用于编写程序段的菜单命令应该选择“过程”，本题中牵涉的 SQL 语句为多表联接查询，所以应该注意两个表之间的关联字段。

【答案】

在命令窗口输入命令：CREATE MENU tj_menu3，在弹出的对话框中选择“菜单”，进到“菜单设计器”，如图 D.12 所示。

利用菜单设计器定义两个主菜单项“统计”和“退出”，将“统计”的“结果”下拉框选择为“子菜单”，将“退出”的“结果”下拉框选择为“命令”，并在后面的命令文本框中输入命令：SET SYSMENU TO DEFAULT，如图 D.13 所示。然后在“统计”的子菜单下建立“平均”菜单，“平均”的菜单项的结果列中选择“过程”，并单击“创建”按钮打开程序编辑窗口编写程序段。

```
*******“平均”菜单项的程序段*****
SET TALK OFF      && 在程序工作方式下关闭命令结果的显示
SELECT course.课程名,AVG(score1.成绩) 平均成绩 FROM course , score1 ;
WHERE course.课程号=score1.课程号 GROUP BY course.课程名 ORDER BY course.课程名;
INTO TABLE new_table32
```

```
CLOSE ALL
SET TALK ON
```

设计完代码之后，选择菜单命令“菜单”→“生成”，生成可执行菜单程序 tj_menu3.mpr。在命令窗口输入命令：DO tj_menu3.mpr，单击“统计”→“平均”，完成平均成绩的计算操作。

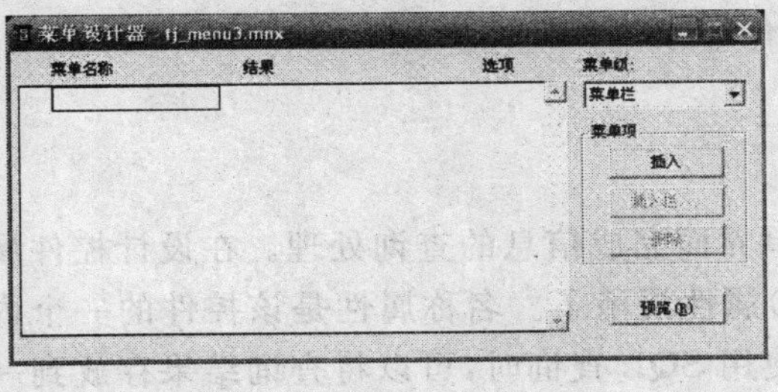

图 D.12 菜单设计器界面

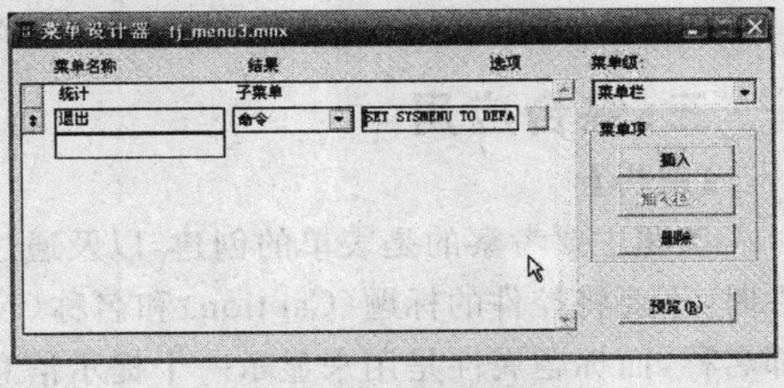

图 D.13 菜单设计的结果界面

试题 4

一、基本操作

【解析】

本题主要是考查数据库以及数据表的基本操作，如何在数据库中添加数据表，如何设置数据表的有效性规则以及相关的索引。

【答案】

1. 添加数据表在数据库设计器中可以完成，参考试题 1 的基本操作题。

2. 索引以及有效性规则可以在数据表设计器中完成，参考试题 2 的基本操作题。

3. 打开表单 test_form，在表单界面上选择“登录”按钮，在“属性”窗口中设置该命令按钮的“Enabled”属性为逻辑真值(.T.)。

二、简单应用

【解析】

该题主要考察的是两个表之间的关联查询，同时，要将查询命令存放到一个指定的文本文件中。另外，考察的是“一对多报表向导”的创建方法。

【答案】

1. 完成查询的SQL语句是

```
SELECT 外币名称,持有数量 FROM rate_exchange x,currency_sl y WHERE x.外币代码=y.外币代码 ;
AND y.姓名="林诗因" ORDER BY 持有数量 INTO TABLE rate_temp
```

创建文本文件：选择“文件”→“新建”，在“新建”对话框中选择“文本文件”单选钮，进到“文本文件”编辑器中，将上述代码复制到该文件中。其结果如图 D.14 所示。再单击“保存”按钮，将文本文件保存为“rate.txt”。

2. 使用向导创建报表的方法参考试题 1 的综合应用题的第 1 小题的操作步骤，其中注意选择报表类型的时候，应该选择“一对多报表向导”。注意将生成的报表文件保存成“currency_report”文件。

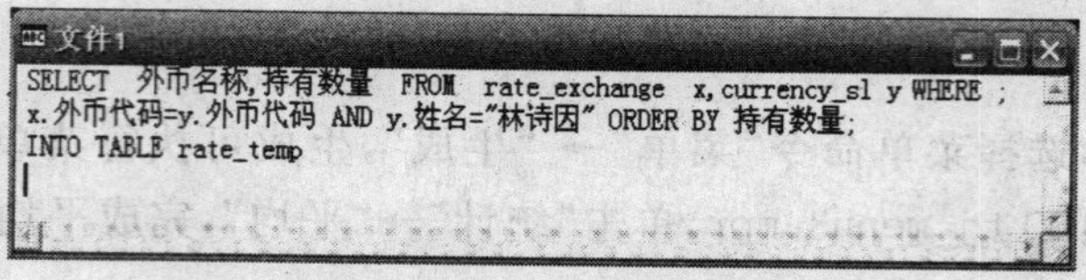

图 D.14 文本文件编辑窗口

三、综合应用

【解析】

该题主要考察的是表单的创建,以及通过表单界面完成信息的查询处理。在设计控件属性时,不要将控件的标题(Caption)和名称(Name)属性混淆了。名称属性是该控件的一个内部名称,而标题属性是用来显示一个提示信息。使用 SQL 查询时,可以将查询结果存放到一个数组中,然后通过赋值给文本框的 Value 属性,将查询结果显示到文本框中。

【答案】

首先进到“表单设计器”,在表单界面上添加两个文本框和两个命令按钮,其名称为 text1、text2、command1、command2。选择表单界面,在“属性”窗口中设置表单的 Name 属性为“currency_form”,表单的 Caption 的属性值改为“外币市值情况”。同样,选中 command1、command2 设置各自的 Caption 属性为“查询”和“退出”。

设置完相关属性,再设置命令按钮的事件代码。

command1 的 Click 事件代码如下

```
SELECT x.外币代码,持有数量,现钞买入价 FROM currency_sl x, rate_exchange y WHERE ;
x.外币代码=y.外币代码 AND 姓名=Thisform.Text1.Value INTO CURSOR temp
SELECT sum(持有数量*现钞买入价) FROM temp INTO ARRAY aa
Thisform.Text2.value=aa(1)
```

注意:上述查询中产生的 aa 数组是一个二维数组,二维数组访问时也可以采用一维数组元素的访问方法。

command2 的 Click 事件代码如下

```
Thisform.Release
```

上述代码设置完成,将表单保存为“currency_form”,并运行表单文件。如输入“林诗因”,可得到相应的查询结果,如图 D.15 所示。

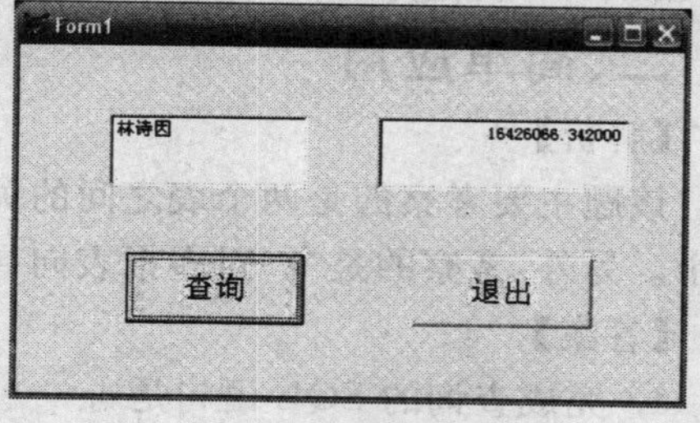

图 D.15 查询的结果表单

试题 5

一、基本操作

【解析】

本题主要是考查数据库以及数据表的基本操作,如何在数据库中添加数据表,如何设置数据表的有效性规则以及相关的索引。

【答案】

参考试题4的基本操作题。

二、简单应用

【解析】

本题第1小题在进行程序改错时，主要应注意语句中一些常用关键字的用法，例如第二个错误的判断：在FoxPro中，循环语句中没有WHILE命令，应该是DO WHILE命令。另外，在进行查询时，要注意三种不同的查询语句的区别。第2小题中是创建一个多级菜单，注意每个菜单项"结果"下拉框中的选择，如果该菜单项包含下级菜单。在结果下拉框中一定要选择"子菜单"，如果菜单项是执行某个动作，则可以选择"命令"或"过程"。

【答案】

1. 在命令窗口输入命令：MODIFY COMMAND rate_pro.prg，打开程序文件编辑窗口，根据源程序中提示的3处错误，程序修改后的结果如下。（加粗部分是修改的结果）

```
OPEN DATABASE 外汇数据
USE currency_sl
LOCATE FOR 姓名="林诗因"
***原语句是'FIND FOR 姓名="林诗因"'，即FIND语句中不能有比较表达式。
summ=0
DO WHILE NOT EOF()
    **原语句是"WHILE NOT EOF()"，即循环语句格式不对
    SELECT 现钞买入价 FROM rate_exchange;
    WHERE rate_exchange.外币代码=currency_sl.外币代码 INTO ARRAY a
    summ=summ+a(1)*currency_sl.持有数量
    **原语句是"summ=summ+a(1)*rate_exchange.持有数量"，即选择的字段
    错误
    CONTINUE
ENDDO
? summ
```

2. 在命令窗口输入命令：CREATE MENU menu_rate，进入菜单设计器环境。具体设计步骤参考试题3的综合应用题的菜单设计。

三、综合应用

【解析】

本题考查的是表单设计，本题的重点是单选按钮的应用。用来控制选项组中单选钮个数的属性为ButtonCount，程序语句部分可利用DO CASE的多情况分支语句完成，每个分支中包含一个相应的SQL查询语句，根据选项组中单选项的内容，查找相应的数据记录存入指定的新表中。

【答案】

在命令窗口输入命令：CREATE FORM myrate，打开表单设计器，通过"表单控件工具栏"向表单添加一个选项按钮组控件optiongroup1以及两个命令按钮command1和command2。

选中表单(form1)，在属性窗口中修改Name的属性值为myrate，将Caption的属性值改

为“外汇持有情况”。然后在表单界面上选择 optiongroupl，修改该命令按钮控件的 Name 属性值为“myoption”，修改 ButtonCount 的属性值为 3。将鼠标指针指向选项按钮组控件“myoption”，单击鼠标右键，在弹出的快捷菜单中选择“编辑”，进到选项按钮组控件的编辑状态，选中各按钮，并设置各按钮的 Caption 属性为“日元”、“美元”和“欧元”。同时，将命令按钮的 Caption 属性设置为“统计”和“退出”。设置完成的结果如图 D.16 所示。

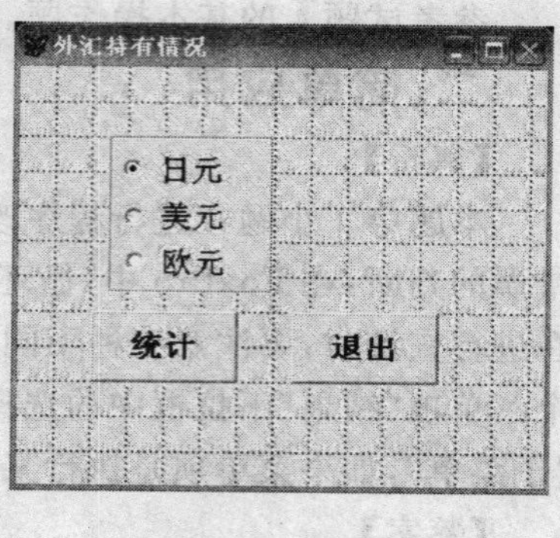

图 D.16　表单界面

在表单的“数据环境”中添加数据表文件 rate_exchange 和 currency_sl。

双击命令按钮(commandl)，编写该控件的 Click(单击)事件

```
n=Thisform.Myoption.Value
DO CASE
  CASE n=1
    SELECT 姓名,持有数量 FROM rate_exchange x,currency_sl y WHERE x.外币代码
=y.外币代码;
    AND x.外币名称="日元" INTO TABLE rate_ry
  CASE n=2
    SELECT 姓名,持有数量 FROM rate_exchange x,currency_sl y WHERE x.外币代码
=y.外币代码;
    AND x.外币名称="美元" INTO TABLE rate_my
  CASE n=3
    SELECT 姓名,持有数量 FROM rate_exchange x,currency_sl y WHERE x.外币代码
=y.外币代码;
    AND x.外币名称="欧元" INTO TABLE rate_oy
ENDCASE
```

双击命令按钮(command2)，编写该控件的 Click(单击)事件：

```
ThisForm.Release
```

保存表单到考生文件夹下，然后在命令窗口输入命令：DO FORM myrate 运行表单。

试题 6

一、基本操作

【解析】

本题主要考查的是数据库和数据表之间的联系以及字段索引的建立。新建数据库可以通过菜单命令、工具栏按钮或直接输入命令来建立，添加和修改数据库中的表以及建立表之间的联系，可以通过数据库设计器来完成，建立表索引以及修改表结构可以在数据表设计器中完成。

【答案】

参考试题1的基本操作题。

二、简单应用

【解析】

本题第1小题考查的主要是视图的建立，在视图设计器的对应选项卡中为视图设置条件。需要注意的是，要生成新的字段，需要通过“字段”选项卡中的“表达式生成器”生成。注意，视图的建立必须事先打开相应的数据库文件。第2小题主要是利用SQL语句进行多表查询及查询输出，注意在生成新的字段名时，需要通过短语AS指明。

【答案】

1. 首先在命令窗口输入命令：OPEN DATABASE 外汇管理，打开数据库。利用菜单命令或单击常用工具栏中的“新建”图标按钮，新建一个视图文件，在视图设计器中，将数据表文件currency_sl和rate_exchange分别添加到视图设计器中，系统自动建立两表的关联。

在视图设计器的“字段”选项卡中将可用字段中的currency_sl.姓名、rate_exchange.外币名称和currency_sl.持有数量3个字段添加到右边的“选定字段”列表框中。然后单击底部的“Functions And Expressions”(函数和表达式生成器)命令按钮[...]，系统弹出“表达式生成器”对话框。在对话框的“表达式”文本框中输入“rate_exchange.基准价 * currency_sl.持有数量”。单击确定按钮回到视图设计器中，然后单击“添加”命令按钮，将该表达式添加到“可用字段”中，为视图增加一个“rate_exchange.基准价 * currency_sl.持有数量”字段，结果如图D.17所示。

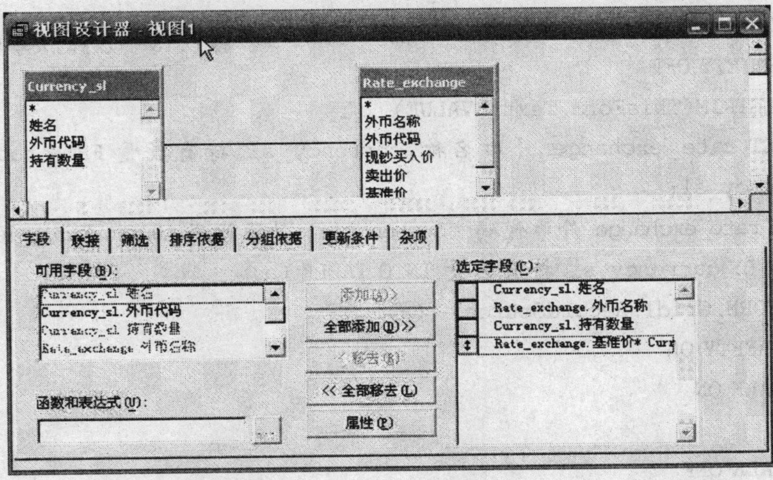

图D.17 选择字段及表达式的视图界面

接着在“排序依据”选项卡中，将该表达式“rate_exchange.基准价 * currency_sl.持有数量”添加到“排序条件”列表框中，选择排序方式为“降序”，保存视图名为view_rate。

2. 在命令窗口输入如下命令行，完成所需的查询

```
SELECT currency_sl.姓名, SUM(rate_exchange.基准价 * currency_sl.持有数量);
            AS 人民币价值;
FROM rate_exchange ,currency_sl WHERE rate_exchange.外币代码 = currency_;
```

```
sl.外币代码;
GROUP BY currency_sl.姓名 ORDER BY 人民币价值 DESC INTO TABLE results
```

注意：在命令行中一定得有“GROUP BY currency_sl.姓名”子句，否则提示错误。

在命令窗口执行该命令，查询结果自动保存到 results 表中。

三、综合应用

【解析】

本题考查的主要是表单控件的设计，利用表格显示数据表的查询内容。表格显示数据，主要是通过表格的 RecordSourceType 和 RecordSource 两个属性来实现的，并需要注意两个属性值的对应。本题中表格的数据源为 SQL 查询输出的表文件，因此，指定表格数据源的语句也应该在程序中指明。

【答案】

在命令窗口输入命令：CREATE FORM 外汇浏览，进到表单设计器窗口。在表单设计器中添加所需的控件，并设置各自的属性。注意，表格控件的 RecordSourceType 属性值设为 0（表）。结果如图 D.18 所示。

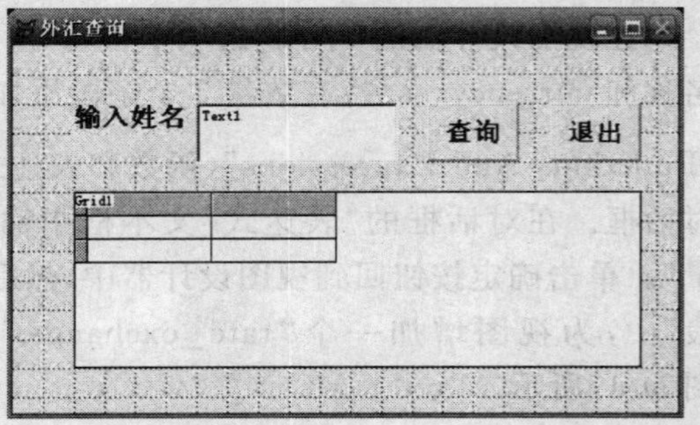

图 D.18　设计的表单界面

双击命令按钮 command1，在 Click 事件中编写如下代码。

方法 1：

```
SET TALK OFF
SET SAFETY OFF
a=ALLTRIM(ThisForm.Text1.VALUE)
SELECT rate_exchange.外币名称,currency_sl.持有数量 FROM rate_exchange,;
currency_sl;
WHERE rate_exchange.外币代码=currency_sl.外币代码 AND currency_sl.姓名=a;
ORDER BY currency_sl.持有数量 INTO TABLE (a)
THISFORM.Grid1.RecordSource="(a)"
SET SAFETY ON
SET TALK ON
```

方法 2：

```
SET TALK OFF
SET SAFETY OFF
tablename=ALLTRIM(Thisform.Text1.Value)
SELECT 外币名称,持有数量 FROM rate_exchange x,currency_sl y ;
WHERE x.外币代码=y.外币代码 AND y.姓名=tablename INTO TABLE tablename
Thisform.Grid1.RecordSource="tablename"
SET SAFETY ON
SET TALK ON
```

同样在 command2 的 Click 事件中输入代码：ThisForm.Release。

运行表单，分别查询“林因”、“张三”和“李欢”所持有的外币名称和持有数量，运行结果如图 D.19 所示。保存表单设计到考生文件夹下。

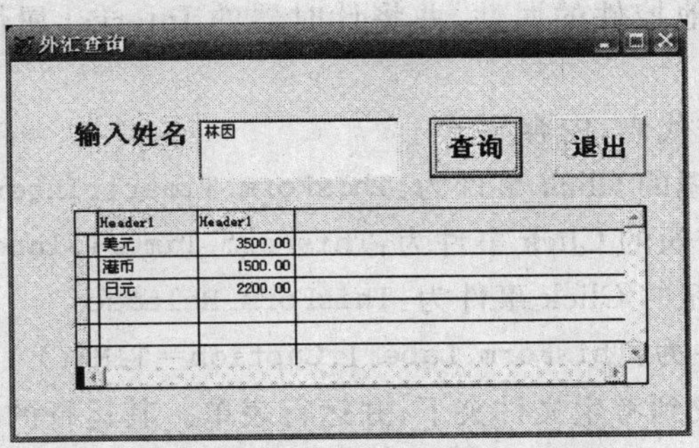

图 D.19　查询的结果界面

试题 7

一、基本操作

【解析】

本题考查了 SQL 语句的功能，将查询结果输出到新表，可利用 INTO TABLE 短语实现，更新数据可通过 UPDATE 语句实现。注意在使用报表向导设计报表时，需要在“新建”对话框中进行操作，不能通过命令窗口打开报表向导。修改已有的报表，可以通过命令方式直接打开报表设计器进行修改。

【答案】

1. 在命令窗口输入如下语句查询记录

```
SELECT 外币名称,现钞买入价,卖出价 FROM rate_exchange INTO TABLE rate_ex
```

并在考生文件夹下新建文本文件 one.txt，将上述语句复制到其中并保存。

2. 在命令窗口输入如下语句更新记录

```
UPDATE rate_exchange SET 卖出价＝829.01 WHERE 外币名称＝"美元"
```

并在考生文件夹下新建文本文件 two.txt，将上述语句复制到其中并保存。

3. 参考试题 1 综合应用题第 1 小题。

4. 在命令窗口输入命令：MODIFY REPORT rate_exchange，打开报表设计器，在报表设计器中，将显示在“标题”区域的日期拖到“页注脚”区，保存报表文件即可。

二、简单应用

【解析】

本题第 1 小题主要考查的是计时器(timer) 控件的使用。该控件最重要的一个属性就是 Interval 属性，该属性值的大小决定表单中控件变化速度的快慢。属性值为 0 时，停止动画。另外，计时器控件有一个重要的事件 Timer 事件，在到达计时间隔时，将触发该事件执行其中的代码。第 2 小题考查的主要是查询的建立，在查询设计器的对应选项卡中为查询设置条件。需要注意的是，要生成新的字段，需要通过“字段”选项卡中的“表达式生成器”生成。

【答案】

1. 操作过程如下

在命令窗口输入命令：CREATE FORM form1，新建表单文件。打开表单设计器，添加命令按钮及计时器控件，修改其他控件的属性，并将计时器的 Interval 属性设为 500，界面布局如图 D. 20 所示。

修改各个控件的事件代码，内容如下

command1（暂停）按钮的 Click 事件为：ThisForm. Timer1. Interval＝0

command2((继续)按钮的 Click 事件为：ThisForm. Timer1. Interval＝500

command3（退出）按钮的 Click 事件为：ThisForm. Release

timer1 的 Timer 事件为：ThisForm. Label1. Caption＝TIME()

将表单保存为"timer"存放到考生文件夹下，并运行表单。其运行的表单界面如图 D. 21 所示。

注意：计时器控件在程序运行期间是不可见的。

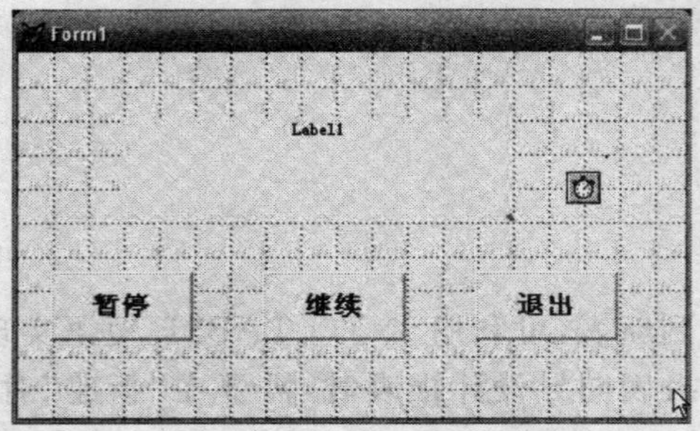

图 D. 20　表单界面布局

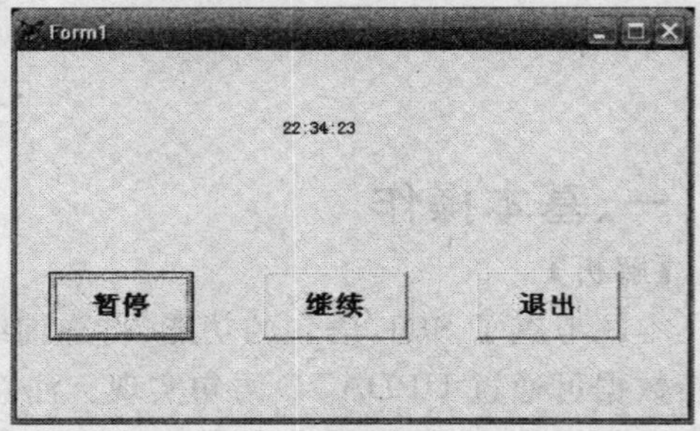

图 D. 21　运行的计时界面

2. 在命令窗口输入命令：CREATE QUERY，打开查询设计器。按照要求选择所需的字段及表达式，并设置排序方式，具体操作参考试题 6 的简单应用题的第 1 小题。

注意：在查询设计器中可以设置查询去向，选择菜单命令"查询"→"查询去向"，在弹出的"查询去向"对话框中，单击"表"图标按钮，输入表名 results. dbf，关闭对话框，运行查询，保存查询文件名为 query 到考生文件下，并运行查询，系统将查询结果自动保存到表 results. dbf 中。

三、综合应用

【解析】

本题考查的主要是页框控件的设计。页框属于容器控件，通过 PageCount 属性值，可以指定页框中的页面数，一个页框中可以继续包含其他控件，对页框中单个页面进行编辑设计时，应使页框处于"编辑"状态下。利用表格显示数据表中的内容，主要是通过 RecordSourceType 和 RecordSource 两个属性来实现的。需要注意的是用表格显示数据表内容时，首先应该将该表添加到表单的数据环境中。

【答案】

在命令窗口输入命令：CREATE FORM form1，新建表单，打开表单设计器。

打开表单数据环境，将表文件 currency_sl. dbf 和 rate_exchange. dbf 添加到数据环境中。

利用表单控件工具栏在表单中添加一个页框控件和一个命令按钮，选中表单(form1)，在属性面板中修改表单的 Caption 属性值为“外汇”，命令按钮(commandl)的 Caption 属性值为“退出”。

选定页框，修改 PageCount 的属性值为 3，将增加一个页面，右击页框控件(pageframe1)，选择“编辑”菜单命令，可以看到页框四周出现蓝色边框，表示处于编辑状态下，选定页面(page1)，修改页面标题 Caption 属性值为“持有人”，添加一个表格控件，设置表格控件的 RecordSource 属性值为表“currency_sl”，RecordSourceType 属性值为“0－表”，Name 属性值为“grdCurrency_sl”。然后在页框编辑状态下，根据题意，以同样的方法设置其他两个页面。

最后双击“退出”按钮，关闭表单。表单运行的结果界面如图 D.22 所示。

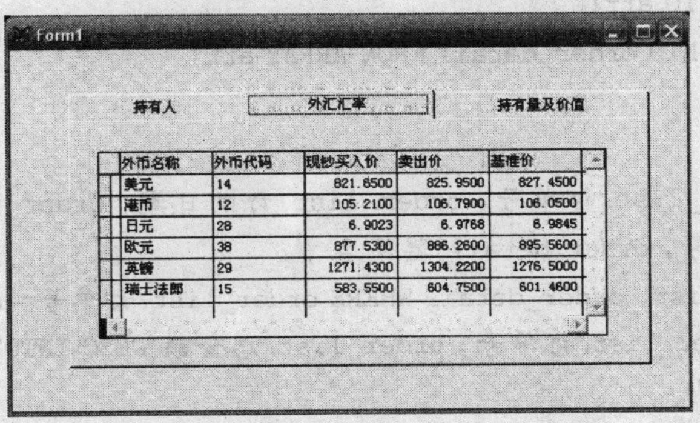

图 D.22 运行的表单界面

试题 8

一、基本操作

【解析】

本题考查的是有关数据库及数据库表的基本操作，注意每个小题完成操作的环境，添加表和建立表之间的联接是在数据库环境中完成的，修改数据表、建立索引是在表设计器中完成的。

【答案】

略。

二、简单应用

【解析】

本题第 1 小题考查的 SQL 的查询语句和插入语句，在此处需要注意的是当表建立了主索引或候选索引后，向表中逐条追加记录时必须用 SQL 的插入语句，而不能使用 APPEND BLANK 语句。因为，该语句执行时将产生一条空白记录，会使记录不唯一；但也可以采用一次性追加的方式完成全部记录的追加。其命令格式：APPEND FROM 源数据表，该命令执行前必须先打开要追加数据的表。

第 2 小题考查的是 SQL 基本查询语句以及数据更新语句的语法，注意容易混淆的短语，例如 ORDER BY 和 GROUP BY。

【答案】

1. 在命令窗口输入命令：MODIFY COMMAND query1，在程序编辑器窗口中输入如下程序段。

方法1：

```
SET TALK OFF
CLOSE ALL
USE order_detail
ZAP
USE order_detail1
DO WHILE ! EOF()
    SCATTER TO arr1
    INSERT INTO order_detail FROM ARRAY arr1
    SKIP
ENDDO
SELECT order_list.订单号，order_list.订购日期，order_list.总金额，order_;
detail.器件号，order_detail.器件名 ;
FROM order_list，order_detail WHERE order_list.订单号＝order_detail.订单号;
ORDER BY order_list.订单号，order_list.总金额 DESC INTO TABLE results.dbf
CLOSE ALL
SET TALK ON
```

方法2：

```
SET TALK OFF
CLOSE ALL
USE order_detail1
APPEND FROM order_detail
SELECT order_list.订单号，order_list.订购日期，order_list.总金额，;
order_detail.器件号，order_detail.器件名 FROM order_list，order_detail ;
WHERE order_list.订单号 ＝ order_detail.订单号 ORDER BY order_list.订单号，;
order_list.总金额 DESC;
INTO TABLE results.dbf
CLOSE ALL
SET TALK ON
```

在命令窗口执行命令：DO query1，程序将查询结果自动保存到新表results中。

2. 在命令窗口输入命令：MODIFY COMMAND modi1.prg，打开程序，程序内容如下。（加粗部分是修改的结果）

```
UPDATE order_detail1 SET 单价＝单价 ＋ 5                    && 语法错误
SELECT 器件号,AVG(单价) AS 平均价 FROM order_detail1;
GROUP BY 器件号 INTO CURSOR lsb                            && ORDER 短语错误
SELECT * FROM lsb WHERE 平均价 ＜ 500                      && 语法错误
```

三、综合应用

【解析】

本题考查的主要是 SQL 语句的应用，包括数据定义、数据修改和数据查询功能，设计过程中注意数据表和数据表中字段的选取，修改每条记录时，可利用 DO WHILE 循环语句逐条处理表中每条记录。

【答案】

在命令窗口输入命令：MODIFY COMMAND progl，打开程序编辑器，在程序编辑窗口中输入如下程序段。

```
SET TALK OFF
SET SAFETY OFF
SELECT 订单号,SUM(单价 * 数量) AS 总金额 FROM order_detail GROUP BY 订单号;
INTO CURSOR temp
SELECT order_list. * FROM order_list,temp WHERE order_list. 订单号=temp. 订;
单号 AND;
order_list. 总金额<>temp. 总金额 INTO TABLE od_mod
USE od_mod
DO WHILE NOT EOF()            && 遍历 od_mod 中的每一条记录
    SELECT temp. 总金额 FROM temp WHERE temp. 订单号=od_mod. 订单号;
    INTO ARRAY AFieldsValue
    REPLACE 总金额 WITH AFieldsValue
    SKIP
ENDDO
CLOSE ALL
SELECT * FROM od_mod ORDER BY 总金额 INTO CURSOR temp
SELECT * FROM temp INTO TABLE od_mod
SET TALK ON
SET SAFETY ON
```

保存设计结果，在命令窗口输入命令：DO progl，执行程序文件。

试题 9

一、基本操作

【解析】

本题考查的是有关数据库及数据库表的基本操作，注意每个小题完成操作的环境，添加和删除表是在数据库环境中完成的，修改数据表、建立索引是在表设计器中完成。在删除表时应注意“移去”和“删除”的区别，要将数据表从磁盘中永久性删除应该选择“删除”命令，只是移出数据库，则只需选择“移去”命令。

【答案】

略。

二、简单应用

【解析】

第 1 小题参考试题 8 的简单应用题第 1 小题。第 2 小题表单控件的程序改错中，应注意常用属性和方法的设置。对于文本框控件的属性，比较重要的一个文本输出属性为 PasswordChar，控制输出显示的字符。

【答案】

1. 在命令窗口输入命令：MODIFY COMMAND query1

在程序编辑器窗口中输入如下程序段。

```
SET TALK OFF
CLOSE ALL
USE customer
ZAP
USE customer1
DO WHILE NOT EOF()
    SCATTER TO a1
    INSERT INTO customer FROM ARRAY a1
    SKIP
ENDDO
SELECT DISTINCT customer. * FROM customer INNER JOIN order_list ON customer. ;
客户号 = order_list.客户号;
ORDER BY customer.客户号 INTO TABLE results.dbf
```

在命令窗口输入命令：DO query1，程序将查询结果自动保存到新表 results 中。

2. 在命令窗口输入命令：MODIFY FORM form1，打开表单 form.scx。

修改程序中的错误，正确的程序如下。（加粗部分是修改的结果）

```
IF ThisForm.Text1.Text = ThisForm.Text2.Text          && 缺少属性 Text
    WAIT "欢迎使用……" WINDOW TIMEOUT 1
    ThisForm.Release                         && 语法错误，关闭表单应该为 Release
ELSE
    WAIT "用户名或口令不对，请重新输入……" WINDOW TIMEOUT 1
ENDIF
```

选中表单中的第二个文本框控件（Text2），在属性面板中修改该控件的 PasswordChar 属性值为“*”。

三、综合应用

【解析】

本题考查的主要是利用报表设计器完成报表的设计，本题涉及到报表分组、标题/总结的设计，以及字体的设计，这些都可以通过“报表”菜单中的命令来完成，其他注意的地方是数据表和字段的拖动，以及域控件表达式的设置。

【答案】

首先打开表设计器，为 order_list 表按“客户号”字段建立一个普通索引。

在命令窗口输入命令：CREATE REPORT report1，打开报表设计器。进到“数据环境”，在数据环境设计器中，将数据表 order_list 添加到数据环境中，然后将数据环境中 order_list

表中的订单号、订购日期和总金额三个字段依次拖放到报表的细节带区，如图 D. 23 所示。

选择菜单命令“报表”→“数据分组”，系统弹出“数据分组”对话框，在对话框中输入分组表达式“order_list. 客户号”，关闭对话框回到报表设计器，可以看到报表设计器中多了两个带区：组标头和组注脚带区。在数据环境中，将 order_list 表中的“客户号”字段拖放到组标头带区，将“总金额”字段拖放到组注脚带区，如图 D. 24 所示。双击域控件“总金额”，系统弹出“报表表达式”对话框，在对话框中单击命令按钮“计算”，在弹出的对话框中选择“总和”单选项，关闭对话框，回到报表设计器。

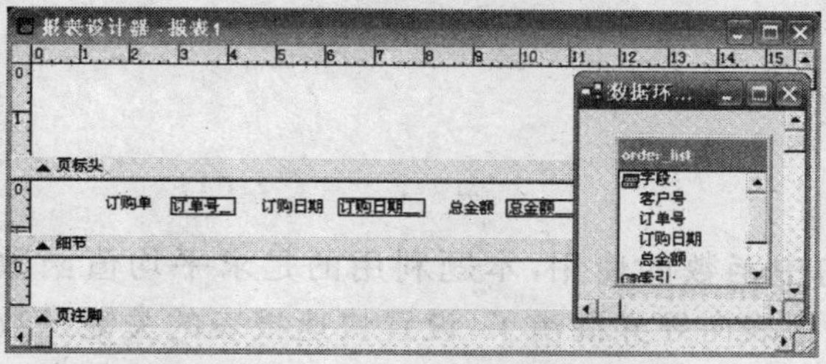

图 D. 23　报表设计器设计界面及数据环境

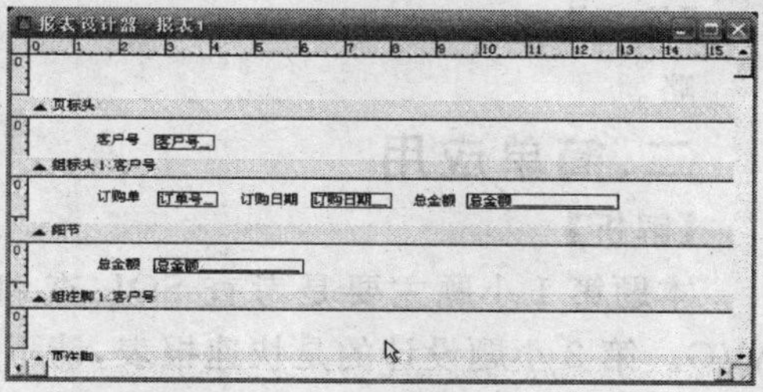

图 D. 24　报表设计器窗口

选择菜单命令“报表”→“标题/总结”，弹出“标题/总结”对话框，在对话框中勾选“标题带区”和“总结带区”复选框，如图 D. 25 所示，将为报表增加一个标题带区和一个总结带区，在标题带区增加一个标签，其内容为“订单分组汇总表(按客户)”；然后设置标签字体，选择菜单命令“格式”→“字体”，在弹出的“字体”对话框中，根据题意设置 3 号黑体字；最后在总结带区添加一个标签“总金额”，再添加一个域控件，在弹出的“报表表达式”中为域控件设置表达式为“order_list. 总金额”，再单击命令按钮“计算”，在弹出的对话框中选择“总和”单选项，如图 D. 26所示。关闭对话框，回到报表设计器。保存报表，利用常用工具栏中的“预览”图标按钮，可预览报表效果。

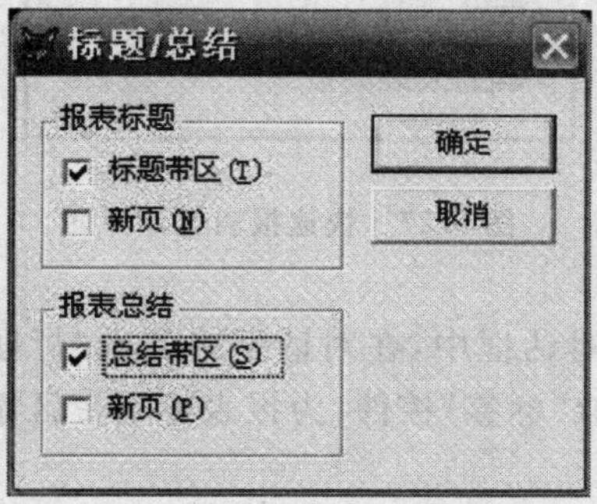

图 D. 25　标题/总结设置对话框

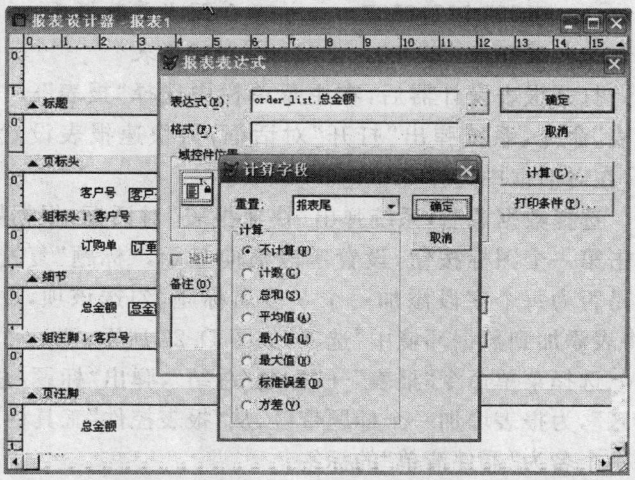

图 D. 26　总结带区表达式的设置界面

试题 10

一、基本操作

【解析】

本题考查的是有关数据库及数据库表之间的基本操作。注意每个小题完成操作的环境，添加表是在数据库环境中完成的，新建表、设置表中字段有效性是在表设计器中完成的，注意自由表和数据库表设计器是有区别的，在自由表的设计器中不能设置字段的有效性等规则。

【答案】

略。

二、简单应用

【解析】

本题第 1 小题主要是考查 SQL 查询语句中函数的使用，本题利用的是求平均值函数 AVG。第 2 小题设计的是快速报表，请不要与报表向导弄混淆了，设置快速报表的关键是数据表选择一定要正确，快速报表默认的数据源是当前打开的数据表，如果当前状态已有数据表打开，在选择“快速报表”菜单命令时就不会出现“打开”对话框选择数据表，这是要注意的。

【答案】

1. 在命令窗口输入命令：MODIFY COMMAND query1。

在程序编辑器窗口中输入如下程序段

```
SELECT * FROM order_list WHERE order_list.总金额>(SELECT AVG(总金额) FROM;
order_list);
ORDER BY order_list.客户号 INTO TABLE results
```

在命令窗口执行命令：DO query1，程序将查询结果自动保存到新表 results 中，或者直接在命令窗口中输入上述 SELECT 命令语句。

2. 在命令窗口输入命令

```
CLOSE DATABASE          && 关闭当前数据库
CREATE REPORT           && 新建报表
```

打开报表设计器后，在主菜单栏中选择“报表”→“快速报表”命令，系统弹出“打开”对话框，为快速报表设置数据源，在对话框中选择 order_detail 表。

选择数据源后，系统弹出“快速报表”对话框，根据题意，单击第一个图标按钮，设置字段横向显示，“标题”复选框表示是否为每个字段添加一个字段名标题，勾选该项，并选中“将表添加到数据环境中”选项，如图 D.27 所示。

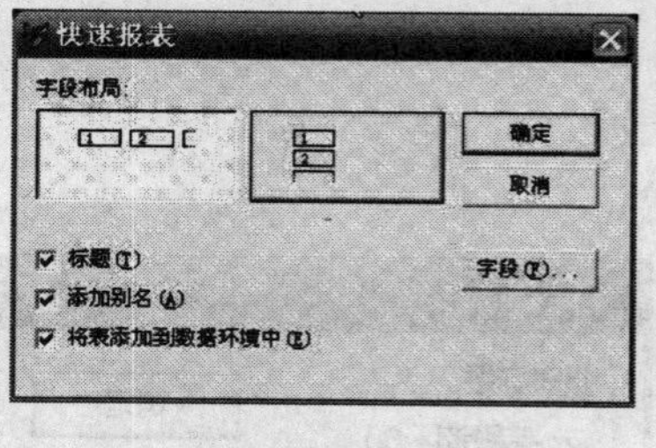

图 D.27　快速报表设计界面

选择菜单命令“报表”→“标题/总结”，弹出“标题/总结”对话框中，在对话框中勾选“标题带区”，为报表增加一个标题带区，从“报表控件”工具栏中点取“标签”控件，为报表标题带区添加一个名为“器件清单”的标签。

最后双击“页注脚”带区用来显示日期的域控件，在弹出的“报表表达式”对话框中将“表达式”文本框中的“DATE()”表达式修改为“TIME()”，用来显示当前时间。保存设计结果，以

"report1.frx"为名保存在考生文件夹下。

三、综合应用

【解析】

本题考查的主要是SQL语句的应用,包括数据查询、数据修改(插入语句INSERT)等。程序设计过程要注意函数的使用,复制表使用COPY TO,复制表结构使用COPY STRUCTURE命令。

【答案】

根据题意,首先在命令窗口输入命令

```
USE order_detail          && 打开表 order_detail
COPY TO od_bak            && 复制 order_detail 表内容全部到 od_bak 表中
```

在命令窗口输入命令:MODIFY COMMAND progl,在程序编辑窗口中输入如下程序段。

```
SET TALK OFF
SET SAFETY OFF
&& 复制一个表用来存放结果
USE od_bak
COPY STRUCTURE TO od_new
&& 首先得到所有的新定单号和器件号:
SELECT RIGHT(订单号,1) AS 新订单号,器件名,器件号,RIGHT(订单号,1)+器件号 AS;
newnum;
FROM od_bak GROUP BY newnum ORDER BY 新订单号,器件号 INTO CURSOR temp
DO WHILE NOT EOF()
  && 得到单价和数量
  SELECT MIN(单价) AS 最低价,SUM(数量) AS 数量合计 FROM od_bak;
  WHERE RIGHT(订单号,1)=temp.新订单号 AND 器件号=temp.器件号 INTO ARRAY;
  afieldsvalue
  INSERT INTO od_new VALUES (temp.新订单号,temp.器件号,temp.器件名,;
  afieldsvalue(1,1),afieldsvalue(1,2))
  SKIP
ENDDO
CLOSE ALL
SET SAFETY ON
SET TALK ON
```

保存设计结果,在命令窗口输入命令:DO progl,执行程序文件。

试题11

一、基本操作

【解析】

本题考查的是有关数据库和数据表的基本操作,注意每个操作的环境。数据表结构的修改以及字段有效性设置，是在表设计器中完成的，数据表之间的永久性联系，必须在数据库中建立，在第3小题的字段内容更新时，可定义一个SQL的更新语句(UPDATE)快速的对表中字段值进行更新。

【答案】

1. 打开数据表"雇员"，进到"表设计器"中，增加一个新的字段EMAIL，类型为"字符型"，宽度为"20"。

2. 在表设计器的"字段"选项卡中，选中"性别"字段，然后在右面的"字段有效性"区域的"规则"文本框内输入"性别="男". OR. 性别="女""，或者"性别 $"男女""。在"默认值"文本框内输入"女"。

3. 在命令窗口执行如下命令

```
UPDATE 雇员 SET EMAIL=部门号+雇员号+"@xxxx.com.cn"
```

系统自动更新数据表"雇员"中"EMAIL"字段的内容。

其他部分参考前面的操作完成。

二、简单应用

【解析】

本题第1小题考查的是表单的基本设置，在修改表单标题时，应注意使用Caption属性来设置显示标题，不要混淆使用Name属性，该属性是控件的一个内部名称。修改程序时正确使用SQL的更新语句的格式：UPDATE〈数据表名〉SET 字段名=表达式 WHERE〈条件〉。第2小题是基本的菜单设计，注意每个菜单项的菜单级，以及"结果"下拉框中的各个选项的选择，如果某菜单命令有下级菜单，必须为该菜单命令选择"子菜单"。

【答案】

修改表单中的"刷新日期"命令按钮的Click事件代码如下

```
UPDATE 雇员 SET 日期=DATE()          && 原语句是语法错误
```

三、综合应用

【解析】

本题考查的主要是表单控件的设计，页框属于容器控件，一个页框中可以继续包含其他控件。使页框处于"编辑"状态下，才可以对页框中所包含的控件进行编辑。利用表格显示数据表中的内容，主要是通过RecordSourceType和RecordSource两个属性来实现的，需要注意的是在为表格选择数据表时，首先应将表添加到表单的数据环境中。

【答案】

1. 按照前面的视图创建步骤完成视图的设计，并将视图以"view1"名保存在考生文件夹下。(注意：必须先打开数据库文件)

2. 在命令窗口输入命令：CREATE FORM form2，新建表单，打开表单设计器。在表单中添加一个页框控件和一个命令按钮，设置表单和命令按钮的相应属性。选中页框控件，单击右键，进到编辑状态，修改页框中两个页面(Page1 和 Page2)的Caption属性值分别为"雇员"和"部门"。

在"数据环境"中添加视图文件"view1"和数据表文件"部门"。

在表单设计器中，右击页框控件(PageFrame1)，选择"编辑"，进到编辑状态下，然后在"雇员"页面中(Page1)添加一个表格控件,设置表格控件的 RecordSource 属性值为视图文件"view1",RecordSourceType 属性值为"1－别名"(用来指定显示视图中的数据),Name 属性值为"grdview1"。然后选择"部门"页面(Page2),以同样的方法在该页面中添加一个表格控件,并设置 RecordSource 属性值为"部门"表,RecordSourceType 属性值为"0－表",Name 属性值为"grd 部门"。运行结果如图 D.28 所示:

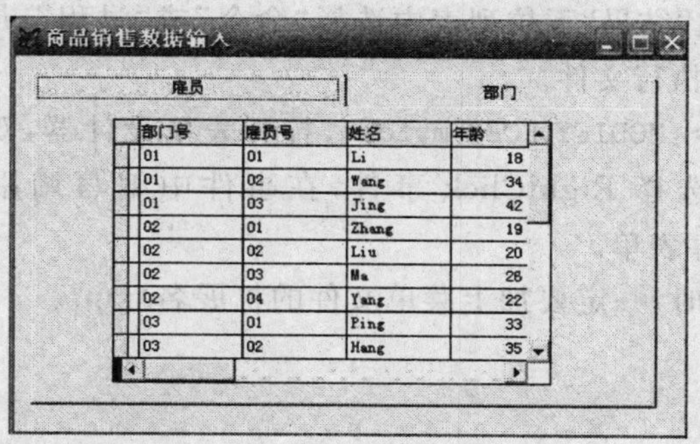

图 D.28　页框表单界面

"退出"命令按钮的 Click 事件代码 Thisform.Release,用来关闭表单。保存表单设计,退出表单设计器。

试题 12

一、基本操作

【解析】

本题考查的是通过项目管理器来完成一些数据库及数据库表的基本操作,项目的建立可以直接在命令窗口输入命令来实现,数据库添加及数据库表结构的修改可以通过项目管理器中的命令按钮,打开相应的设计器直接管理,数据库表的永久性联系,应在数据库设计器中完成。

【答案】

略。

二、简单应用

【解析】

本题第 1 小题为 SQL 的简单联接查询,注意两个表之间用来联接的字段。第 2 小题考查的是快捷菜单的设计及使用,快捷菜单只有弹出式菜单,一般在鼠标右击事件中调用,在调用菜单时,同样需要使用菜单扩展名.mpr。

【答案】

1. 在命令窗口输入命令:MODIFY COMMAND query1,在程序文件编辑器窗口中输入如下程序段。

```
SELECT 供应.供应商号,供应.工程号,供应.数量 FROM 零件,供应 WHERE 零件.零件;
号 = 供应.零件号;
AND 零件.颜色 ="红" ORDER BY 供应.数量 DESC INTO TABLE sup_temp.dbf
```

在命令窗口执行命令：DO query1，程序将查询结果自动保存到新表 sup_temp 中。也可以不创建 query1 程序文件，直接在命令窗口中输入上述 SQL 语句执行也可将结果保存在 sup_temp 表中。

2. 在命令窗口输入命令：CREATE MENU m_quick，系统弹出一个“新建”对话框，在对话框中单击“快捷菜单”图形按钮，进入菜单设计器环境。根据题目要求，首先输入两个主菜单名称“查询”和“修改”；其次在“结果”下拉列表中选择“命令”或“过程”；最后选择菜单命令“菜单”→“生成”，生成一个菜单执行文件。

在命令窗口输入命令：MODIFY FORM myform，打开表单设计器，双击表单打开事件编辑窗口，在“过程”下拉框中选择 RightClick 事件，在事件中编写调用快捷菜单的程序代码：DO m_quick.mpr，并保存表单。

注意：调用菜单文件时，一定要加上菜单文件的扩展名.mpr。

三、综合应用

【解析】

本题考查的是表单设计，类同前面的表单设计。程序部分属于 SQL 的简单联接查询，在显示查询结果时，首先可用一个临时表保存查询结果，然后将表格控件的数据源属性 RecordSource 设置为该临时表，用来显示查询结果。

【答案】

在命令窗口输入命令：CREATE FORM mysupply，打开表单设计器，在表单中添加所需的一个表格和两个命令按钮控件。

根据题意设置各控件的属性。

查询命令按钮 Command1 的 Click 事件代码如下

```
SELECT 零件.零件名，零件.颜色，零件.重量 FROM 零件,供应 WHERE 零件.零件号
= 供应.零件号;
AND 供应.工程号 ="J4" INTO CURSOR temp
ThisForm.Grid1.RecordSourceType=1
ThisForm.Grid1.RecordSource="temp"
```

保存表单完成设计，并运行表单。

试题 13

一、基本操作

【解析】

本题考查的是通过项目管理器来完成一些数据库及数据库表的基本操作，项目的建立可以直接在命令窗口输入命令建立，数据库和数据库表的建立及修改，可以通过项目管理器中的命令按钮，打开相应的设计器进行管理。在每个菜单项设计中，都有一个无符号按钮，单击该按钮，在弹出的对话框中，可对相应的菜单项进行快捷键设置。

【答案】

在命令窗口输入命令：MODIFY MENU mymenu，打开菜单设计器，单击“文件”菜单行的“创建”按钮，进入子菜单设计界面，选中“查询”菜单行，单击该行中“选项”列的无符号按钮，进到“提

示选项”对话框中。将光标定位在对话框的“键标签”中，然后按下组合键 Ctrl＋T，为“查询”子菜单定义快捷键，如图 D.29 所示。定义快捷键后，无符号按钮上将出现符号“√”。单击菜单命令“菜单”→“生成”，保存菜单修改。

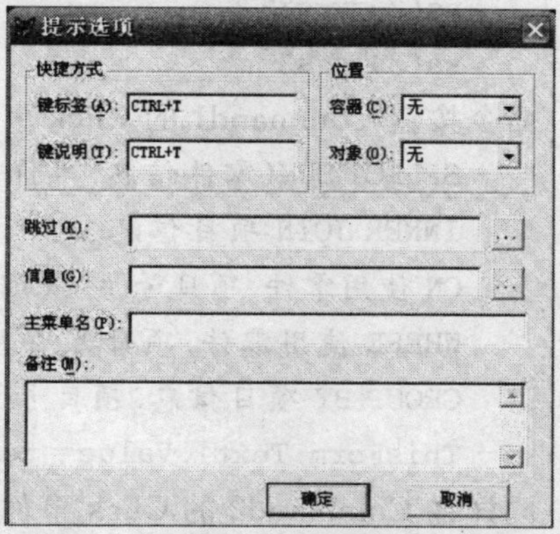

图 D.29　菜单项的快捷键设置界面

二、简单应用

【解析】

本题第 1 小题的程序设计中，注意每两个表之间进行的关联设置。另外，查询在项目号“s1”的项目所使用的任意一个零件时，需要用到特殊运算符 IN(包含运算)。第 2 小题为视图的建立操作，注意数据表中字段的选取，以及筛选条件的设置即可。

【答案】

1. 在命令窗口输入如下命令

```
SELECT 项目信息.项目号，项目信息.项目名，零件信息.零件号，零件信息.零件名称；
FROM 零件信息 INNER JOIN 使用零件 INNER JOIN 项目信息；
ON 使用零件.项目号 = 项目信息.项目号 ON 零件信息.零件号 = 使用零件.零件号；
WHERE 使用零件.零件号 IN (SELECT 零件号 FROM 使用零件 WHERE 项目号="s1")；
INTO TABLE item_temp ORDER BY 使用零件.项目号 DESC
```

在命令窗口执行该命令，查询结果将自动保存到新表中。

在考生文件夹下新建文本文件 item.txt，将以上命令复制到文件中，保存设计结果。

2. 参考试题 3 简单应用题的第 1 小题中视图的设计方法。

三、综合应用

【解析】

本题主要考查的是表单中组合框的设置，该控件用来显示数据的重要属性是 RowSourceType 属性和 RowSource 属性，在程序设计中，利用 SQL 语句在数据表中查找与选中条目相符的字段值进行统计，属于简单查询，可将查询结果保存到一个数组中，然后通过文本框的 Value 属性将结果在文本框中显示。

【答案】

通过新建方式新建一个表单文件，进到表单设计器。

在属性窗口中设置表单 form1 的 Name 属性为“form_item”，Caption 属性为“使用零件情况统计”。从表单控件工具栏中选择一个组合框、两个按钮和一个文本框放置在表单上。在属性面板中设置组合框的 RowSourceType 属性为“数组”，RowSource 属性为“ss”数组名，Style 属性为“2－下拉列表框”。设置按钮 command1 的 Caption 属性为“统计”，command2 的 Caption 属性为“退出”，结果如图 D.30 所示。

双击表单界面，进入代码编辑器窗口，选中表单的 LOAD 过程，编写事件代码如下

```
PUBLIC ss(3)
ss(1)="s1"
```

```
ss(2)="s2"
ss(3)="s3"
```

命令按钮 Command1 的 Click 事件代码如下

```
SELECT SUM(零件信息.单价 * 使用零件.数量) FROM 零件信息 INNER JOIN 使用零件;
INNER JOIN 项目信息 ;
ON 使用零件.项目号 = 项目信息.项目号 ON 零件信息.零件号 = 使用零件.零件号;
WHERE 使用零件.项目号 =ALLTRIM(ThisForm.Combo1.Value);
GROUP BY 项目信息.项目号 INTO ARRAY temp
ThisForm.Text1.Value=temp
```

同样在 Command2 的 Click 事件中编写代码:ThisForm.Release。

保存表单文件为"form_item"到考生文件下。运行表单,结果如图 D.31 所示。

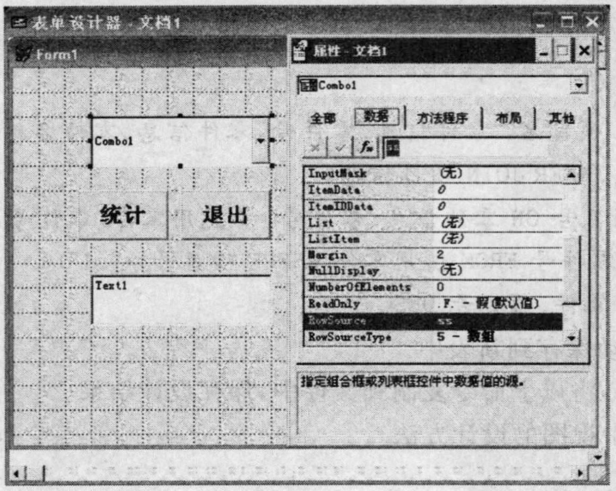

图 D.30 表单设计界面

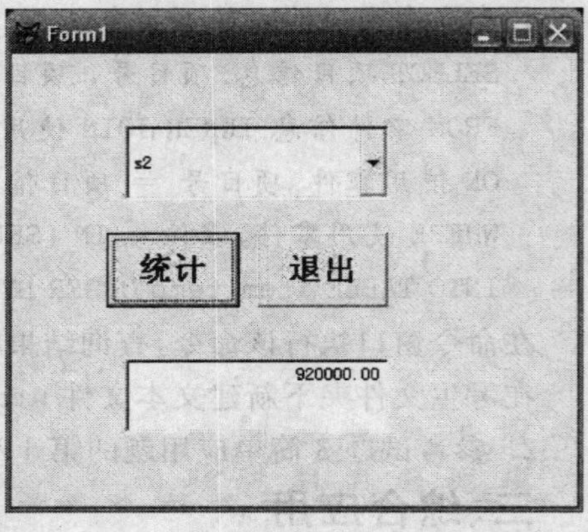

图 D.31 表单运行的结果界面

试题 14

一、基本操作

【解析】

本题主要是针对数据表的一些基本操作,添加数据表以及对数据表进行联接和设置参照完整性都是在数据库设计器中完成的,数据表的索引建立是在数据表设计器中完成的。注意:索引表达式是多个字段组合时,必须保证字段的类型相同,如果不同就要转换成相同的类型,一般是转换成字符型表达式。

【答案】

1. 命令窗口输入命令:MODIFY DATABASE ecommerce。打开数据库设计器,将考生文件夹下的 orderitem 表添加到数据库中。

2. 右击数据库设计器中的表 orderitem,选择"修改"快捷菜单命令,弹出表设计器,选择表设计器"索引"标签,在索引名列中填入"PK"在索引类型列中选择"主索引",在索引表达式列中填入“会员号＋商品号”。

3. 用同样的方法再为 orderitem 创建两个普通索引(升序)，一个索引名和索引表达式均是“会员号”；另一个索引名和索引表达式均是“商品号”，点击“确定”按钮，保存表结构。

4. 建立好永久性联系之后，单击两个表之间连线，线会加粗，此时在主菜单中选择“数据库”中的“编辑参照完整性”(系统首先要求清理数据库)，系统弹出“参照完整性生成器”对话框，在“更新规则”标签中，选择“级联”规则，在“删除”规则中选择“限制”，在“插入规则”中选择“限制”，单击“确定”保存所编辑的参照完整性。

二、简单应用

【解析】

本题第 1 小题考查的主要是查询的建立，在查询设计器的对应选项卡中为查询设置条件，需要注意的是，要生成新的字段，需要通过“字段”选项卡中的“表达式生成器”生成。第 2 小题主要考查的是利用表单向导建立一个表单，注意在每个向导界面完成相应的设置即可。

【答案】

第 1 小题查询设计的具体操作参考试题 7 简单应用题的第 2 小题；第 2 小题利用表单向导创建表单的方法参考试题 1 简单应用题的第 2 小题。

三、综合应用

【解析】

本题考查的主要是表单控件的设计，即在此表单界面上创建页框控件的方法，以及将数据环境中的数据表拖放到页框控件中的每一页中。注意：要成功完成页框中各控件的设置，必须在页框的“编辑”状态。

【答案】

参考试题 7 的综合应用题，结果如图 D.32 所示。

图 D.32　界面运行的结果

试题 15

一、基本操作

【解析】

本题主要考查的是数据库和自由表之间的联系，以及字段索引的建立。添加数据库中的表可以通过数据库设计器来完成，建立表索引可以在数据表设计器中完成。

【答案】

略。

二、简单应用

【解析】

本题第 1 小题主要考查了表单的一个重要属性 Caption。Caption 是用来显示控件的一个标签名称，不要和名称(Name)属性弄混淆了，改变控件的字体和字号，可修改 FontName 和 FontSize 属性；第 2 小题考查的是 SQL 多表联接查询，在统计出版过 3 本以上图书的作者信息的时候，需要使用统计函数 COUNT()。

【答案】

1. 略。

2. 在命令窗口输入命令：CREATE FORM myform4，新建表单。向表单添加两个命令按钮 command1 和 command2，将两个按钮的 Caption 属性值分别改为“查询”和“退出”。

双击命令按钮 command1(查询)，在打开的代码编辑器窗口中输入以下代码

```
SELECT authors.作者姓名，authors.所在城市 FROM authors,books WHERE authors.作者编号 = books.作者编号；
GROUP BY authors.作者姓名,authors.所在城市 HAVING COUNT(books.图书编号) >= 3；
ORDER BY authors.作者姓名 INTO TABLE newview
```

三、综合应用

【解析】

本题的程序设计中，复制表记录可使用 SQL 查询来实现，将所有记录复制到一个新表中；利用 UPDATE 语句，可更新数据表中的记录，最后统计“均价”的时候，首先可以将查询结果存入一个临时表中，然后再利用 SQL 语句对临时表中的记录进行对应操作，将结果存入指定的数据表中。

【答案】

在命令窗口输入下面各自的命令，完成所需的操作：

1. 将 books 中所有书名中含有“计算机”3 个字的图书复制到表 booksbak 中

```
SELECT * FROM books WHERE AT("计算机",书名)>0 INTO TABLE booksbak
```

或者

```
SELECT * FROM books WHERE "计算机" $ 书名 INTO TABLE booksbak
```

2. 价格在原价格基础上降价 5%

```
UPDATE booksbak SET 价格=价格*0.95
```

3. 查询出各个图书的均价放到临时表中

```
SELECT 出版单位,AVG(价格) AS 均价 FROM booksbak INTO CURSOR cursor1 ；
GROUP BY 出版单位 ORDER BY 均价
&& 在临时表中查询均价高于 25 的图书中价格最低的出版社名称和均价
SELECT * TOP 1 FROM cursor1 WHERE 均价>=25 INTO TABLE newtable ORDER BY 均价
```

试题 16

一、基本操作

【解析】

本题考查的是通过项目管理器来完成一些数据库及数据库表的基本操作。项目的建立可以直接在命令窗口输入命令来实现，数据库的建立及数据库表的添加，可以通过项目管理器中的命令按钮，打开相应的设计器进行操作。

【答案】

略。

二、简单应用

【解析】

本题第1小题考查的是SQL多表联接查询，注意每两个表之间进行关联的字段选择。第2小题主要考查的是在顶层表单中调用菜单文件，其中的菜单文件已经设计好，要在表单运行该菜单，首先要将该表单设置为顶层表单，然后在表单的初始化(Init)事件中调用菜单文件，即运行表单的同时，自动调用菜单文件。

【答案】

1. 查询语句如下

```
SELECT book.书名, book.作者, book.价格 FROM book INNER JOIN lends INNER JOIN borrows ;
ON lends.借书证号 = borrows.借书证号 ON book.图书登记号 = lends.图书登记号;
WHERE borrows.姓名 ="田亮" ORDER BY book.价格 DESC INTO TABLE booktemp.dbf
```

在命令窗口输入上述命令并运行，系统将查询结果自动保存到新表中。

2. 选择"文件"→"新建"→"表单"，打开表单设计器，在表单的属性窗口中设置表单的ShowWindow属性为"2—作为顶层表单"。双击表单打开代码编辑窗口，选择表单对象的Init事件输入以下代码(在本题中菜单程序已做好)

```
DO menu_lin.mpr WITH This
```

单击工具栏上的保存按钮，将表单保存为frmmenu.scx。运行表单，结果如图D.33所示。

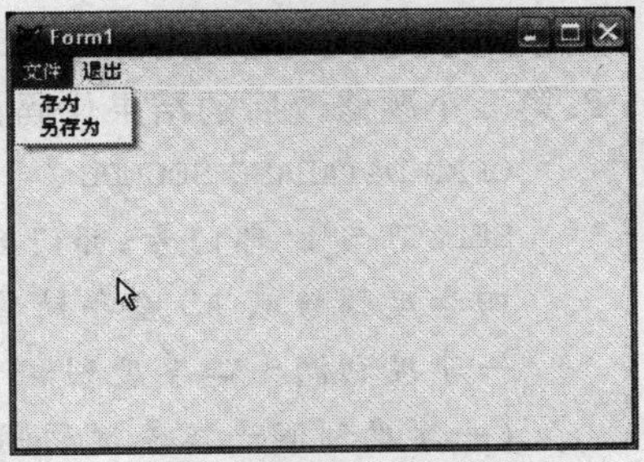

图D.33 顶层表单中显示的菜单界面

三、综合应用

【解析】

本题主要考查的是表单中组合框的设置，该控件用来显示数据的重要属性是RowSourceType和RowSource，在程序设计中，利用SQL语句在数据表中查找与选中条目相符的字段值进行统计，属于简单查询。

【答案】

本题可参考试题13的综合应用题。将组合框的RowSourceType设为"1—值"，在RowSource中输入"清华,北航,科学"。

command1的Click事件代码

```
SELECT count(*) FROM book WHERE 出版社=;
ThisForm.Combo1.Value INTO ARRAY temp
ThisForm.Text1.Value=temp(1)
```

保存表单文件为"formbook.scx"到考生文件下，运行表单，结果如图D.34所示。

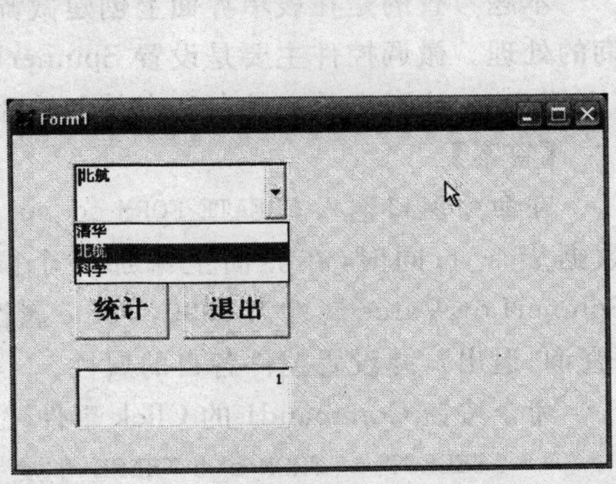

图D.34 组合框查询界面

试题 17

一、基本操作

【解析】

本题考查的数据库表的基本操作，主要是通过数据表设计器创建索引、设置字段默认值、增加新字段等操作；同时，可以在数据库设计器中设置数据表之间的关联和参照完整性。注意：创建索引时，如果索引表达式是组合的字段，则必须保证类型相同。

【答案】

略。

二、简单应用

【解析】

本题第 1 小题考查的是利用表单向导创建表单的方法，注意创建时，在选择命令按钮的样式时应选择“图片按钮”。第 2 小题考查的是 SQL 查询，在 SQL 查询中要使用计算函数。

【答案】

1. 第 1 小题利用表单向导创建表单的方法，可参考试题 1 简单应用题的第 2 小题。

2. 第 2 小题修改后的结果代码如下

```
OPEN DATABASE SELLDB
SELECT S_t.部门号，部门名，年度，一季度销售额＋二季度销售额＋三季度销售额＋
四季度销售额 AS 全年销售额，；
一季度利润＋二季度利润＋三季度利润＋四季度利润 AS 全年利润，；
（一季度利润＋二季度利润＋三季度利润＋四季度利润）/（一季度销售额＋二季度
销售额＋三季度销售额＋四季度销售额）AS 利润率；
FROM s_t，dept WHERE s_t.部门号 ＝ dept.部门号；
GROUP BY 年度，利润率 DESC INTO TABLE s_sum
```

三、综合应用

【解析】

本题考查的是在表单界面上创建微调控件的操作，以及以微调控件数据为查询源进行查询的处理。微调控件主要是设置 SpinnerHighValue 属性（上箭头）和 SpinnerLowValue 属性（下箭头）。注意表单文件名和表单名的区别。

【答案】

在命令窗口输入 CREATE FORM sd_select，进到表单设计器中。在表单的数据环境中添加数据表 s_t；同时，在界面上添加一个微调控件，设置其 SpinnerHighValue 属性为 2010，SpinnerLowValue 属性为 1999，Value 属性值为 2003。另外再添加一个表格和两个命令按钮（查询、退出），并设置控件各自的属性。

命令按钮 Command1 的 Click 事件代码

```
SELECT * FROM s_t WHERE 年度＝ALLTRIM(STR(ThisForm.Spinner1.Value)) INTO；
                              CURSOR temp
ThisForm.Grid1.RecordSourceType=″1－别名″
```

```
                                    && 该属性的设置也可以在属性窗口中设置。
ThisForm.Grid1.RecordSource="temp"
```

试题 18

一、基本操作

【解析】

本题主要考查的是数据库和数据表之间的联系,以及字段索引的建立。新建数据库可以通过菜单命令、工具栏按钮或直接输入命令来建立,添加和修改数据库中的数据表可以通过数据库设计器来完成,建立表索引可以在数据表设计器中完成。

【答案】

略。

二、简单应用

【解析】

本题第 1 小题考查的主要是视图的建立及查询。我们可以在视图设计器中根据题意为自由表建立一个视图文件 view_order,并在视图设计器的对应选项卡中为视图设置条件,然后通过 SQL 查询语句队视图进行查询,并决定输出去向的表。第 2 小题中主要是考查菜单的创建。

【答案】

1. 根据题意在视图设计器中将 order1 表添加到"视图设计器"中,接着将 order1 表中的所有字段按原顺序也全部添加到"选择字段"列表框中,并在视图设计器的"筛选"选项卡中为视图设置"金额小于 1000"的条件,建立一个视图文件 view order。具体视图设计器的操作步骤参考试题 3 简单应用题的第 1 小题视图的创建方法。

然后通过 SQL 查询语句对视图进行升序查询,并将查询结果输出到表 cx1 中。具体语句如下:

```
select * from view order order by 订单编号 into table cx1
```

2. 菜单的创建方法参考试题 3 的综合应用题。

三、综合应用

【解析】

本题考查的主要是通过对表单控件编写事件代码,来完成数据的查询操作。一般来说命令按钮的单击事件代码是存放在 Click 事件中,控件属性修改可以在属性对话框中完成,对于程序设计部分可以通过 DO WHILE…ENDDO 循环来依次判断数据表中的每条记录,然后通过条件语句进行分类统计。

【答案】

在命令窗口输入命令:CREATE FORM myform,打开表单设计器;在表单上添加两个命令按钮 Command1、Command2,分别设置其 Name 属性为"cmdyes"、"cmdno",两个按钮的 Caption 属性分别为"计算"、"关闭"。

双击命令按钮 cmdyes(计算),在 Click 事件代码中编写如下程序段

```
SET TALK OFF
USE score
REPLACE ALL 学分 WITH 0
GO TOP
DO WHILE .NOT. EOF()
  IF 物理>=60 THEN
    REPLACE 学分 WITH 学分+2
  ENDIF
  IF 高数>=60 THEN
    REPLACE 学分 WITH 学分+3
  ENDIF
  IF 英语>=60 THEN
    REPLACE 学分 WITH 学分+4
  ENDIF
    SKIP
ENDDO
USE
SELECT * FROM score ORDER BY 学分,学号 DESC INTO TABLE xf
SET TALK ON
```

保存表单，在命令窗口输入命令：DO FORM myform。在运行的表单界面中单击“计算”命令按钮，系统将计算结果自动保存到新表 xf 中。

试题 19

一、基本操作

【解析】

本题主要考查的是项目、数据表以及报表的创建和设置。增加字段、设置字段有效性规则等都可以在数据表的设计器中完成。报表的创建采用报表向导创建。

【答案】

略。

二、简单应用

【解析】

本题第1小题考查的主要是视图的建立及查询。我们可以在视图设计器中根据题意为自由表建立一个视图文件 view_order，并在视图设计器的对应选项卡中为视图设置条件，然后通过 SQL 查询语句对视图进行查询，并决定输出去向的表。第2小题中主要是考查菜单的创建。

【答案】

1. 在命令窗口执行查询命令

```
SELECT 分类名称,商品名称,进货日期 FROM 商品,分类 WHERE 商品.分类编码=分;
类.分类编码 ;
```

```
AND YEAR(进货日期)<2001 ORDER BY 进货日期 TO FILE infor_a
```

创建文本文件：选择“文件”→“新建”→“文本文件”，单击“确定”按钮，进到文本编辑器窗口，将上述执行的命令复制到该文本文件中，保存文件为“cmd_aa.txt”。

2. 在命令窗口执行命令代码

```
UPDATE 商品 SET 销售价格=进货价格*(1+0.2268) WHERE LEFT(商品编码,1)="3"
```

按照上题同样的方法将该命令保存到“cmd_ab.txt”文本文件中。

三、综合应用

在命令窗口中输入：CREATE FORM myform_a，进到表单设计器中。

根据题意设置表单的名称和标题分别为“myform_a”、“商品浏览”，并在表单界面上添加两个命令按钮 command1、command2，其标题分别为“确定”、“退出”。

命令按钮 command1 的 Click 事件代码如下

```
n=Thisform.Optiongroup1.Value
DO CASE
  CASE n=1
    SELECT 商品.* FROM 商品 WHERE 分类编码 IN (SELECT 分类编码 FROM 分类 ;
    WHERE 分类名称="饮料")
  CASE n=2
    SELECT 商品.* FROM 商品 WHERE 分类编码 IN (SELECT 分类编码 FROM 分类 ;
    WHERE 分类名称="调味品")
  CASE n=3
    SELECT 商品.* FROM 商品 WHERE 分类编码 IN (SELECT 分类编码 FROM 分类 ;
    WHERE 分类名称="酒类")
  CASE n=4
    SELECT 商品.* FROM 商品 WHERE 分类编码 IN (SELECT 分类编码 FROM 分类 ;
    WHERE 分类名称="小家电")
ENDCASE
```

操作界面如图 D.35 所示。

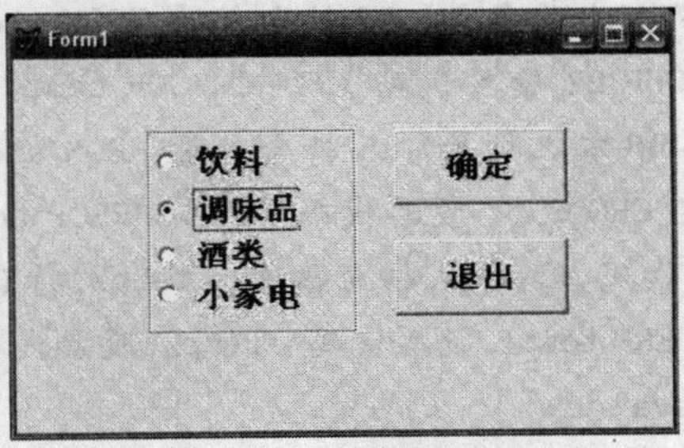

图 D.35　表单查询的结果界面

试题 20

一、基本操作

【解析】

本题考查的是通过项目管理器来完成一些数据库及数据库表的基本操作,项目的建立可以直接在命令窗口输入命令建立,数据库和数据库表的建立以及修改可以通过项目管理器中的命令按钮,打开相应的设计器直接管理。

【答案】

略。

二、简单应用

【解析】

本题第 1 小题考查的主要是利用表单向导建立一个联动显示关联数据表中记录的表单,利用向导时应注意父表和子表的选择。第 2 小题考查的主要是视图的建立及数据查询,要注意的是在视图设计中没有查询去向的功能,不能保存查询结果,必须通过查询设计器或者通过 SQL 查询语句完成。

【答案】

略。

三、综合应用

【解析】

本题主要考查菜单的设计,主要注意“结果”下拉框中的选项选择即可,用于编写程序段的菜单命令应该选择“过程”,在菜单命令的过程设计中,其中注意利用变量数组来保存计算结果,通过数组保存的结果插入到新的数据表中。

【答案】

在命令窗口输入命令:CREATE MENU menu_lin,系统弹出一个“新建菜单”对话框,在对话框中单击“菜单”图形按钮,进入菜单设计器环境。根据题目要求,创建菜单。

“统计”菜单项的“过程”代码如下

```
SET TALK OFF
OPEN DATABASE stock_4
SELECT 股票代码,SUM(本次数量) AS 持仓数量 FROM stock_mm;
WHERE 买卖标记 GROUP BY 股票代码 INTO CURSOR temp1
SELECT 股票代码,SUM(本次数量) AS 持仓数量 FROM stock_mm;
WHERE NOT 买卖标记 GROUP BY 股票代码 INTO CURSOR temp2
SELECT temp1.股票代码,(temp1.持仓数量－temp2.持仓数量) AS 持仓数量;
FROM temp1,temp2 WHERE temp1.股票代码＝temp2.股票代码 ORDER BY temp1.股票代码;
INTO ARRAY afieldsvalue
DELETE FROM stock_cc
INSERT INTO stock_cc FROM ARRAY afieldsvalue
CLOSE ALL
```

```
USE stock_cc
PACK
USE
SELECT * TOP 1 FROM stock_cc ORDER BY 持仓数量 INTO TABLE stock_x
SET TALK ON
```

“退出”菜单项的“命令”文本框中编写程序代码:SET SYSMENU TO DEFAULT。

保存菜单,并生成一个菜单文件“menu_lin.mpr”。关闭设计窗口,在命令窗口输入命令:DO menu_lin.mpr,运行菜单。

参考文献

[1] 崔洪芳. Visual FoxPro 程序设计实验指导[M]. 武汉:华中科技大学出版社,2008.

[2] 刘昌鑫. Visual FoxPro 程序设计实验指导与解答[M]. 上海:同济大学出版社,2007.

[3] 王维民. Visual FoxPro 学习与实验指导[M]. 南京:河海大学出版社,2005.

[4] 王毓珠. Visual FoxPro 程序设计习题解答与实验指导[M]. 北京:人民邮电出版社,2005.

[5] 陈翠娥,赵歆,郭淳芳. Visual FoxPro 程序设计实验教程[M]. 北京:清华大学出版社,2005.

[6] 李雁翎,王洪革,高婷. Visual FoxPro 实验指导与习题集[M]. 北京:清华大学出版社,2005.